design ecossistêmico

Um caminho eco-decolonial para a regeneração

CORAL MICHELIN

design ecossistêmico
Um caminho eco-decolonial para a regeneração

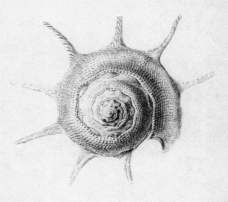

*Dedico a todos que sonham e
exercitam a regeneração da Mãe Terra.*

*Somos seres de luz e amor.
Somos muitos.
Estamos presentes.
Somos uma rede de luz e amor
envolvendo a Mãe Terra.
Que todos os seres possam se beneficiar
com nossas boas ações.
Que assim seja, assim é.*

"Tirar o Guarani da aldeia dele para ele ficar na casa de vocês e observar vocês todos os dias. Sentir, refletir, tentar entender, fazer relatórios e, finalmente, produzir uma tese de capa dura, bem bonita, com muitas páginas, fotografias, gráficos e referências a outros estudos para concluir e dizer aos juruá que se tornem selvagens, que se tornem pessoas não civilizadas — pois todas as coisas ruins que estão acontecendo no planeta Terra vêm de pessoas civilizadas, pessoas que não são, teoricamente, selvagens."

Jerá Guarani

"Avô, o que você achou da gente, das suas criaturas? E Deus respondeu: Mais ou menos."

Ailton Krenak

Sumário

9   Prefácio

12   Apresentação ou uma história para chegar no design ecossistêmico

23   Euro-antropocentrismo ou como viemos parar aqui?
33   UM BREVE PANORAMA DAS RAÍZES

53   Visões de mundo criam mundos

97   Léxico ecodecolonial
115   UM RESUMO PARA UM DESIGN ECOSSISTÊMICO

118   Designs para novos mundos
125   DESIGNS ECO-SISTÊMICOS/ECODECOLONIAIS
137   DESIGN ESTRATÉGICO
140   DESIGN TRANSICIONAL
148   DESIGN ESPECULATIVO
159   DESIGN REGENERATIVO
173   UMA SÍNTESE DOS APRENDIZADOS

177   Design ecossistêmico
193   REGENERAÇÃO SUBJETIVA
218   REGENERAÇÃO AMBIENTAL

229   Experimentos projetuais

256   Últimos pensamentos e princípios

264   Bibliografia

278   Agradecimentos

Prefácio

Coral admite cedo no livro um certo receio de "estar abrindo muitas janelas sem adentrar completamente nelas". Espero que a minha amiga a essa altura já tenha percebido que o receio era infundado.

As tais "janelas" são abertas na forma de perguntas. "Onde estamos?" "O que fazer?" "Pra onde vamos?" Essas e tantas outras perguntas em "Design Ecossistêmico: Um Caminho Eco-Decolonial para a Regeneração" não são feitas para provocar respostas, mas sim para levantar novos questionamentos. São perguntas que a nossa espécie sempre se fez. Perguntas que contribuem mais ao diálogo que respostas e dão, assim, um tom dialógico e dialético ao livro. Menos uma dialética em busca de síntese e mais do tipo que se volta para abrir possibilidades e expandir o conhecimento, eliminando a ignorância patológica. O resultado é uma "terapia para a alma", como Platão definia a dialética.

Aliás, não surpreende. O livro deriva da tese de doutorado de Coral e as boas teses, de fato, trazem mais novas perguntas que velhas respostas. Através de uma condução hábil e generosa, a autora nos leva a entrar e sair por portas e janelas que tornam o caminho eco-decolonial no design tão sinuoso quanto intrigante e necessário. O grande volume de conceitos contemporâneos ou novos – presentes até no próprio título do livro – são característicos de um tempo de transições. Os conceitos que conhecemos parecem não dar conta da expansão em visão e percepção que antecedem o surgimento de um novo mundo. Daí, é comum recorrermos a novas palavras, ou mesmo a metáforas, que ampliem a realidade. O resultado é uma expansão ontológica: conceitos viram não-conceitos, se tornam flexíveis e acolhedores a novos significados. Ao invés de irmos das coisas para os conceitos, o sentido se inverte, e passamos a ir dos conceitos para as coisas. Vou tentar ser mais claro, através de um exemplo: "regeneração".

No mundo biológico, regeneração – conceito central a este livro – diz respeito à capacidade de organismos e sistemas inteiros de se autorreformarem. Entretanto, esta palavra vem ganhando novas dimensões. Em parte pelo desgaste da palavra "sustentabilidade", regeneração começou a ser usada neste campo semântico. Hoje, ora parece ser sinônimo de sustentabilidade, ora parece ser uma nova onda da sustentabilidade. Rapidamente, começam a surgir métricas: regenerar é "devolver o que tirou"; regenerar é "devolver mais do que tirou". Cada "conta" que surge restringe a metáfora e diminui a potência do "não-conceito". Soa como o estabelecimento público e corporativo querendo se apropriar de uma ideia que acabou de brotar (ou regenerar?). O novo uso do termo regeneração me parece ter pelo menos duas dimensões que precisam ser preservadas e protegidas da voracidade do estabelecimento moderno. Ambas compõem o design ecossistêmico que Coral nos apresenta: a regeneração como estado mental e como paradigma emergente.

A regeneração como estado mental diz respeito a um processo que se inicia individualmente, como uma percepção de interdependência e conexão ao todo planetário e cósmico. Neste sentido, ecosofias como as de Felix Guattari ou Arne Naess, abordadas no livro, são referências essenciais. As ecologias do ser, da comunidade e do meio são inseparáveis e, estas conexões, rompidas pela modernidade, precisam se regenerar. A saúde única (só somos saudáveis se o que nos cerca também for) é um pré-requisito para o bem-estar planetário. É a partir da nossa reconexão com o próximo e com o mundo, que nos reconectamos com nosso próprio ser, que nos reumanizamos.

A regeneração como paradigma emergente se instala quando reconhecemos que as estruturas existentes no mundo moderno estão em colapso. Reconhecer este declínio é o primeiro passo para agirmos no sentido de regenerar o mundo. Tenho afirmado que este novo paradigma regenerativo envolve reparos de relações, de sistemas e de direitos. Quanto às relações, tratamos a natureza, o próximo e a nós mesmos ora como commodity, ora como obstáculo, ora como paisagem. Reparar essas fraturas talvez envolva tratar toda a vida como interconectada a nós; todas as espécies e ecossistemas como irmãos e irmãs nossos. Quanto aos sistemas, separamos espaços inseparáveis. Por exemplo, não há como uma cidade ser "regenerativa", se a cidade vizinha também não for. Urbano, rural e florestal são intimamente ligados pelos fluxos de energia, de alimentos, de matéria-prima e de pessoas. A lógica de gestão por estado-nação também não faz sentido num mundo interconectado. Os hábitos de consumo de um país, não pode levar, por exemplo, um país-ilha a submergir com a elevação do nível do mar. Separamos também os tempos. Passado, presente e futuro são tempos artificiais. O tempo real é uno, uma vez que o passado só existe na memória, o futuro só existe na imaginação e o presente é a fina membrana que os separa. No texto de Coral, o tempo emerge como um tecido sobre o qual a realidade se constrói. Quanto aos direitos, há que se regenerar os espaços de diálogo entre diferentes visões de mundo, assim como reparar injustiças e violências do passado e do presente.

O design ecossistêmico articulado por Coral Michelin é claramente regenerativo nestes dois sentidos que expus acima. Ele é, portanto, adaptativo e antecipatório, uma vez que, sua aplicação, ativa as "células-tronco do planeta", que promovem a reconexão de partes que nunca deveriam se julgar separadas, superiores, ou em controle do que quer que seja. "Natureza é tudo aquilo sobre o que não se tem controle", como propunha Platão. Chego ao fim do livro e me lembro de Ailton Krenak, que diz que a gente não tem a vida, ela é que nos tem. Tenho a impressão que, de certa forma, o que Coral nos propõe como design ecossistêmico é o de simplesmente criarmos as condições para deixar a vida se desenhar e nos desenhar. Que assim seja!

Fabio Scarano

Fabio Rubio Scarano é Curador do Museu do Amanhã, titular da Cátedra Unesco de Alfabetização em Futuros, e Professor Titular de Ecologia da UFRJ. Engenheiro Florestal e Ph.D. em Ecologia, Fabio atuou nos painéis da ONU para o clima (IPCC) e biodiversidade (IPBES)e foi dirigente no Jardim Botânico do Rio, na Conservação Internacional e na Fundação Brasileira para o Desenvolvimento Sustentável. Recebeu dois Prêmios Jabuti de Literatura na área de Ciências Naturais. Seu livro mais recente é Regenerative Dialogues for Sustainable Futures (Springer, 2024).

Apresentação ou uma história para chegar no design ecossistêmico

Importante começar trazendo à tona o ponto de vista que recheia este livro: totalmente subjetivo e construído em uma primeira pessoa, que ora se apresenta no singular, a partir do Eu[1] que toma responsabilidade por suas escolhas e opiniões, ora no plural, sabendo que a jornada – intelectual, profissional, pessoal – nunca é solitária e se constitui a partir de muitas influências. Aliás, devo dizer que o conteúdo que aqui expresso surge de um caldeirão onde foram misturadas as ideias e as vozes de dezenas de autores, pesquisadores e pensadores brilhantes e originais, do Norte e do Sul Globais, a partir das quais fiz minhas interpretações, conexões e conclusões. Minha proposta surge paralela a outras, de outras várias pessoas que, assim como eu, têm chegado a conclusões semelhantes nesse caminho que busca a – e quiçá leve à – regeneração. Entendo essas contribuições como construções imperfeitas e incompletas, como ensaios do que está por vir, que partem da experiência de cada um desses sujeitos na tentativa de imaginar mundos e futuros melhores. Assim sendo, o meu ponto de

---

[1] Eu aparece com o "e" maiúsculo para definir a entidade que se reconhece enquanto sujeito no mundo.

vista é a manifestação biológico-cultural de uma mulher cisgênero, branca, latina, brasileira, nascida nos anos 1980 em uma família de classe média, e que se encontra em pleno processo de desconstrução e reconstrução. O que você encontrará nas páginas que seguem é fruto dessa subjetividade ao mesmo tempo individual e plural.

Fui entender o que é design um tanto tardiamente, após passar um período de três anos e meio cursando Publicidade e Propaganda em Porto Alegre, trabalhando em agências, me desencantando com a área e, consequentemente, a abandonando e indo morar fora do Brasil. Eu estava em Londres, tinha 23 anos e queria começar a trabalhar com algo que fosse mais próximo dos meus interesses profissionais, ainda nada nítidos, porém distantes da função que eu ocupava dentro de bares e restaurantes. Foi então que vi a oportunidade de desenhar folhetos – algo semelhante ao que eu fazia como Diretora de Arte nas agências, quando criava anúncios e afins – para uma produtora de eventos que atuava dentro do bar onde eu trabalhava como gerente, e assim "descobri" o design gráfico. Naquele ano de 2005, comprei alguns livros, segui tutoriais e fiz o que pude para me desenvolver, a partir da bagagem que já possuía na direção de arte, de forma autodidata. Em dezembro de 2005, mudei-me para Tel Aviv, em Israel, e abri, no ano seguinte, minha microempresa de design: atendia clientes prestando serviços de design gráfico, design de eventos e identidade visual. Lá fiquei quase quatro anos. Foi um período de um mergulho intenso no universo gráfico, em que continuei absorvendo muito conhecimento por conta própria. Lembro que metade da minha mudança de volta ao Brasil era feita de caixas de livros de design. Naquela época, eu reparei que os motivos estéticos que caracterizavam meu estilo como designer estavam frequentemente ligados a temas da natureza, porém, as soluções escolhidas para materializar o que eu criava não pareciam estar muito alinhadas às necessidades desta mesma natureza: usávamos papel laminado, acrílico, tintas à base de solvente, entre outros produtos e recursos nada ecológicos. Eu me restringia a capturar a visão das pessoas com cenas que poderiam inspirá-las a olhar para a beleza da natureza e das formas orgânicas. Foi então que comecei a buscar soluções gráficas de menor impacto ambiental, o que muitas vezes significou apenas não laminar um impresso, usar um formato de aproveitamento total do papel ou, em poucos casos, escolher uma opção digital no lugar da física. Para mim, parecia pouco.

Em junho de 2009, voltei ao Brasil para morar no Rio de Janeiro e abri o estúdio de design chamado 48, em parceria com o designer carioca Icaro dos Santos. Éramos especialistas em identidade visual, design editorial, projetos gráficos e design de eventos. Ali, seguimos a mesma lógica da redução de impacto que eu já usava em Israel e, de novo, percebi quão pequeno aquilo parecia ser quando contrastado com o que ouvíamos de notícias a respeito de problemas ambientais. Começou ali meu percurso mais intencional em busca de outras alternativas para o meu fazer projetual. Escutava, ao longe, os primeiros comentários sobre "design thinking" e "design estratégico" que chegavam ao Rio naquela época e decidi averiguar do que tratavam: fiz um curso de extensão na Escola Superior de Propaganda e Marketing (ESPM) sobre Design Thinking, em 2011, e outro de Design Estratégico no Istituto Europeo di Design (IED), em 2012. Integrei a segunda turma de um e a primeira turma do outro, para dar uma noção de como, então, esses campos eram novidade no nosso contexto. Mais nova ainda era a narrativa dos papéis assumidos pelo designer, que passava a ser um "facilitador", um "catalisador" de saberes multidisciplinares em busca de solucionar, colaborativamente, problemas complexos – os *wicked problems* de Rittel e Webber.[2] Embora tais problemas frequentemente envolvessem questões ambientais, o enfoque projetual era voltado sobretudo ao bem-estar humano.

No IED, fomos estimulados, em grupos, a pesquisar sobre determinados materiais que usamos no dia a dia. Meu grupo ficou com o vidro.

---

[2] O termo "wicked problems" é comumente associado à Horst Rittel e Melvin Webber, que descreveram tais problemas complexos em um tratado de 1973: *Dilemmas in a General Theory of Planning*.

Com nossas pesquisas entendemos quão bom é esse material por ser infinitamente reciclável e por ser feito de materiais relativamente abundantes na natureza, que não dependem de uma extração tão nociva como a de alguns minerais mais raros. Por outro lado, a coleta dos envases de vidro é complicada por diversos motivos: vidro pesa, quebra (podendo machucar), precisa ser separado por cor, nem sempre é reciclável, apresenta-se em algumas versões melhores para higienização do que reciclagem e etc. Acabamos por desenvolver um projeto que propunha uma campanha chamada "Vidrado no Rio" para conscientização da população através de um campeonato entre bairros da cidade do Rio de Janeiro, o que acabou sendo uma boa ponte entre o design, a estratégia e a sustentabilidade. Fiquei me perguntando se os designers têm conhecimento aprofundado sobre os materiais que escolhem usar em seus projetos... se tivessem, talvez houvesse menos plástico no mundo.

Foi também nesse contexto que conheci o trabalho de Manzini e Vezzoli, no livro *O desenvolvimento de produtos sustentáveis*, o que me levou novamente a refletir sobre o papel e o impacto do design, diante do hipercomplexo problema das mudanças climáticas anunciadas (sobre as quais passamos a ouvir cada vez mais depois da Rio+20).[3] Como fazer um design ciente do impacto de suas escolhas? Como saber melhor sobre nossos impactos? Naquele momento, final de 2012, decidi voltar ao ambiente acadêmico para terminar os estudos, porém não no Design e sim na Gestão Ambiental. Acreditava que, com ela, eu conseguiria as bases que tanto buscava para um design "verdadeiramente sustentável".[4] Aprendi, certamente, ensinamentos

---

[3] A Rio+20 foi a terceira Conferência das Nações Unidas sobre Meio Ambiente e Desenvolvimento, ocorrida 20 anos após a Eco-92, evento que foi marco na pauta ambiental mundial, ambas ocorridas na cidade do Rio de Janeiro

[4] Tenho uma certa implicância com o termo "sustentabilidade". Em primeiro lugar, ele geralmente vem atrelado à palavra "desenvolvimento" que, no contexto do pensamento euroantropocêntrico, significa crescer economicamente, obter progresso, desenvolver-se às custas de outrem (geralmente da natureza como um todo), na lógica máxima do acúmulo de riquezas. Além disso, nos anos 1990 John Elkington propôs o "tripé da sustentabilidade", uma ferramenta organizacional composta de três pilares: *People* (pessoas ou "sociedade"), *Planet* (Planeta ou "meio ambiente") e *Profit* (Lucro

valiosos sobre bacias hidrográficas, ciclos biogeoquímicos, resíduos e suas destinações, Política Nacional de Resíduos Sólidos e outras questões que muito ajudam a pensar melhor o impacto do viver e fazer humanos. Contudo, quando aplicado ao design, parecia-me que esse conhecimento acabava por levar ao Ecodesign, abordagem que deixa menos danosas algumas partes de um sistema produtivo doente. Isso porque o sistema engendrado está voltado para o lucro acima dos demais parâmetros produtivos (durabilidade ou qualidade, por exemplo). Como ir além? Como levar o campo do design na direção da sustentabilidade desejada?

Em 2013, vi-me forçada a mudar para Porto Alegre, minha cidade natal. Naquele período, a capital do Rio Grande do Sul era uma cidade cheia de vida, de movimentos culturais que ocupavam as ruas, como cinema ao ar livre, feiras de pequenos designers, artistas locais e produtores orgânicos; era repleta de espaços colaborativos e de pessoas criativas energizando uma capital que havia ficado adormecida por muitos anos. Terminei a faculdade e ingressei em seguida, em 2015, no mestrado em Design Estratégico da Universidade do Vale do Rio dos Sinos (Unisinos), acreditando que este seria o design que me possibilitaria contribuir com um grande impacto positivo na transformação do campo e da sociedade. O título do pré-projeto era um nada modesto *O design como ferramenta para a construção de um novo sistema econômico*, o que, desde então, já demonstrava minha filiação com algumas questões levantadas no âmbito decolonial (a necessidade de repensar o modelo econômico), além de uma clara falta de contato com a pesquisa e teorização em design (levei um belo puxão de orelha por chamar um campo tão importante e vasto de "ferramenta").

---

ou "economia"). Como podemos conceber um tripé funcional que pretende direcionar organizações para a sustentabilidade enquanto coloca em grau de paridade o planeta inteiro e o *lucro* de uma empresa? Ainda assim, é a palavra mais difundida e conhecida para assuntos ligados a uma visão de mundo mais ecológica, por isso seguirei usando-a. Aqui, digo "verdadeiramente" como forma de contrapor a essa perspectiva desenvolvimentista e restrita do termo.

No fim, uma vez tendo ingressado na pós-graduação e estando cercada pelo design no âmbito acadêmico, vi-me interessada pela realidade de Porto Alegre, naquele momento de efervescência social e cultural, e pelo potencial do Design Estratégico para Sustentabilidade e Inovação Social (DESIS) da Rede homônima iniciada por Ezio Manzini. O PPG em Design da Unisinos tinha um grande vínculo com o Politécnico de Milão, por isso fomos enormemente influenciados pelas ideias de Manzini, Francesco Zurlo, Anna Meroni, Daniela Sangiorgi, entre outros importantes nomes do design eurocêntrico contemporâneo. A dissertação, defendida e entregue em 2017, sob orientação do Dr. Carlo Franzato, foi intitulada *Seeding de Casa Colaborativa na perspectiva do Design Estratégico* (MICHELIN, 2017), na qual propus uma estratégia de multiplicação adaptável de iniciativas que fomentam inovação social, a qual chamei de *Seeding*, pela sua aproximação com o SER (sigla para *Seeding, Evolutionary growth* e *Reseeding*) de Elisa Giaccardi e Gerhard Fischer.[5] No final de 2017, a dissertação foi selecionada na categoria "Trabalhos escritos não publicados" para participar da exposição do 31º Prêmio Design Museu da Casa Brasileira.

Findado o mestrado, foi hora de mais uma mudança, agora para a maior metrópole do Brasil, São Paulo. Revendo fotos antigas na mudança, achei uma de 1996 que retratava uma faixa com os dizeres de uma campanha sobre redução do desperdício que minha turma havia feito. Me pareceu uma mensagem do meu passado para o meu futuro. Em 2019, ingressei no doutorado na Universidade Anhembi-Morumbi (UAM), decidida a retomar o viés ambiental que há tantos anos me acompanhava e havia sido deixado de lado na Unisinos, em favor da Inovação Social.

São Paulo também é a cidade da matriz do IED no Brasil, da qual me aproximei pela possibilidade de correlacionar a pesquisa do doutorado

---

[5] Existe uma vasta bibliografia dos autores, que foi usada na pesquisa de mestrado e que não pertence ao âmbito do presente trabalho. Aqueles que tiverem eventual interesse pelas referências de Giaccardi e Fischer, sugiro consultarem as referências bibliográficas da dissertação, disponível em <https://bit.ly/3Hno0so>

com o espaço docente. Fui convidada a compor o quadro da instituição, precisamente quando estavam fazendo a reformulação dos seus cursos de graduação. Nisto, tive a oportunidade de incluir na matriz curricular do bacharelado em Design de Produto e Serviço as disciplinas de Biodesign, Design Especulativo e Materiais Contemporâneos. Esta última estava voltada à experimentação com biomateriais, o que me levou a implementar um laboratório improvisado para que os alunos pudessem experimentar ludicamente com as possibilidades de diferentes materialidades orgânicas. Desse modo, o IED-SP foi, em muitos aspectos, um laboratório do Design Ecossistêmico.

Logo no começo do doutorado, procurei publicações e referências que usassem o termo "design ecossistêmico", por acreditar que, por meio dele, encontraria referências de práticas projetuais voltadas aos ecossistemas naturais. Não encontrando nada na época (e até hoje o termo é raramente achado em bases científicas de design), acabei adotando o nome para poder fazer justamente a desejada conexão entre design, ecossistemas naturais e regeneração. Em minhas buscas, contudo, encontrei resultados sobre "design sistêmico" e, por meio deste, cheguei ao Design Transicional (*Transition Design*). De imediato, reconheci no conceito de "transição" trazido pela disciplina um aporte relevante. O conceito de transição, no âmbito da realidade contemporaneamente vivida, é muito precioso para mim: como outros, também creio estarmos vivendo em um momento de profunda e abrangente transição – uma que abarca desde os espaços moleculares da nossa subjetividade, nossos valores e crenças, até os macro sistemas que constituem nossas sociedades pós-modernas. Ali, no doutorado da UAM, encontrei a liberdade que eu precisava para mergulhar nestes e em outros conceitos, a fim de encontrar as bases daquilo que entendo por Design Ecossistêmico.

Minha tese foi o resultado de uma investigação teórica e filosófica do design, por meio da qual propus o Design Ecossistêmico, abordagem que busca motivar a regeneração ecossistêmica (a restauração ecológica) por meio da regeneração das subjetividades dos sujeitos em ação projetual (ou seja, fazendo design). Embora ainda embrionária, essa abordagem traz um conjunto de formulações e provocações que podem ser úteis para aqueles que querem repensar suas práticas projetuais e seus modos-de-ser no mundo, independentemente de serem ou não projetistas profissionais (afinal, segundo Manzini e outros, todos somos designers).[6] No contexto do doutorado, o Design Ecossistêmico se configurou como uma série de experimentos embasados no *corpus* teórico e filosófico, conduzidos sobretudo dentro do ambiente da sala de aula. Uma coisa que foi se tornando cada vez mais evidente para mim, ao longo do percurso da pesquisa, foi como, de fato, precisamos mudar nossa forma de ver e fazer a realidade ao nosso redor, redirecionando intencionalmente nossa atenção e nosso coração para a regeneração. Nesse sentido, a investigação e a criação de um design ecossistêmico não se encerrou com a entrega da tese, pois sigo estudando e buscando exercitar seus princípios e práticas. Assim como também não se encerra na minha pessoa.

Portanto, é esse percurso todo como pessoa, designer, pesquisadora e professora... das andanças pelo mundo, dos estudos, experimentações e descobertas em design... do questionamento acerca do papel e da responsabilidade daqueles que fazem design nesse contexto de transição global que desemboca neste livro. Ele é uma adaptação da tese e um alargamento da mesma, incluindo as formulações e conexões que aprofundam a dimensão da regeneração subjetiva. O texto a seguir é uma cacofonia composta de uma polifonia de autores, referências e mestres, muitos já introjetados na minha visão de mundo e no meu próprio pensamento. Tanto a minha quanto a sua visão de mundo é composta por uma miscigenação, maior ou menor, de universos polifônicos. Os universos mais miscigenados com a nossa noção de Eu, são aqueles que melhor conseguimos traduzir de diferentes maneiras e aos mais diversos públicos. Reconheço, honro e agradeço a polifonia que me constitui e que escreve este livro para você: espero que ele seja uma semente a brotar em ti.

---

[6] *Design: quando todos fazem design: uma introdução ao design para inovação social* é o título do livro de Ezio Manzini publicado em 2017 no Brasil, pela Editora Unisinos.

Cenas dos próximos capítulos

Agora que você sabe de onde veio este livro, te digo para onde ele vai nas páginas que seguem. Inicio o primeiro capítulo do livro apresentando uma reflexão sobre a crise ambiental e civilizacional contemporânea, partindo da constatação de que vivemos em uma era marcada pelo excesso de produção de lixo e pela destruição acelerada de ecossistemas. Questiono como chegamos a este ponto crítico e exploro a responsabilidade do design na criação de um mundo insustentável. Para superar a crise atual, sugiro reavaliarmos as crenças e valores que dão base à visão de mundo euroantropocêntrica vigente. Encerro o capítulo com uma provocação: a transformação necessária deve ser radical, voltando às nossas raízes e também às raízes dos problemas atuais.

No segundo capítulo, exploro como visões de mundo moldam a realidade, influenciando tanto as nossas ações quanto as estruturas sociais e ambientais às quais pertencemos. A frase "Visões de mundo criam mundos" é uma premissa central, sugerindo que nossas percepções e crenças determinam a forma como interagimos com o mundo e, consequentemente, como o transformamos. Tento explicar as diferentes concepções de "visão de mundo", abrangendo termos como paradigma, ontologia, pensamento, cosmovisão e subjetividade. Explico como o design é uma prática ontológica que cria modos de ser e viver. A partir dessa discussão, proponho duas visões de mundo Outras[7] que apresentam linhas de fuga do euroantropocentrismo, que é a visão eco-sistêmica e a visão eco-decolonial. A primeira resulta da união da ecologia com o pensamento sistêmico, enfatizando a interdependência e a coemergência de todos os fenômenos. A visão eco-decolonial apresenta algumas bases do pensamento decolonial (contra-colonial ou anti-colonial, não faço distinção aqui), valorizando epistemologias

---

[7] Usarei a letra "O" maiúscula sempre que for me referir à alteridade, aqueles sujeitos, mundos e possibilidades que aparecem como contraponto à hegemonia e ao paradigma dominante.

e práticas não ocidentais. As ontologias relacionais, comuns em muitas culturas indígenas, aparecem como alternativas legítimas e valiosas de entender e interagir com o mundo.

No terceiro capítulo, apresento um léxico eco-decolonial com conceitos que nos ajudam no caminho para além da ontologia moderna, composto pelas *utupias* selvagens, pelo *nhandereko*, pelos pluriversos e por futuros ancestrais. *Utupias* referem-se a futuros onde tudo seja visto como natureza; *nhandereko* é a forma de vida e de ser dos povos indígenas guarani, que enfatiza o bem viver e a harmonia com a natureza; pluriversos indicam a coexistência de múltiplos mundos e realidades, reconhecendo a diversidade de modos de vida; e futuros ancestrais conectam o passado e o futuro, valorizando o conhecimento ancestral para a regeneração futura. Termino o capítulo com um breve resumo que identifica os caminhos da prática projetual ecossistêmica.

Em seguida, no capítulo quatro, analiso como o design pode ser um agente de transformação e como existem diferentes disciplinas, práticas e exemplos de design que estão apontando para futuros melhores, ainda que com todas as falhas que devemos esperar em um contexto de transição e experimentação. Busco materializar, no design, as visões eco-sistêmica e eco-decolonial, trazendo algumas reflexões e exemplos, para depois apresentar outras abordagens mais consolidadas. O Design Estratégico usa a cultura de projeto para criar estratégias organizacionais que promovam a inovação social e a sustentabilidade. O Design Transicional busca facilitar transições sistêmicas de longo prazo. O Design Especulativo utiliza o exercício lúdico com futuros para refletir, inspirar e dialogar sobre diferentes possibilidades. E o Design Regenerativo promove práticas que restauram tanto a natureza quanto as comunidades humanas dos territórios projetuais. Ao adotarmos visões eco-sistêmica e eco-decolonial, e ao integrarmos práticas regenerativas e transicionais, podemos imaginar e construir novos mundos em sintonia com a vida em Gaia.

Embora todo livro seja sobre o Design Ecossistêmico, é no último capítulo que me detenho a apresentá-lo enquanto abordagem projetual calcada na Ecologia e no pensamento decolonial. Começo falando sobre as Três Dimensões Ecossistêmicas (subjetiva/individual, coletiva/social e ecossistêmica/ambiental) e sua relação com as três dimensões do design (design como produto, como processo e como significado) e os três escopos temporais (presente, passado e futuro). O Design Ecossistêmico busca regenerar cada uma dessas dimensões. Por isso, explico mais aprofundadamente o que é a regeneração subjetiva e a regeneração ambiental. Para auxiliar na regeneração subjetiva são sugeridos alguns dispositivos de produção de subjetividades Outras, que são a dança, o canto, os ritos e os ritornelos. E, para finalizar o capítulo, relato alguns experimentos projetuais e exemplos de projetos que podem trazer inspiração para um novo fazer projetual. O livro finaliza com uma breve conclusão e princípios sugeridos para projetos ecossistêmicos.

1
euroantropo-centrismo ou como viemos parar aqui?

Puxí curí peçassa amun-itá ruaxara maramên curí pemanduari ixê, aramem curí peiassúca peiaxiú Paraná ribiiuá upê, pemucamén peruá, pericu-aram maam peiara, tupanaumeém ua peiaram[8]
BARÉ

São nove e cinquenta e dois da manhã e minha mesa está repleta das coisas que povoam meus dias: coisas utilitárias, porta-coisas, coisas portadoras de significado, coisas decorativas, coisas descartáveis, coisas feitas de todo tipo de polímero que já tenhamos inventado, entre outros materiais. Toda semana, às segundas-feiras, eu tiro um saco de 40 litros cheio de coisas de dentro de casa e o deixo na calçada para que o caminhão da coleta seletiva recolha. Todas essas coisas, as que ficam e as que vão, são resultantes de processos de design e, como diria Flusser (2013), obstruem nosso caminho. Todas elas, eventualmente e quando bem encaminhadas, vão para aterros sanitários que, no Brasil, ocupam extensas áreas de terra. Anualmente, os habitantes humanos de nosso país produzem cerca de 82 milhões de toneladas de "lixo"[9] – 96% dos quais são levados para lixões e aterros em vez de serem encaminhados para reciclagem.[10] Essas "coisas", esses objetos obstrutores, esses artefatos de design carregam em si um amontoado daquilo que nossa sociedade pós-moderna pós-industrial chama de "matéria-prima". Seres e moléculas que um dia fizeram parte de ecossistemas, de um delicado entrelaçamento entre organismos vivos e as matérias que lhes possibilitam a vida. E nós as miramos, tratamos e descartamos, todos os dias, como coisas: lixo.

Em fevereiro de 2024, foi divulgado, em inúmeros portais de notícias, um estudo[11] de pesquisadores brasileiros da Universidade Federal de Santa Catarina publicado na consagrada revista científica Nature. A pesquisa traz uma análise cuidadosa que mostra, como um cenário possível, o colapso da Floresta Amazônica até 2050, que atingiria seu "ponto de não retorno". Esse estudo chega pouco tempo

---

8 "Vocês agora vão ser dominados por outras pessoas, até quando se lembrarem de mim, aí então irão ao rio tomar banho e chorar mostrando suas caras, para que assim eu vos reconheça e Tupana devolva aquilo que sempre foi de vocês" (BARÉ, 2016, p.46)
9 Disponível em: <http://bit.ly/3lQhliU>. Acesso em: jun. 2022
10 Disponível em: <https://bit.ly/40DzejE>. Acesso em: jun. 2022
11 Disponível em: <https://bit.ly/3Yxl1qS>. Acesso em mar.2024

depois de reportagens apontando níveis recordes de desmatamento da Amazônia,[12] que em setembro de 2022 teve a maior área desmatada da série histórica começada em 2015. No mesmo mês de fevereiro de 2024, outro alarmante estudo,[13] publicado no periódico Science Advances, diz que modelos climáticos rodados em supercomputadores teriam conseguido apontar para o colapso das correntes oceânicas do Atlântico devido ao derretimento acelerado das calotas polares. Tais correntes são responsáveis por manter o clima mais ameno no hemisfério norte e, com seu colapso, parte da Europa poderá ter temperaturas constantes de até 30°C mais baixas que as atuais – como um exemplo de consequência desastrosa, fora outras possíveis. Embora essas pesquisas não sejam conclusivas, no sentido de indicarem futuros inescapáveis, elas adicionam novos dados e capítulos a uma história que já vem se desenrolando há mais tempo no meio científico.

Em 2009, um grupo de cientistas, liderados por Johan Rockström, estabeleceu uma lista de limites planetários dentro dos quais a humanidade deveria operar a fim de manter a homeostase e a resiliência do sistema terrestre. O artigo,[14] também publicado na Nature, propôs uma abordagem para balizar o desenvolvimento humano, composta por nove limiares biofísicos que, juntos, compõem o equilíbrio da Terra e que não devem ser ultrapassados, justamente para não prejudicar seu delicado balanço. Na própria publicação, porém, os pesquisadores mostraram que três, dentre sete parâmetros mensurados, já foram extrapolados (veja a figura 1 a seguir). De lá pra cá, novas medições foram feitas, os nove parâmetros foram acessados e, em 2023, um novo estudo mostrou que seis estão muito acima dos limites aceitáveis para que o sistema planetário se mantenha em equilíbrio. Os vários colapsos citados pelas narrativas científicas se entrelaçam em

---

12 Disponível em: <http://bit.ly/42Ro78T>. Acesso em: out. 2022
13 Disponível em: <https://bit.ly/4fuMcbN>. Acesso em mar.2024
14 Disponível em <https://bit.ly/4du4k3N>. Acesso em mar.2024

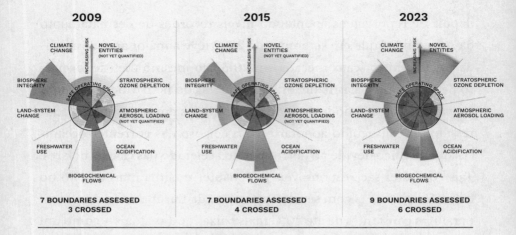

Figura 1: The evolution of the planetary boundaries framework (licenciado sob CC BY-NC-ND 3.0). **Fonte**: Azote for Stockholm Resilience Centre, Stockholm University. Baseado em Richardson et al. 2023, Steffen et al. 2015, and Rockström et al. 2009.

um cenário nada promissor. E, ainda assim, as ações humanas, nas mais diferentes esferas que compõem nossas sociedades, não refletem a urgência da situação.

Como viemos parar aqui?

É uma pergunta que emerge naturalmente quando paramos para refletir sobre essa realidade vivida. No campo do design, em geral, o incômodo dessa reflexão vem pareado do ímpeto de "algo fazer", do "querer solucionar" que impulsiona os projetistas. Assim, surge uma segunda indagação:

O que podemos fazer para criarmos realidades melhores do que esta?

O colapso pode ser inevitável no ponto onde estamos – não sabemos. Se for, isso não vai significar o fim do mundo. Bem mais provável, pode ser o fim de um mundo – do nosso somente. Seja como for, a dimensão experimental e intencional que vem carregada na vontade de construirmos alternativas melhores é o maior valor que temos, nesse contexto de transição. Podemos abraçar a incerteza e encontrar conforto em pensar que não importa o futuro que teremos e, sim, que chegaremos nele (ou melhor, neles) exercitando, testando e criando novos mundos. Temos assim, nessa segunda pergunta, uma dimensão processual – do processo projetual, do design – que pode influenciar onde iremos chegar e que, assim, se desdobra em uma última pergunta:

Para onde vamos?

Para onde vamos é uma proposta: um re-arranjo dos nossos caminhos, um re-fazer do design como campo de materialização da realidade, que se apresenta como regeneração e utopia.

No quadro abaixo está representado o percurso que imagino entre essas três indagações, feito de cinco estágios e suas respectivas ações de ativação.

Existe um processo de autoconhecimento, de conhecimento geral, que passa por: identificarmos nossos padrões comportamentais, geralmente inconscientes → observarmos atentamente esses padrões, quando ocorrem, seus gatilhos, suas consequências → aprendermos com eles, com os motivos por trás de suas ocorrências → a fim de construirmos novos e mais saudáveis padrões.

ONDE ESTAMOS	O QUE PODEMOS FAZER PARA CRIAR REALIDADES MELHORES			PARA ONDE VAMOS
OBSERVAR	MERGULHAR	CURAR	RE-CRIAR	REGENERAR
Atentar Escutar Desarmar	Encarar Revelar Emergir	Desapegar Acolher Desfazer	Experimentar Resgatar Conectar	Dar vida nova Sonhar Plantar
O que acontece? Como acontece? Como enxergar?	Por quê acontece? De onde vem? Qual a origem? O que há por trás?	O que é limitante? O que sinto? Onde dói? Como perdoar?	O que existe de positivo? O que havia de bom? Como recombinar e reconectar?	O que é o melhor que posso conceber? Como ser natureza? O que é abundante? Quais sonhos existem?

Quadro 1: Cinco estágios do processo regenerativo
Fonte: Elaborado pela autora, 2024.

Vejo esse quadro como algo um tanto análogo a esse processo. Primeiro observamos o fenômeno presente: uma observação desperta e desarmada de suas defesas, que esteja aberta a escutar atentamente e sentir também com o coração. Em seguida, devemos mergulhar criticamente no que se apresenta, buscando suas origens e motivações, fazendo emergir o que estava submerso, revelando as feridas e manchas do passado. Depois, passamos por um estágio de necessária cura: dos traumas, das injustiças, das crenças limitantes, dos princípios excludentes. Esse processo de cura significa tanto acolher e abraçar aquilo que é, que não podemos mudar, quanto agir para desfazer e nos desapegarmos do que não precisa mais existir ou se repetir. Podemos, então, exercitar nossa criatividade, experimentando possibilidades, conectando aprendizados, ensaiando devires – projetando e prototipando, enfim. Desde um lugar de acolhimento, podemos resgatar o que havia de bom em nossa trajetória e que pode servir de inspiração ou base para o que queremos criar: histórias, valores, modos-de-fazer, materialidades, narrativas... E tudo isso para que estejamos constantemente criando novas realidades em um eterno futurar. Mas isso dificilmente é um percurso linear assim, como não será abordado linearmente ao longo do livro – e nem mesmo explicitamente, mas se você prestar atenção, esses estágios estão todos presentes nas páginas que seguem.

Esse *onde estamos*, a realidade que vivemos coletivamente enquanto habitantes terrestres – hoje – não foi sempre essa. Assim como não surgiu em um sobressalto, da noite para o dia ou de um ano para outro. Nem mesmo de um século para outro. Ela é um *continuum* histórico-evolutivo, social-biológico, das interações e das escolhas de toda forma de vida em sua constante metamorfose no seu viver. A realidade é a manifestação dialógica e polifônica das mentalidades e visões de mundo de cada ser, a cada época. É uma polifonia de *Umwelten*[15] em interação.

---

[15] O termo "Umwelt" (plural *Umwelten*) foi cunhado pelo biólogo Jakob Johann von Uexküll para descrever o mundo perceptual único de um organismo, moldado por suas experiências e capacidades sensoriais e cognitivas. A definição clássica pode ser encontrada em *A Foray into the Worlds of Animals and Humans* (1957).

Mentalidades, manifestações e realidades mudam com o tempo. Mas, ao contrário do que tendemos a imaginar, apegados que somos à nossa condição humana tão efêmera, essa mudança ocorre muito lentamente: não no espaço mensurável por uma vida humana, mas na velocidade própria da complexidade que caracteriza a imensa teia da vida em Gaia,[16] que *é a própria* Gaia. Ou seja, ao longo de muitos e muitos anos, a realidade atual foi se moldando, pelas incontáveis interações dos seres que viveram até aqui. E, atualmente, ela passa por uma transição sem precedentes,[17] uma corrosão do tempo e do espaço, um ponto de ruptura em que o *Homo sapiens-demens*[18] age como uma força de alteração geoclimática e de destruição da própria existência. Segundo László (2011), estamos em um momento de *krísis*,[19] de escolha: de um lado, podemos optar pelo "avanço revolucionário", por mudar o rumo dessa trajetória autodestrutiva; do outro lado, escolhemos pelo "colapso", pelo decréscimo de complexidade e biodiversidade da Terra.

Conforme as notícias vão formando pilhas de catástrofes em um cenário de armagedom, muitos pensam que o colapso é, de fato, inevitável. Por estarmos imersos nesse longo período de transição planetária (é difícil enxergar o que vem depois da tempestade, quando ela recém começa), e devido à configuração de nossos sistemas comunicacionais e midiáticos (voltados para a disseminação do horror sob pretexto do lucro), não enxergamos claramente para qual lado estamos pendendo. Para László (2011) o colapso significa a degeneração rumo ao desastre; para Lovelock (2010) é o superaquecimento de Gaia e a consequente redução da sua biodiversidade, o que traria a

---

16 Adiante, no capítulo 2, trago a explicação do nome. Por ora, basta sabermos que é um nome para a Terra.
17 László (2011), Danowski e Viveiros de Castro (2017), Wahl (2019) e Latour (2020).
18 Esse termo aparece em *O método 2 – a vida da vida*, de Edgar Morin (2015), e também em Boff (2015), e me parece traduzir perfeitamente a ambiguidade da existência humana, uma espécie ao mesmo tempo sábia e louca, capaz dos maiores feitos e de levar a si própria à aniquilação.
19 Crise, do grego *krísis*, significa julgamento, "decisão". Mais tardiamente, incorporado ao Latim, serviu para designar o momento de virada em uma doença, em que o corpo pode tanto sucumbir quanto recuperar-se.

biosfera para um nível inferior de complexidade mais facilmente reequilibrável; para Danowski e Viveiros de Castro (2017) há uma possibilidade de um mundo sem humanos; para Nicolelis (2020) significa a regressão da mente. São muitos os pensadores que hoje, temendo pelo colapso, conclamam pela transformação radical daquilo que estivemos fazendo nos séculos mais recentes e que trouxe como resultado a possibilidade real da involução e da degeneração do sistema terrestre. A boa notícia é que, se nos esforçarmos um pouquinho, poderemos identificar um sem-número de iniciativas que discutem, exercitam e propõem novos rumos para nossos sistemas sociais – alternativas de convívio, de trabalho, de produção, de troca, de valoração – em diversos lugares ao redor do mundo. As pessoas estão falando sobre regeneração e estão praticando-a. Observar isso me traz a esperança do avanço revolucionário.

Quando adentramos no paradigma da complexidade e passamos a enxergar a realidade como um tecido feito de uma miríade de fenômenos interconectados e sistêmicos, vemos quão incerto o futuro verdadeiramente é. Não existem certezas nem garantias. Então, como não temos como saber com certeza para onde vamos, precisamos agir ativamente na construção dos futuros que virão, em um movimento consciente e intencional. Assim, como no processo terapêutico de autoconhecimento, precisamos trazer à consciência a consequência dos atos e escolhas que nos trouxeram até aqui e as motivações por trás deles. Isso significa expor a visão de mundo vigente em nosso tempo, para que possamos criticá-la e curá-la e, a partir daí, estimularmos novas e regeneradas visões que nos ajudem a criar novos e regenerados mundos. Pois, como coloca Guattari (2012a, p.32), "Não se pode conceber resposta ao envenenamento da atmosfera e ao aquecimento do planeta, devidos ao efeito estufa, uma estabilização demográfica, sem uma mutação das mentalidades, sem a promoção de uma nova arte de viver em sociedade".

Mas, como viemos parar aqui? Chegamos aqui criando e sendo criados por uma visão de mundo específica, que pertence a um projeto civilizatório também específico. A realidade é fruto de um infinito de conexões e fenômenos recursivos que se deram ao longo da história; é o retrato da evolução da interação dialógica de todas as formas de vida na irreversibilidade da flecha do tempo. E tal realidade é polifônica: não existe uma única visão de mundo, assim como não existe uma única realidade. Mesmo assim, há uma visão se sobrepondo às demais, uma que se impõe como força hegemônica e que configura o viver relacional de grande parte da humanidade contemporânea. Ela é entendida, sobretudo a partir da perspectiva decolonial, como a base a partir da qual emanam concepções equivocadas da vida, que fundamentam relações destrutivas do ser para com outros seres e para com seu meio. Escolhi chamá-la de euroantropocêntrica, por ter sua origem no território que, hoje, é a Europa, e por ter como sua principal característica a colocação narcísica do ser humano como "centro do universo", isto é, como espécie superior à toda criação. Um eurocentrismo que se reconhece nas palavras de Quijano (2005, p.126), como "*[...] uma perspectiva de conhecimento cuja elaboração sistemática começou na Europa Ocidental antes de mediados do século XVII, ainda que algumas de suas raízes são sem dúvida mais velhas, ou mesmo antigas, e que nos séculos seguintes se tornou mundialmente hegemônica percorrendo o mesmo fluxo do domínio da Europa burguesa*".

Outros autores adotam outros termos: Tarnas (1999) chama isso de "pensamento ocidental". Escobar (2016, 2018) reconhece as mesmas características deste pensamento na "ontologia da modernidade", caracterizada por um "dualismo ontológico". Rolnik (2018), a partir da sua perspectiva guattarística da subjetividade, identifica como "antropo-falo-ego-logocêntrica" a agência regida pelo inconsciente colonial-capitalístico que produz o pensamento moderno. Boff (2015, p.27) entende como "paradigma", quando fala sobre a crise da "civilização hegemônica"; "a crise do nosso paradigma dominante, do nosso modelo de relações sociais, de nosso sentido de viver preponderante", ao qual Capra (1996, p.16) caracteriza da seguinte maneira:

> Esse paradigma consiste em várias ideias e valores entrincheirados, entre os quais a visão do universo como um sistema mecânico composto de blocos de construção elementares, a visão do corpo humano como uma máquina, a visão da vida em sociedade como uma luta competitiva pela existência, a crença no progresso material ilimitado, a ser obtido por intermédio de crescimento econômico e tecnológico, e – por fim, mas não menos importante – a crença em que uma sociedade na qual a mulher é, por toda a parte, classificada em posição inferior à do homem é uma sociedade que segue uma lei básica da natureza.

Krenak (2019) fala sobre um "projeto civilizatório" que devora mundos e subjetividades, ao se referir à visão de mundo e ao modo de vida euroantropocêntrico. O termo ressoa com a perspectiva guattariana: esse projeto está constituído de inúmeros agenciamentos – maquínicos, midiáticos, tecnológicos, econômicos, políticos etc. – de produção das subjetividades que irão reproduzir o mesmo sistema, o mesmo modus operandi de exploração, dominação, subjugação e acumulação.

É crença desses autores que a *krísis* atual decorre dessa visão de mundo, desse projeto, dessa ontologia, desse paradigma hegemônico dominante. Se quisermos rumar para a evolução, é necessário empreendermos a desconstrução das crenças e valores que lhe dão sustento, para então podermos ensejar novos devires. Dito de outro modo, e pela perspectiva de Maffesoli (2021), precisamos dar mostras de radicalismo, no sentido de irmos à raiz dos fenômenos, ensejando um retorno ao Real.[20] Ou seja, para criarmos novos caminhos, muitas vezes precisamos chegar às origens daquilo que constitui o aqui e o agora, às

---

20 "Numa cosmologia em perpétuo devir, o ser humano não é mais um elemento externo – elemento dominador —, mas, pela força das coisas, é solidário com o que se passa a montante dos seus campos. Ele é parte integrante de um todo que o ultrapassa

raízes da visão de mundo dominante. Buscar as origens do pensamento euroantropocêntrico significa uma viagem no tempo, para o berço do que veio a ser o projeto civilizatório "ocidental", daquele ocidente que tem início na Antiguidade greco-romana. Tal revisão histórica já foi feita por autores mais qualificados para tal tarefa, mas arrisco aqui um resumo, embasado em Tarnas (1999, 2007), Goody (2015), Lopes (2017), Nicolelis (2020) e Capra e Luisi (2015), a fim de explicitar o contexto de onde surge a proposta de um fazer projetual ecossistêmico.

Um breve panorama das raízes

Para começar, é importante notarmos como o pensamento "ocidental", em sua origem, é um amálgama das influências, condições, trocas e culturas de centenas de povos que interagiam na região do Mediterrâneo durante séculos. Ao contrário da narrativa que mostra o Ocidente como um monolito auto-fundante, ele designa uma região mais ampla que, desde os primórdios da História, servia de palco para intensos fluxos humanos, entre rotas comerciais, escravagistas e migratórias, como um caldeirão de pensamentos os mais diversos que conectava os três continentes ao redor do mar Mediterrâneo. O intenso comércio da região não se fundava apenas na troca de especiarias, tecidos e alimentos: entre os escravos comercializados havia a mais ampla gama de saberes circulantes, entre doutores altamente especializados, artesão e artífices, cientistas e prostitutas (Goody, 2015). Contudo, o que ocorre desde o início da contação de história humana, é a manipulação da narrativa, registrada e repassada de tal forma a valorizar aquele que a conta. Por exemplo, Goody (2015) nos conta que o alfabeto grego foi aprimorado a partir da escrita herdada dos Fenícios e foi usado para glorificar os feitos gregos perante os persas,

---

e o integra. É isso que eu chamo, para além do corte moderno, de retorno ao Real" (MAFFESOLI, 2021, p.76).

que eram seus inimigos e, embora fossem tão civilizados quanto os gregos, eram por estes tachados de "bárbaros". O que ocorreu incontáveis vezes desde então foi o que Goody chamou de "o roubo da história", uma torção da narrativa histórica para que esta reconhecesse e validasse o "Ocidente" como fonte de todo desenvolvimento cultural e científico relevante e como berço da civilização moderna, quando, em realidade, o próprio Ocidente é decorrente de todas essas trocas culturais, econômicas e sociais com os diversos povos e culturas ao redor.

O ponto-chave aqui, que será retomado outras vezes adiante, diz respeito à "narrativa": às histórias que contamos a nós mesmos e aos coletivos sociais dos quais participamos, para dar significado à nossa existência e ao mundo ao nosso redor. Essas histórias (ou estórias) nunca são livres de vieses, de lentes que apreendem e interpretam a realidade vivida segundo o aparato biológico-cultural à nossa disposição, que são nossos sentidos, cognição, valores, crenças e cultura em geral.

A visão de mundo moderna remonta à Antiguidade, na qual identificamos algumas raízes, como: o Homem[21] como protagonista das narrativas, no centro do próprio universo, como na Odisseia de Homero; e o início da separação entre o que é da ordem mítica/divina e da natural/mundana, a dicotomia entre razão e emoção. Tarnas (1999, p.87) nos deixa elencados cinco pressupostos intelectuais que influenciaram a mentalidade ocidental desde esse período, dos quais transcrevo aqueles que ajudam em nosso panorama específico:

(1) "O legítimo conhecimento humano só pode ser adquirido através do rigoroso emprego da razão humana e da observação empírica" – o que dá origem ao racionalismo exacerbado da modernidade;

---

[21] Homem, com "H" maiúsculo é adotado para aludir a uma representação bastante específica de *Homo sapiens-demens* em sua versão masculina, branca e de origem nobre, uma vez que esta é a representação condizente com as sociedades patriarcais que dão base ao projeto civilizatório ocidental. Tanto que Rolnik (2018) chama de "falocêntrico" o paradigma moderno, e outros chamam de androcentrismo ao invés de antropocentrismo, a narrativa vigente centrada no Homem. Não faço uso de "homem" como sinônimo de "humanidade": humanidade é usada como tal ou como *Homo sapiens-demens*.

(2) "O alicerce da verdade deve ser procurado no mundo atual da experiência humana, não na realidade indemonstrável de outro mundo" – o que reforça o primeiro ponto, mas que também dá início às dicotomias Mente|Espírito e Humano|Natureza;

(3) "As causas dos fenômenos naturais são impessoais e físicas e devem ser buscadas no reino da natureza observável" – claramente, o que começa a disjunção Sujeito|Objeto que marca tão fortemente nosso pensamento até os dias atuais.

Os gregos foram absorvidos pelo Império Romano que, graças à sua vocação bélica, expandiu e unificou seus territórios em um império que ia da Europa à África setentrional. Podemos identificar três forças usadas para manter unificada, por tanto tempo, tamanha vastidão territorial: o medo, o mito e a língua. Os mitos são abstrações mentais criadas pelo cérebro humano (Nicolelis, 2020), desde tempos imemoriais, que fazem parte de códigos de ética e conduta que os humanos usam para orientar a vida. Mitos podem ser entendidos como os paradigmas de dado período, como explica Tarnas (2007, p.12):

> [...] estes paradigmas subjacentes não representam meras crenças ilusórias ou fantasias coletivas arbitrárias, ilusões ingênuas contrárias aos fatos, mas sim aquelas estruturas arquetípicas duradouras de significado que informam tão profundamente nossa psique cultural e moldam nossas crenças que a própria forma através da qual interpretamos algo como fato.

Um dos mitos mais poderosos já criados pelo *Homo sapiens-demens* foi aquele Deus representado como Homem (um senhor, branco, de barba e cabelos compridos e grisalhos): "Que deuses existem, que deuses existiram além dos que a imaginação do homem criou?" (Campbell apud NICOLELIS, 2020, p.212) e, no entanto, apesar de sua natureza convencional, foi justamente o mito do Deus todo-poderoso da nova religião monoteísta que serviu ao propósito de ordenar o Império e subjugar os romanos, depois que o imperador Constantino se converteu ao cristianismo e se dedicou à sua fervorosa propagação, no século IV (TARNAS, 1999). Além do mito e do medo, o outro mecanismo para promover a unificação e a ordem é a língua. Roma, a partir dos anos 200 AEC, unificou todo seu império ao transformar sua própria língua no idioma administrativo e culturalmente aceito de toda a região, "de forma que quase um bilhão de pessoas hoje ainda falam o que é essencialmente uma forma capenga de latim" (LOPES, 2017, p.166) como o português, o francês e o espanhol. Há no processo romano uma dupla homogeneização, dupla esterilização: uma mesma língua e uma mesma religião.

À Antiguidade seguiu-se a Idade Média, período histórico que durou aproximadamente mil anos, dividido em Alta e Baixa Idade Média. Da Idade Média "ocidental" carregamos alguns mecanismos hegemônicos que, desde então e até hoje, servem para controlar a vida humana. A religião católica, como instituição de ordenamento da vida medieval, imprimiu modelos de construção do mundo – códigos de ética e conduta, categorias espaciais e temporais, estruturas sociais – que estão profundamente arraigados em nossa psique e "são de tal forma fundamentais e disseminadas como determinantes para nossa interação com o mundo, que nós tendemos a esquecer sua natureza convencional" (GOODY, 2015, p.26). Quer dizer, esquecemos que elas são abstrações mentais. Deixamos a religião, ela própria uma abstração, ditar a forma como apreendemos o tempo e o espaço: as horas, os meses, os ritos e as festividades são convenções católicas (algumas bastante arbitrárias, outras construídas em cima de legados "pagãos") introjetadas há séculos em nosso viver. O pensamento católico carrega em si um princípio de separação dicotômica da realidade que repousa em cima da tentativa de "separar a luz das trevas" e que tem como consequência o reforço da divisão entre Eu|Outro, a Luz contra as Trevas (Maffesoli, 2021). Essa cisão absoluta entre Eu|Outro é, de um lado, a força propulsora da dominação de toda divergência pela incorporação forçosa ou pela aniquilação e, de outro, é aquilo que reforça o dualismo platônico, separando o pensamento em pares de opostos – Deus|Homem, Homem|Natureza, Bem|Mal, Masculino|Feminino etc.

Talvez seja essa a herança mais pesada que carregamos da visão de mundo ocidental. Tudo que é visto como o Outro, a partir da perspectiva euroantropocêntrica, é o Mal, as Trevas, o Incompreensível, o Irrelevante, o Indigno. Santos (2010, p.32) chama isso de pensamento abissal: *"O pensamento moderno ocidental é um pensamento abissal. Consiste num sistema de distinções visíveis e invisíveis, sendo que as invisíveis fundamentam as visíveis. [...] A divisão é tal que 'o outro lado da linha' desaparece enquanto realidade, torna-se inexistente, e é mesmo produzido como inexistente. Inexistência significa não existir sob qualquer forma de ser relevante ou compreensível".* Esse dualismo dicotômico será renovado diversas vezes no desenvolvimento da ontologia e do sujeito euroantropocêntricos, e se contrapõe ao pensamento sistêmico, que embasa a visão de mundo ecossistêmica. A dominação do Outro também pode ser relacionada à ideia de homogeneização contida na partícula "mono" – do grego *mónos*: só, único, isolado –, refletida no "monoteísmo", na "monocultura" e na "monogamia", dimensões uniformizadas e reduzidas da existência, não plurais, não diversas e, portanto, contrárias à lógica e ao funcionamento da vida em sua complexidade. A cisão ontológica Eu|Outro nessa época germinada floresce com força nos séculos seguintes.

Como o predomínio dos dogmas religiosos restringiu o pensamento intelectual da região, a posterior retomada científica do Ocidente, com o Renascimento, o Iluminismo e a Revolução Científica, se deu pela incorporação das tecnologias desenvolvidas no Oriente: Constantinopla e Alexandria continuavam a florescer como centros econômicos, culturais e educacionais, enquanto as monarquias ocidentais nadavam no pensamento teológico. Por volta do ano 1000 a Europa atingiu um grau de segurança política e a atividade cultural no Ocidente começou a animar-se. O mundo fixo da antiga ordem feudal dava lugar a algo novo: após séculos de ostracismo mental e com o fortalecimento das fronteiras das monarquias que dominaram a Baixa Idade Média, a Europa floresceu trazendo a reboque, como se fossem suas, as criações e inovações do Oriente.

E O DESIGN, EXISTIA?

E nesse espaço-tempo relacional, nessa proto-Europa medieval das narrativas teológicas, havia design? A resposta vai depender do entendimento que temos sobre o que é design. Em sua etimologia, a palavra design origina justamente do latim medieval, identificada no século XIII como *dēsignāre*: "marcar, traçar, representar, dispor, regular" (CUNHA, 2010, p.210). Derivam da raiz latina o verbo desenhar, no sentido de "indicar, designar" (século XVI) e de "representar por meio de linhas e sombras, fazer o desenho de" (século XVII). Assim, podemos entender que a palavra moderna "design" tem sua nascente na Idade Média, carregando um significado de representação e de indicação, desígnio. As línguas neolatinas adotaram suas devidas traduções – *disegno* (italiano); *diseño* (espanhol); *dessin* (francês) – com exceção do português, que usa "design" ou "projeto". Etimologicamente, "projeto" vem do substantivo feminino "projeção" originado no latim tardio (1720) *prōjectiō-ōnis*, significando "ato ou efeito de lançar" (CUNHA, 2010, p.524). Projeto é o que se lança adiante, ao futuro: assim, o produto surge como consequência de lançar-se adiante. Deste modo visto, design é aquilo que designa à matéria sua forma, que lhe indica a função; é projeto na medida que se configura como o processo de dar forma presente a um futuro visualizado, de concretizar uma intenção que leva de uma situação A à uma situação B,[22] desejada. Design projeta artefatos imbuídos de significado[23] e intencionalidade. *Artefacto*, do latim *arte factus*, "feito com arte" (CUNHA, 2010, p.60), feito com astúcia, com saber-fazer. Se aceitamos um entendimento assim abrangente, caímos em um campo onde tudo, então, é design, desde as pontas de lança dos hominídeos primitivos até as sobrancelhas das moças, desenhadas com maquiagem definitiva nos salões das esquinas das cidades. Não sem motivo,

---

[22] A célebre frase de Herbert Simon (1982, p.129) diz que "Projetar é conceber cursos de ação destinados a transformar situações existentes em situações preferidas".
[23] Klaus Krippendorff tem um extenso trabalho de pesquisa em design, no qual discorre sobre o lado semântico dos objetos/produtos. Seu livro mais conhecido é *The Semantic Turn*, de 2005, ainda sem tradução para o português.

diferentes autores afirmam que "todos fazem design", uma vez sendo esta uma capacidade inerentemente humana.

Em sua compreensão contemporânea predominante, o design está intimamente ligado ao projeto civilizatório ocidental[24], reconhecido sobretudo em conexão com a Revolução Industrial, ainda que sua prática e seu fazer, como argumentado, sejam intrinsecamente humanos. Considero, a fim de distinção daqui para frente: Design Maiúsculo (ou simplesmente escrito com "D" maiúsculo) aquele que se impõe, como mecanismo hegemônico; e design, simplesmente, com "d" minúsculo, o que traz a abrangência do projetar em seu significado e em sua etimologia latina – este último vejo como sinônimo de "prática projetual", inclusive. E, sim, concordo que todos fazem design, apenas que o designer, formado enquanto profissional do campo, tem uma carga maior de responsabilidade sobre suas escolhas projetuais.

Talvez justamente pela habilidade projetual ser tão inerentemente humana (e não apenas humana, isso é fato), não houve nos períodos históricos pré-modernos um esforço interessado em teorizar a prática projetual. Bonsiepe (2011, p.18) diz que a pesquisadora "Raimonda Riccini constatou o desprezo pelo estudo dos artefatos materiais e semióticos desde a cultura clássica greco-romana até o período medieval, quando foram criadas as primeiras universidades ocidentais". Bonsiepe nota que o universo dos artefatos técnicos e tecnológicos não pôde mais ser ignorado apenas após o avanço da industrialização, devido a presença cada vez mais massiva destes no dia a dia das populações (populações "ocidentais", naturalmente). Apesar da lacuna teórica, o design, como saber ligado ao projetar, ao desenhar, esteve presente nas civilizações antigas e medievais. Vejamos o que diz Schiavoni (2014, p.593):

---

[24] Tony Fry (2020) propõe o design moderno ocidental como uma prática de *"defuturing"* ("desfuturação"), no sentido de que, ao exercer-se, acaba com toda possibilidade de futuro, uma vez que consome o mundo e as pessoas. Embora interessantíssimo o pensamento de Fry, não iremos aprofundá-lo aqui, pois este já se encontra absorvido na obra de Escobar, que faz alusão a diferentes ideias de Fry no *Designs for the Pluriverse* (2018) e no *Autonomía y Diseño* (2016).

Na Antiguidade, os gregos utilizavam a expressão téchne para se referir a um modo específico de se fazer ou produzir coisas que na atualidade denominamos de arte, design e arquitetura. Os romanos traduzirão este conceito para o latim utilizando a expressão ars [...]. A noção de ars na Idade Média vai ganhar variados usos significando, em linhas gerais, a arte de bem fazer algo, isto é, o conceito de ars continua com a mesma acepção e atributos da téchne. Desde a ars amandi dos romanos, passando pela ars mechanica dos construtores de catedrais, chegando à ars moriendi dos monges medievais, o saber-fazer vinculado à produção de conhecimento, de estudo, de observação a um conjunto de regras, continua sendo a tônica da concepção.

Também outras formas de projetar, distintas das concepções ocidentais, existiram e existem em outras partes do mundo, atendendo por outros nomes, tendo outras etimologias e configurando outros fazeres; porém, o intuito desta introdução está focado na origem da visão de mundo que concebe o Design. *Téchne, ars* e o Design Maiúsculo se apresentam como devires da mesma lógica, que emprega a técnica (o saber-fazer) e a intenção a processos que designam às matérias as suas funções e seus significados, com o intuito de solucionar a mais variada gama de desafios e desejos que se apresentam nos viveres relacionais humanos. Assim sendo, havia design na Antiguidade greco-romana e na Idade Média proto-européia. Contudo, nesses períodos, os artefatos resultantes do ato de projetar não se configuravam como o lixo que abarrota os aterros do presente. Os materiais eram outros, as tecnologias eram outras, os conhecimentos e as intenções eram outros. Na Idade Média, projetavam-se as catedrais e os adornos religiosos para a adoração da divindade cristã; projetavam-se as imagens e as representações que permitiam a contemplação do mistério divino. Schiavoni (2014) explica justamente isto: que o olhar medieval é um de contemplação, enquanto o olhar moderno é da observação, uma outra operação, que analisa e desmembra o todo em partes que possam ser escrutinadas pelo uso da razão.

O Design Maiúsculo, reconhecido sobretudo a partir da Revolução Industrial, está para a serialização, a industrialização, a produção em massa e a conversão de "recursos" – todos esses filhos e frutos de nossa tão preciosa Mãe Terra – em produtos para usufruto do *Homo sapiens-demens*. Nesse sentido, podemos dizer que o Design surge também a partir da expansão ultramarina, como artifício da hegemonização e da consolidação da visão de mundo euroantropocêntrica. Há um advento, porém, que antecipa essa noção, que é a prensa de Gutemberg: *"[...] se a Revolução Industrial, convencionalmente datada no período que vai de 1760 a 1830, assinala o maior 'divisor de águas' entre as produções artesanal e industrial [...], ao menos um setor, o da imprensa, antecipa em mais de três séculos a revolução e, de qualquer modo, pode ser considerado, para todos os efeitos, uma atividade classificável no domínio do design"* (DE FUSCO, 2019, p.19).

O MUNDO MODERNO

Gradualmente, no tecer complexo da vida de inúmeros seres entre 1400 e 1700, a Idade Média foi dando lugar à Idade Moderna. O mapa múndi até então conhecido ampliava suas fronteiras com as grandes navegações e as invasões das terras do "Novo Mundo", mudando dramaticamente a forma como as pessoas na Europa-em-formação viam e imaginavam o globo. A partir da expansão dos horizontes, todo um novo modo relacional se descortinou e colocou em movimento uma série de mecanismos que definem nossa visão de mundo até hoje: as narrativas sobre indivíduos independentes, o extremismo das dicotomias já mencionadas entre Mente|Espírito, Razão|Emoção, Masculino|Feminino, Homem|Natureza, e a visão mecanicista do universo são alguns desses expedientes modernos que aqui nos interessam.

Após um longo período de dormência do pensamento inquisitivo, sob domínio das formulações teológicas do Clero e da Nobreza, vieram correntes de reflexão e libertação como o Humanismo, o Iluminismo e o Renascimento. Nelas o Homem aparecia não mais como o pecador da teologia medieval e sim como o protagonista da própria vida, o centro da narrativa dominante (TARNAS, 1999; NICOLELIS, 2020); algo que podemos interpretar como um aprofundamento do proto-antropocentrismo grego. Nicolelis (2020) pontua que esse antropocentrismo reformado trouxe consigo uma nova percepção do espaço também, em que o Homem reconfigurou o mundo ao redor de si com os princípios da perspectiva, com as projeções visuais e um sistema de magnitudes que refletiam a perspectiva do olho humano, não mais subordinado à ordem e às grandezas divinas. Nicolelis relaciona essa renovada percepção do espaço do Renascimento com o ímpeto da exploração de além-mares dos conquistadores da Península Ibérica. Estava, a partir daí, sedimentado o antropocentrismo que, ao longo dos séculos, adquiriu outros contornos como o do individualismo exacerbado do sujeito neoliberal contemporâneo. Este mesmo Homem foi o narrador e o personagem principal da história escrita pela Revolução Científica, movimento de desenvolvimento do pensamento racional e logocêntrico do paradigma moderno. De Nicolau Copérnico a Isaac Newton, foram criadas as proposições que moldam até hoje nossa visão de mundo.

Dizem Capra e Luisi (2014, p.46) que, "Quando a visão orgânica da natureza" (desde os tempos mais remotos, o objetivo filosófico era compreender a ordem natural da vida) "foi substituída pela metáfora do mundo como uma máquina" (imagem possibilitada pelo racionalismo dominante), "o objetivo da ciência tornou-se conhecimento que pode ser usado para dominar e controlar a natureza". A partir desse ponto, exacerbou-se em definitivo a ruptura entre Homem e Natureza[25], em uma luta do Homem-Deus contra as "trevas" da fé, da Natureza, do

---

[25] Natureza com "N" maiúsculo designa esta entidade polarizada e apartada do Homem, do humano, concebida a partir da dualidade ontológica, enquanto natureza com "n" minúsculo será a natureza de toda existência, que não é distinta de "cultura" e nem do "artificial", pois "tudo é natureza" (KRENAK, 2019).

feminino-bruxa, uma negação do que liga o humano à terra que lhe dá origem. O mundo passa a ser visto como vazio de significado e propósito, como fonte de recursos destituídos de subjetividade, a serem possuídos e explorados. Caberia apenas ao Homem, o verdadeiro e único sujeito, trazer significado, ordem e propósito a esse mundo; a Natureza estaria para ser dominada, assim como a mulher, que é vista desde tempos imemoriais como uma extensão da terra nutridora. Em seu afã por desvencilhar-se das "trevas", do Mundo do Mal, do Outro, por ver-se herói e independente, o princípio masculino declara guerra ao princípio feminino e à alma da terra, coloca Maffesoli (2021).

A máxima "*Cogito, Ergo Sum*" de René Descartes e a proposição de seu método sacramentam de vez a cisão Espírito|Matéria que cria um novo sujeito racional, individualista, superior à toda criação (embora ainda inferior a Deus, tendo em vista a devoção religiosa de Descartes). Exacerba-se o individualismo, a noção do homem independente e autossuficiente, dissociado da Natureza e do *socius* . "*Para Descartes, o universo material era uma máquina e nada mais que uma máquina. [...] A natureza funcionava de acordo com leis mecânicas, e tudo no mundo material podia ser explicado em função do arranjo e do movimento de suas partes*" (CAPRA e LUISI, 2014, p.49). A partir de então, o conhecimento produzido pelo Homem não poderia ser senão objetivo e pragmático. Como explica Grosfoguel (2016, p.30):

> **A divisão entre "sujeito-objeto", a "objetividade" – entendida como "neutralidade" –, o mito de um "Ego" que produz conhecimento "imparcial", não condicionados por seu corpo ou localização no espaço, a ideia de conhecimento como produto de um monólogo interior, sem laços sociais com outros seres humanos, e a universalidade entendida como algo além de qualquer particularidade continuam sendo os critérios utilizados para a validação do conhecimento das disciplinas nas universidades ocidentalizadas.**

Shiva (2016) nota que, por mais de três séculos, o reducionismo de Descartes foi o único método científico aceito no mundo ocidental, tornando-se um agente de dominação política e econômica, dicotomizando a relação Homem|Natureza. A partir dele e com as formulações de Isaac Newton e sua física mecânica, ficou sedimentada a visão mecanicista do mundo, a tal ponto predominante que, por exemplo, Buckminster Fuller, em 1969, em seu livro *Operating Manual for Spaceship Earth*, não usou outra metáfora para a Terra, para este organismo autopoiético que é Gaia, que não a de uma nave espacial: "Uma das coisas mais interessantes para mim sobre nosso espaço é que é apenas um veículo mecânico, assim como um automóvel" (FULLER, 2019, p.60), arrancando dela a sua qualidade orgânica e matricial. De 1492 – ano em que Cristóvão Colombo invade as terras taínas[26] – até 1650 – quando morre Descartes –, desenvolve-se uma ontologia pautada pela dominação, exploração e até aniquilação do Outro. Na época de Bacon e Descartes, já havia passado 150 anos da conquista do Novo Mundo: "[...] a arrogante e idólatra pretensão de divindade da filosofia cartesiana vem da perspectiva de alguém que se pensa como o centro do mundo porque já conquistou o mundo" (GROSFOGUEL, 2016, p.31).

Voltemos ao ponto-chave mencionado anteriormente, das narrativas: havia um princípio antropocêntrico nas contações dos feitos gregos, que servia justamente para criar a ilusão de existir um povo "bárbaro" (os persas) frente um povo "evoluído" ou "civilizado" (os gregos); um Eu contra o Outro. Essa narrativa, séculos depois, incorpora o Ego Conquistador do Homem navegante invasor do Novo Mundo e funda o mito da Europa como civilização hegemônica, como o referencial a ser seguido pelos demais Outros do mundo, inferiores e selvagens. Essa segunda parte da narrativa euroantropocêntrica, sobre a existência de uma Europa soberana, também se constrói a partir da negação da capacidade crítica do Outro, o selvagem originário de

---

[26] Taínos eram os indígenas pré-colombianos que formavam diferentes reinos e povos nas ilhas que posteriormente foram chamadas de Antilhas. Por extensão dos povos, as ilhas são ditas taínas.

Abya Yala[27]. Existe toda uma noção idealizada de civilização que surge a partir do diálogo entre os pensadores "ameríndios" e os pensadores "europeus": segundo Graeber e Wengrow (2022), autores do livro *O despertar de tudo*, foi o contato da Europa-em-formação com os povos, reinos e impérios nativos que retroalimentou as formulações filosóficas dos Homens daquele período. Ou seja, o questionamento do *modus vivendi* "europeu", criticado pelos nativos, gerou toda uma reação na elite filosófica "européia" que passou a reforçar a narrativa da sua própria superioridade – muito provavelmente às custas do aniquilamento das culturas Outras, pelo genocídio dos seus povos, pois, afinal, não critica quem não respira. Aqui, nas terras de Pindorama[28], creio que a relação estabelecida entre invasores e nativos tenha sido de outra natureza, uma vez que a cultura dos povos ancestrais sul-americanos era muito diferente daquela encontrada nos impérios meso-americanos ou nas etnias norte-americanas. Embora nosso vasto território tenha sido casa para centenas de povos com suas línguas, culturas, tradições e mitologias, os traços por elas deixados foram poucos, já que a "civilização tropical não é feita de blocos de pedra como a dos inúmeros povos andinos", mas de "paus, palha, pena, timbira e taquara", explica Gambini (2020a, p.25): "Não temos monumentos de pedra que contem nossa história, mas sim nossas imagens da alma nelas pintadas; temos nossos mitos sobre a origem de tudo e de nós mesmos, temos toda uma genealogia do espírito enterrada em nós".

É a partir da invasão à Abya Yala que tem início a formação da Europa[29], o desenvolvimento do pensamento eurocêntrico e o projeto

---

[27] Abya Yala é um termo usado nos estudos decoloniais para se referir às Américas, como uma forma de negar o nome imposto pelo colonizador, Américo Vespúcio, e reivindicar a existência das culturas e dos povos que aqui floresceram muito antes das brutais conquistas espanhola e portuguesa.
[28] Assim como Abya Yala, Pindorama é o nome contra-colonial adotado para designar o Brasil pré-Cabral.
[29] Como propõe Quijano (2010), a Europa é nomeada como uma metáfora para designar tudo que se estabeleceu como expressão cognitiva, cultural, política, etc. do que veio a se configurar como o território Europeu e toda sua extensão a partir da sua dominação global.

do capitalismo colonial moderno. As Américas são centrais – e não periféricas ou subalternas – na reconfiguração geopolítica planetária que ocorre nesse período da "descoberta". Tenhamos em mente que "Apagar a história sempre foi uma estratégia de dominação" (GAMBINI, 2020a, p.29) e, portanto, convém à narrativa do dominador colocar-se no centro do universo. Nesse caso, convinha à Europa em formação colocar-se como peça central no novo tabuleiro do *War*[30] que se configurava a partir das invasões. Assim, não há como separar o surgimento da modernidade do desenvolvimento da colonialidade, como elucida Quijano (2010, p.86):

> Desde o século XVIII, sobretudo com o Iluminismo, no eurocentrismo foi-se afirmando a mitológica ideia de que a Europa era preexistente a esse padrão de poder, que já era antes um centro mundial de capitalismo que colonizou o resto do mundo, elaborando por sua conta, a partir do seio da modernidade e da racionalidade. E que, nessa qualidade, a Europa e os europeus eram o momento e o nível mais avançados no caminho linear, unidirecional e contínuo da espécie. Consolidou-se, assim, juntamente com essa ideia, outro dos núcleos principais da colonialidade/modernidade eurocêntrica: uma concepção de humanidade segundo a qual a população do mundo se diferenciava em inferiores e superiores, irracionais e racionais, primitivos e civilizados, tradicionais e modernos.

Esse é o breve panorama que mostra as raízes da visão de mundo euroantropocêntrica, cujos frutos principais que podemos destacar são a dualidade dicotômica, o antropocentrismo, o andro ou falocentrismo, o racionalismo, o logocentrismo, o individualismo (como noção de independência diante do mundo) e a visão mecanicista da vida. Essas são as características na base do modernismo, do colonialismo, do capitalismo e, também, do Design. Portanto, a

---

[30] *War* é o nome de um jogo que tem um mapa cartográfico do mundo como tabuleiro onde a disputa pela conquista de territórios se desenrola entre os participantes.

industrialização que ocorre a partir de 1760 é reflexo dessa ontologia que enxerga ar, água, terra, fauna, flora e o Outro como "recurso" a ser explorado para beneficiar a fábula mitológica européia. É esse o contexto de afirmação do Design Maiúsculo que dá luz aos trilhões de coisas que, daqui um milhão de anos, serão escavadas (quiçá por extraterrestres, tendo desaparecido a espécie humana) do estrato terrestre característico do Antropoceno. Abro um parênteses aqui para tratar desse termo.

ANTROPOCENO E DESIGN

Antropoceno – do grego *'anthropos'* (humano) + *'kainos'* (novo, recente) – é o nome proposto pelo meteorologista Paul Crutzen para a época geológica mais recente da Era Cenozóica, marcando um novo capítulo da história do planeta Terra, desde sua formação 4.5 bilhões de anos atrás. Ainda sem consenso entre a comunidade científica, essa proposta indica que o *Homo sapiens-demens* se configura como uma força de alteração geológica de tamanha magnitude que suas ações causam mudanças distinguíveis no clima e nas paisagens terrestres, que não ocorreriam "naturalmente", isto é, sem a presença humana no planeta. A partir da porta aberta por Crutzen, diferentes autores buscam nomear o período a partir de lentes mais filosóficas: *Capitaloceno* é o nome adotado por quem relaciona a destruição dos ecossistemas à atividade humana organizada ao redor do capital e do capitalismo – são adeptos dessa nomenclatura Jason Moore (2022) e Donna Haraway (2016), embora Haraway também fale em *Chthuluceno*. *Plantationceno* é o nome que Malcolm Ferdinand (2022) adota no livro *Uma ecologia decolonial*, indicando que a alteração da superfície terrena se deu com a exploração do Novo Mundo, pois esse processo transformou as terras férteis dos territórios conquistados em monoculturas intensivas (do inglês *plantations*) – que, aliás, são uma herança do sistema feudal que predominava na época das navegações. Há também, por fim, um termo contundente que creio ser bastante apropriado para nossa discussão aqui, que é o *Necroceno*, citado por McBrien (2022). Ligado ao Capitaloceno, o Necroceno é o seu "duplo sombrio", é a acumulação de valor negativo do capital, que se dá pela extinção por este provocada. Segundo o autor (p.190):

> A acumulação de capital é a acumulação da extinção potencial— um potencial cada vez mais ativo nas décadas recentes. Esse devir extinção não se resume no processo biológico de extinção de espécies. É também a extinção de culturas e idiomas, seja por força, seja por assimilação; é a exterminação de povos, pelo trabalho ou por assassinato; [...] é a acidificação e a eutrofização do oceano, o desmatamento e a desertificação, o derretimento das calotas polares e a elevação do nível do mar; a grande faixa de lixo no Pacífico e o aterro de resíduos nucleares; é o McDonald's, é a Monsanto.

A partir do século XVIII começa o processo de industrialização da Europa, alimentado pelos recursos das colônias e que intensifica o processo de extinção da vida, levado a cabo pelo devoramento dos ecossistemas terrestres. Nesse momento, cresce o reconhecimento e a relevância do design como prática à serviço da dominação da Natureza e da hegemonização do Outro, em busca de uma universalidade idealizada com base na crença em uma humanidade superior. Uma prática de subjugação da Natureza à vontade do Homem, artesão e artífice de si, a partir da fratura ontológica, do "Corte entre um subjetivo dominante, o sujeito que pensa e que, consequentemente age, e um objetivo que deve ser submetido àquele por meio da construção" (MAFFESOLI, 2021, p.41). Esta é, então, a origem do Design Maiúsculo ainda predominantemente praticado hoje em todas as sociedades de matriz euroantropocêntrica ou naquelas já convertidas pelo processo da globalização capitalista. Não espanta, portanto, que toda semana cada um de nós jogue "fora" um saco de "lixo" cheio das coisas que poluem aterros, mares e ar pelo mundo, e que seja justamente esse Design a nos trazer ao ponto de ruptura que ameaça levar-nos ao colapso. É o Design concebido pelo projeto civilizatório da dominação e exploração, que se traduz na obsolescência, na fetichização, na mercantilização do mundo – que dá origem ao "mundo da mercadoria" criticado por Davi Kopenawa Yanomami[31].

Vejamos um exemplo que ilustra essa problemática a fim de explicitar a crítica feita: a máquina de Nespresso A Nespresso é uma empresa do Grupo Nestlé – uma das maiores indústrias alimentícias do mundo, fundada por Henri Nestlé no final do século XIX[32] na Suíça –, aberta em 1986. A proposta da companhia é levar a experiência do café expresso, "inspirado na cultura italiana", para a casa das pessoas. Tal experiência depende de dois artefatos próprios da marca: 1) cápsulas para doses individuais de cafés diversos (ristretto, colombiano, com sabor, etc.) e 2) cafeteiras, nas quais são introduzidas as cápsulas (figura 2). Ou seja, para ter a vivência de um "café italiano em casa", a pessoa compra uma máquina feita de componentes plásticos, eletrônicos e de metal, cuja durabilidade pode ser questionada na lógica obsolescente preponderante, que aceita apenas as cápsulas unitárias, feitas de alumínio ou plástico. Um café, uma cápsula. Pensemos que os primeiros esforços rumo à "sustentabilidade" da Nespresso ocorrem em 2009, segundo a empresa, ou seja, 23 anos e centenas de milhares de cápsulas após sua fundação. Sem nos preocuparmos com números precisos, apenas para brincarmos com uma noção de grandeza, multipliquemos o número de países onde a marca opera (82) pelos anos que operou em pré-sustentabilidade (23, de 1986 a 2009), pela média de xícaras de café que um estadunidense regular bebe diariamente (3), de acordo com o Atlas

---

[31] Para conhecer mais o pensamento de Kopenawa, vale a leitura do livro escrito com Bruce Albert, *A queda do Céu*, da Companhia das Letras.
[32] Disponível em: <http://bit.ly/3nLYAxC>. Acesso em 04 out. 2021

Figura 2: Máquina de Nespresso

of American Coffee[33] e pelos 365 dias do ano. Imaginando que a empresa tenha operado em 82 países durante esses 23 anos de existência insustentável e que em cada país tenha havido uma única máquina e um único cliente bebendo três xícaras de café religiosamente todos os dias do ano, temos a quantia de 2.065.170 doses de café servido. O que significa uma base de dois milhões de cápsulas descartadas pela utilização desse produto, para usufruto individual. Não seria essa a epítome do antropocentrismo? Os recursos da Terra, na mão de uma multinacional que beneficia um quase-monopólio alimentício com recursos de países do Sul Global (os fornecedores de café da Nestlé estão majoritariamente no Sul Global), que usa a cultura italiana para fetichização, com objetivo de servir uma xícara de café individual que depende de um receptáculo e uma máquina que usam diversos

---

[33] Disponível em: <http://bit.ly/3meGiF5>. Acesso em 04. out. 2021. Estamos usando a medida de um estadunidense, entendendo que a marca está presente sobretudo em países do Norte global.

materiais como componentes, a maioria feito de matéria-prima virgem, cuja experiência só pode ser usufruída por uma parcela mínima da população global.

Evidentemente, toda crítica ao pensamento euroantropocêntrico até aqui exposta não nega nossa história e nossa ontologia dual – isto serviria apenas para reforçar uma postura dicotômica. Morin (2013) aponta sabiamente para a ambiguidade e a ambivalência que caracterizam a realidade e que, de certo modo, constituem um pensamento além do dualismo bipolar. Com isso, quero dizer que também a visão euroantropocêntrica é ambígua e ambivalente: ao mesmo tempo que se apresenta no individualismo, no racionalismo, no logocentrismo e no androcentrismo, também é capaz de produzir conquistas e avanços inegáveis, especialmente para benefício do *Homo sapiens-demens*. Ao expormos as raízes que dão origem ao nosso modo de vida, estamos também expondo os paradoxos que constituem a nós e a nossa visão de mundo. Ressonamos com Bonsiepe (2011, p. 25): *Encontramo-nos diante de um paradoxo. Projetar significa expor-se e viver com paradoxos e contradições, mas nunca camuflá-los sob um manto harmonizador. O ato de projetar deve assumir e desvendar essas contradições. Em uma sociedade torturada por contradições, o design também está marcado por essas antinomias.*

O design contemporâneo ainda opera majoritariamente sob a ótica euroantropocêntrica (como Design Maiúsculo, portanto) e, destarte, contribui para a ruptura das condições que dão suporte à vida do planeta. Mesmo assim, existem pistas, praticantes e pesquisadores que propõem e exercitam um campo projetual diferente, com base em outras ontologias. Podemos ver que sempre existem alternativas presentes em qualquer desenrolar relacional histórico, que não são cooptadas pela hegemonia: são, por exemplo, as aldeias, os quilombos e as demais fugas desterritorializantes que mostram possibilidades para além da dominação; são os Papaneks da vida. Papanek (2014, p.11), um dos precursores do pensamento ecológico no design, disse, nos anos 1990:

"Estou convicto de que será [a preocupação com o meio ambiente[34]], antes, um grande renascer ou redespertar espiritual, um desejo de restabelecer laços mais estreitos entre a Natureza e a Humanidade". Uma linha de fuga que tem se anunciado no design em anos mais recentes reverbera na regeneração. A palavra, cuja origem latina remonta ao século XVI, significa "reproduzir, revivificar" (CUNHA, 2010), ou "dar nova vida". A regeneração, no contexto atual, diz respeito a todo um movimento de questionamento, de busca de raízes e ancestralidade, de reconexão por meio da dissolução da dualidade e dos demais efeitos coloniais, que pode ser identificado em diferentes campos do saber e da prática, desde a agricultura até o turismo e o design. É essa linha de fuga que vamos seguir, daqui em diante, aquela que aponta para e leva à regeneração.

Estamos em um movimento pendular, observa Maffesoli (2021): ensejamos um regresso, não como quem volta para trás, movimento impossível, mas como quem olha para trás, resgatando do passado o que ele continha e ainda reverbera de sabedoria. O pêndulo que fez o Renascimento redescobrir a Antiguidade greco-romana, agora na pós-modernidade retorna aos ancestrais pré-modernos de um mundo não ocidentalizado.

---

34 Meio ambiente é um termo que me causa incômodo, por sua generalidade e ambiguidade: meio ambiente é tudo e ao mesmo tempo lugar algum; é aquilo que está lá, fora, longe de nós, e que é preciso proteger e salvar. São décadas e décadas de propagandas ambientalistas conclamando-nos a "salvar o planeta e o meio ambiente". "Meio" traz a conotação de ser apenas uma fonte para as necessidades humanas, quaisquer que sejam, das mais básicas às mais fúteis. É um meio para garantir um fim, que é a existência do *Homo sapiens-demens*. Seria o meio de todos os seres, se estivéssemos operando em um paradigma verdadeiramente ecológico, porém não é este o nosso caso. Já "ambiente" remete a esse espaço-tempo abstrato, despido de suas qualidades culturais e espirituais para que possa representar apenas o que há nele de "natural", de natureza – justamente ela, que é vista como inferior ao olhar euro-antropo-falo-ego-logocêntrico. O termo poderia ser correto e suficiente, não estivesse já carregado desses vieses. Por esse motivo, sempre que possível vou adotar "ecossistema" ou "natureza", quando não fizer referência ao pensamento ou à fala de autores e autoras que adotam "meio ambiente".

2
visões de mundo criam mundos

E de onde se originam esses hábitos não saudáveis? A origem deles é declarada: deve-se dizer que eles se originam da mente. Que mente? Embora a mente seja múltipla, variada e de diferentes aspectos, existe uma mente que é afetada pela luxúria, pelo ódio e pela ilusão. Hábitos prejudiciais se originam disto.
ÑĀNAMOLI, BODHI[35]

"Visões de mundo criam mundos" é título de um capítulo do livro *Cosmos and Psyche*, de Tarnas (2007), uma frase que ressoa com o pensamento de outros autores, como Haraway (2016), quando ela diz que importa "que pensamentos pensam pensamentos"[36]. Essas frases também se conectam com um ensinamento atribuído ao Buda histórico, Shakyamuni, que eu uso frequentemente em sala de aula, quando estou abordando a importância das nossas ações pessoais: a mente cria a matéria. Embora consigamos entender, em linhas gerais, o que esses pensadores querem dizer com suas colocações, proponho a mesma interrogação que certamente muitos já fizeram e que repito aqui a fim de conduzir melhor a narrativa: *como é que* visões de mundo criam mundos? A resposta que ensaio a seguir tem um propósito: ao evidenciar os processos biológicos e fisiológicos por trás dessa frase, construo as bases para as ações de um projetar ecossistêmico. Aproveito para pedir licença à leitora e ao leitor para costurar os argumentos de toda esta seção, assumindo os riscos de estar abrindo muitas janelas sem adentrar completamente nelas, o que resulta em uma proposta transdisciplinar para a questão, que se apoia no pensamento e na pesquisa dos autores aos quais referencio. A ideia que proponho, assim, é de termos uma narrativa que, apesar de toda sua complexidade, serve como fio condutor lógico para a proposta regenerativa do Design Ecossistêmico.

O que chamamos de "visão de mundo" é explicado, por outros autores, a partir de outros termos: paradigma (BOFF, 2015), ontologia (ESCOBAR, 2018), pensamento (TARNAS, 1999), cosmovisão (GUDYNAS, 2019) ou subjetividade (ROLNIK, 2018). Por ter enorme afinidade com o trabalho de Escobar, e por este usar o termo "ontologia", faço um desvio de rota para explicá-lo melhor, a fim de podermos

---

[35] Ensinamento de Sidarta Gautama no sutra Samanamandikaputta do Majjhima Nikaya, que é parte da extensa coleção de textos da tradição do budismo Theravada. As escrituras theravadas são reconhecidas como as fontes mais confiáveis dos discursos originais do Buda: ÑÃNAMOLI, BODHI, 2009, p.650.

[36] Haraway (2016, p.12) diz que aprendeu com a antropóloga Marilyn Strathern a frase *"it matters what ideas we use to think other ideas (with)"*

nos apropriar dele sem medo. Abbagnano (2012, p.848) explica que o termo surgiu no começo do século XVII como um ramo da Filosofia, atrelado ao conceito de metafísica, que estaria então dividida entre "Ontologia ou *metaphysica generalis*, que estuda o ente como ente, e a *metaphysica specialis*, que estuda Deus". Ontologia é, portanto, um ramo da metafísica que, de modo geral, estuda o Ser (Ente), seus modos de existência e a realidade por ele formada. Assim, a explicação do que é apreendido (e validado) como "Ser" e como "Realidade" varia de acordo com as crenças, métodos, valores e visões predominantes em cada época. Segundo Escobar (2014) a ontologia diz respeito às premissas que diferentes entes sociais possuem sobre o que de fato existe no mundo. O autor explica que (2018, p.92) "nossas posturas ontológicas sobre o que é o mundo, o que somos e como chegamos a conhecer o mundo, definem nosso ser, nosso fazer e nosso conhecimento – nossa historicidade". É através das práticas ontológicas que verdadeiros mundos são criados. O design surge como prática ontológica na medida em que admitimos que estamos efetivamente projetando modos de ser, quando projetamos nossos artefatos e ferramentas.

O design é ontológico na medida em que cria as ferramentas, os métodos, as interfaces, as "coisas", enfim, com as quais moldamos nossa ação-no-mundo e que, em retorno, moldam nosso Ser. E aqui chegamos a uma ideia bastante cara no âmbito deste livro: a noção de que cada artefato de design, por mais modesto que possa ser, é ontológico, uma vez que inaugura "[...] um conjunto de rituais, formas de fazer e modos de ser" (ESCOBAR, 2018, p.110). Por isso o apelo do autor, reverberado aqui, de que possamos pensar novas ontologias para melhores práticas projetuais. Para ele (2018, p.133), o design ontologicamente orientado "reconhece que todo design cria um 'mundo-dentro-do-mundo', no qual todos somos projetados pelas coisas que projetamos como sujeitos. Todos somos projetistas e todos somos projetados". Igualmente, todo artefato de design também carrega em si uma narrativa, um discurso que comunica não apenas sua funcionalidade (quando bem projetado e sendo um artefato com finalidade funcional, como geralmente é o produto resultante de um processo projetual), como também as qualidades intangíveis ligadas à cultura do sujeito a quem se destina.

Gudynas (2019) diferencia a ontologia da dualidade (da modernidade) de ontologias relacionais. A ontologia da modernidade é aquela em que a ética antropocêntrica prevalece, que explica o Ser e a realidade a partir de premissas configuradas pela binariedade, pela dualidade e pela assimetria, ou seja, pela suposta superioridade do Homem. Do outro lado da equação, Gudynas (2019) e Escobar (2014, 2018) localizam as ontologias relacionais, nas quais prevalece seu caráter, justamente, relacional: é o entendimento que os seres não pré-existem às relações; são essas que, em realidade, os constituem. As ciências contemporâneas, da Física à Biologia, têm somado descobertas e propostas que comprovam cientificamente pressupostos que ontologias relacionais ancestrais – como as filosofias orientais ou indo-americanas – ensinam há milênios. Por esse motivo, diferentes autores, como Capra (2013) e Escobar (2018), referenciam os conhecimentos ancestrais a fim de explicar o caráter relacional da realidade. Sendo eles grandes referências do pensamento aqui exposto, tomo a liberdade de seguir um caminho semelhante daqui em diante, conectando ancestralidades com novas possibilidades; não de modo a ingenuamente aproximar ou equivaler diferentes tradições ancestrais entre si, mas como forma de concordar com os autores que apontam a sabedoria que estas carregam há tanto tempo e que, somente agora passam a ser aceitas, com a ruptura vigente do paradigma moderno.

Com isto, podemos voltar à pergunta do começo do capítulo: como é que visões de mundo criam mundos? Capra (1996, p.15) constata que "As novas concepções da física têm gerado uma profunda mudança em nossas visões de mundo; da visão de mundo mecanicista de Descartes e de Newton para uma visão holística, ecológica", sendo a física quântica um dos principais vetores dessa transformação. O autor (2013) explica que a física quântica foi capaz de provar que a massa é apenas um tipo de energia; que partículas subatômicas são pacotes de energia que se comportam ora como matéria, ora como força; e que, assim, a natureza das partículas é intrinsecamente dinâmica e incerta. Ou seja, a matéria, durante séculos entendida como substância dotada de massa, é, em realidade, uma forma de energia condensada e estabilizada que, segundo a Teoria da Relatividade de Einstein, pode se tornar energia novamente. Com base nas suas descobertas, a realidade visível se apresenta como natureza insubstancial transitória e dinâmica; configura-se a partir de relações e padrões dinâmicos de energia e se mostra como eventos, acontecimentos e relações impermanentes do fluxo constante da vida. Um dos ensinamentos mais caros ao budismo é, justamente, a observação da impermanência da existência: Buda disse que todos os fenômenos compostos são impermanentes. Na concepção de ambas sabedorias – da filosofia oriental e da física quântica – a realidade se apresenta, ao mesmo tempo, como *continuum* (o "campo quântico" na física; "vazio" ou "vacuidade" no oriente) e como partícula (a "matéria condensada" na física; a "forma" no oriente), em uma dança na qual "os dois aspectos da matéria se transformam incessantemente um no outro" (CAPRA, 2013, p.225). E Buda disse para seu discípulo Shariputra, "Shari, você entendeu? Forma é vazio, vazio é forma"[37].

Segundo a narrativa da ciência moderna (sim, pois também a ciência é uma narrativa), tudo que existe em todo o universo surgiu da menor das menores partículas subatômicas, na cosmogênese chamada pelos físicos de Big Bang. De um aparente nada, surgiu tudo que hoje conhecemos, em um fluxo criativo relacional ininterrupto, de complexidade crescente: das menores partículas até os maiores sóis, toda existência é composta de conexões e relações. Nas palavras de Boff

---

[37] "A forma é vacuidade, a vacuidade é a forma. A vacuidade não é outra coisa senão a forma. A forma não é nada além da vacuidade. Da mesma forma, sentimento, discriminação, fatores de composição e consciência são vazios. Shariputra, assim todos os fenômenos são meramente vazios, sem características" – ensinamento do Buda no Sutra do Coração. Pode ser encontrado online em diferentes sites, sendo uma versão disponível em <https://bit.ly/41SxtQC>.

(2015, p.116): "A expansão evolucionária da matéria/energia consiste em aumentar exponencialmente as relações e a criação de unidades cada vez mais complexas". O filósofo traz uma interpretação, segundo a qual esse infinito relacional, esse universo de conexões no contexto da reflexão quântica, seria o que podemos entender por consciência – não uma qualidade da matéria, mas uma relação entre partículas: *"A essência da consciência é uma totalidade permanente e indivisível ou uma unidade coerente que resulta do conjunto das relações [...] que um ponto estabelece com tudo que está ao seu redor, que vem do passado e se anuncia para o futuro. A consciência é essencialmente relação por todos os lados e em todas as direções"* (BOFF, 2015, p.115). Essa é uma perspectiva belíssima, que mostra a consciência como um desenrolar de relações que teve início na unidade primordial que se estabeleceu no vínculo das duas primeiras partículas que, após o Big Bang, interagiram entre si. Desde então, essa consciência cósmica vem se desenvolvendo, em um diálogo dinâmico com o meio que ela mesma forma, até chegar à complexidade da consciência reflexa, a qual os *Homo sapiens-demens* expressam com suas abstrações mentais e suas teorias científicas.

É justamente o estabelecimento dessas relações, desde a cosmogênese do universo, que faz a energia concretizar-se como matéria. Aqui entra a presença do observador: se no nível mais microscópico da existência, as partículas se comportam como energia e como matéria, o que faz com que a energia colapse em matéria e forme a realidade visível? De acordo com a explicação de Capra (2013) e Boff (2015), é o observador que, ao observar, faz com que a energia se condense em matéria. E o observador, aqui, é qualquer entidade que estabelece uma relação com a coisa observada. Isso quer dizer que a realidade é, literalmente, concretizada, tornada material, apenas por meio das conexões que se estabelecem entre os entes que se relacionam. Isso coloca em xeque o conceito euroantropocêntrico de individualismo independente. Segundo Boff (2015, p.122), "O observador está unido, mesmo que não tenha consciência disso, ao objeto observado.

E o objeto observado se mostra unido ao observador. Eles interagem, estabelecem uma dialogação criativa, surge uma re-ligação e assim irrompe toda a realidade". Aqui vemos o conceito budista de coemergência: os mestres budistas frequentemente ensinam que a existência é coemergente e interdependente, ou seja, nada independente poderia emergir, assim como uma flor jamais poderia surgir suspensa no espaço, independente da terra, da água e da luz do sol que lhe possibilitaram a vida (REVEL e RICARD, 1999). Isso também nos leva a uma perspectiva da não-objetividade da realidade: uma vez que é o observador que, literalmente, cria a realidade observada, ele não teria como estabelecer uma relação de objetividade com o fenômeno observado, mas sempre de subjetividade.

A realidade é, portanto, apenas acessível por meio da mente que a concebe. A mente cria a matéria! "Os místicos orientais nos afirmam e reafirmam que todas as coisas e eventos que percebemos são criações da mente, surgindo de um estado particular de consciência e dissolvendo-se novamente caso esse estado seja transcendido" (CAPRA, 2013, p.285). As visões de mundo geradas pelo conhecimento científico mudam conforme as teorias vão sendo criadas, refutadas e substituídas – como ocorreu com a transição do modelo do universo geocêntrico ao universo heliocêntrico. Maturana (2001, p.57) diz que "As explicações científicas não se referem à verdade, mas configuram um domínio de verdade, ou vários domínios de verdades conforme a temática na qual se dêem". Segundo as tradições orientais, existe um véu recobrindo e turvando a nossa visão, chamado de *avidya* – ignorância, na filosofia budista –, que nos impede de ver e apreender a realidade como ela é verdadeiramente: impermanente, interdependente, coemergente e subjetiva. Assim, visões de mundo ofuscadas pela ignorância (*avidya*), criam mundos falsos e doentes. "O estado do mundo está ligado ao estado de nossa mente. Se o mundo está doente é sinal que nossa psique também está doente" (BOFF, 2015, p.20).

Da Física, podemos caminhar para a Biologia, por meio do pensamento de Maturana e Varela (2001)[38], para dar um passo a mais na compreensão de que somos criadores e criaturas da realidade fenomênica vivida, usando o ângulo da ciência dos organismos vivos. De acordo com os autores, o mundo apenas aparece para nós a partir de nossas ações nele, sendo esse "aparecer" condicionado à estrutura da qual dispomos para nos relacionarmos com ele. Estrutura esta que é composta pelos aparatos sensoriais e cognitivos do organismo vivo e que determina a relação dialógica deste com o seu meio: "[...] nossa experiência está indissoluvelmente atrelada à nossa estrutura. Não vemos o 'espaço' do mundo, vivemos nosso campo visual; não vemos as 'cores' do mundo, vivemos nosso espaço cromático" (MATURANA; VARELA, 2001, p.28). Nesse sentido, "[...] nosso viver relacional surge em cada instante como um fluir de correlações senso/efetoras determinado por nossa corporalidade nesse instante e pelo modo como nos movemos no mundo que surge em cada instante" do nosso viver (MATURANA; DÁVILA, 2009, p.77). O que somos, o que conhecemos e o que fazemos se constituem, nessa perspectiva, a partir de nossa estrutura e do acoplamento dessa estrutura ao seu meio. Somos seres acoplados estruturalmente no ambiente; isto é, nossa cognição está, o tempo inteiro, lendo e interpretando o contexto para que possamos identificar perturbações que poderão afetar nossa estrutura biológica. A partir dessas leituras, nosso organismo reage, adaptando-se ao meio para manter sua organização interna e garantir a continuidade do sistema vivo (MATURANA, 2001). Ao mesmo tempo que o organismo reorganiza sua estrutura para responder ao meio, ele também o altera com sua reação (MATURANA, 2001; MORIN, 2016). Sujeito

---

[38] Muitos pesquisadores e estudiosos que escrevem a partir da lente da complexidade, quando se referem a processos relativos à mente, buscam também estabelecer uma conexão com o pensamento de Gregory Bateson – tido como um dos pais do pensamento complexo, sobretudo por conta do livro *Steps to an Ecology of Mind*, contudo, embora sua contribuição seja inegável, uso legado de Maturana, que expandiu em certos pontos o entendimento da cognição e da mente (uma mesma observação feita por Fritjof Capra no apêndice do seu livro *A Teia da Vida*).

e mundo coemergem em seu viver relacional e recíproco. De acordo com Maturana e Varela (2001, p.31, grifo meu):

> [...] não se pode tomar o fenômeno do conhecer como se houvesse "fatos" ou objetos lá fora, que alguém capta e introduz na cabeça. A experiência de qualquer coisa lá fora é validada de uma maneira particular pela estrutura humana, que torna possível a "coisa" que surge na descrição. Essa circularidade, esse encadeamento entre ação e experiência, essa inseparabilidade entre ser de uma maneira particular e como o mundo nos parece ser, nos diz que *todo ato de conhecer faz surgir um mundo*.

Isso significa que todo organismo vivo está constantemente sentindo e apreendendo o meio, respondendo a, e agindo sobre ele a partir da capacidade cognitiva de sua própria estrutura biológica. No caso do viver humano, a apreensão, a reflexão, a experiência do nosso viver, enfim, se dá por meio da linguagem; nós nos acoplamos ao meio pela linguagem, como "fenômeno biológico relacional" que ocorre na "forma de um fluxo recursivo de coordenações de coordenações comportamentais consensuais" (MATURANA e VERDEN-ZÖLLER, 2004, p.9). Destarte, tudo que fazemos, fazemos na linguagem, em um *"linguajear"*, como dizem os autores. Observe aqui o fundamento biológico de nossa natureza como contadores de histórias. Como somos seres de narrativas!

Também o design é uma prática do *linguajear* humano: Cardoso (2012, p.83), remetendo a Flusser, diz que "É impossível articular pensamentos fora do domínio de uma linguagem", de uma "língua ampliada", que abrange as linguagens verbal, imagética, plástica ou musical. Linguagens estas articuladas pela prática projetual. Cardoso também pontua que "O ser humano pensa sempre por meio das linguagens que tem à disposição", tendo sido elas configuradas, "codificadas", pelo aprendizado acumulado em seu domínio: "Do mesmo modo que escritores escrevem frases novas num idioma que aprenderam a falar, o designer projeta formas numa linguagem que já existia quando ele veio ao mundo". O design é, portanto, ontológico, discursivo e linguístico – que imensa responsabilidade, na construção do mundo em que vivemos, e que foi tão pouco considerada até hoje.

Maturana (2014) enxerga a mente, a psique e o espírito como distinções que surgem do viver relacional dos animais: de acordo com o biólogo, o psíquico e o mental surgem do espaço relacional da vida dos animais. E quando um animal é um ser na linguagem, surge também um campo simbólico. Em resumo: existimos pelo acoplamento do nosso organismo com o todo; existimos por meio das limitações impostas pela estrutura do nosso organismo; existimos pela linguagem, pois somos, como humanos, seres-na-linguagem. E, a partir do nosso *linguajear*, criamos as dimensões psíquicas, mentais e simbólicas que dão sentido ao nosso viver e, como consequência da nossa existência, criamos o meio ao nosso redor. Talvez essa dimensão simbólica que surge do nosso viver relacional, do nosso *linguajear*, possa ser melhor compreendida a partir da visão de ainda outra ciência, a Neurociência, aqui abordada por meio do trabalho de Nicolelis (2020).

Nicolelis (2020) explica, pelo viés neurológico dos mecanismos cerebrais, como estivemos moldando o universo como o concebemos hoje. O cérebro humano, por meio de seus mecanismos de registro e acesso de memórias e experiências, é capaz de criar e armazenar um arsenal de construções simbólicas, as quais o autor denomina abstrações mentais. Nosso cérebro, no decorrer de milênios, foi criando uma série de abstrações mentais que foram dando sentido e ordenando o mundo ao longo da transformação das sociedades humanas. Nicolelis (2020, p.39) enxerga que o *Homo sapiens-demens* é a única espécie capaz de "adquirir, acumular e transmitir conhecimento específico, de uma geração para outra, por centenas, milhares ou milhões de anos", por meio de um alinhamento cerebral espaço-temporal, um cérebro coletivo, um *continuum* que ele nomeou *Brainet*. Assim, a sucessão de pensadores que, desde a Renascença, desenvolveram o pensamento científico que aprendemos nas universidades contemporâneas, seria uma *Brainet*, esta responsável pela visão de mundo predominante atualmente e que é recheada de suas próprias abstrações, suas próprias construções simbólico-cerebrais. Nicolelis organiza as abstrações criadas pelo cérebro em uma Cosmologia Cerebrocêntrica (figura 3) contendo sete níveis, das menos às mais elaboradas: dos conceitos mais primitivos, como tempo e espaço, aos mais complexos, como o Culto da Máquina e a Inteligência Artificial, passando pelo Dinheiro, pelas Religiões e pela Ciência, entre outros.

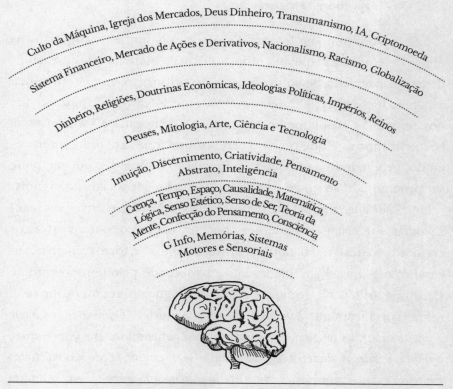

Figura 3: Cosmologia Cerebrocêntrica
Fonte: Redesenhado a partir de Nicolelis, 2020, p.214

Nicolelis (2020, p.71) explica em detalhes o funcionamento dual do cérebro, que apreende, interpreta e dá significado ao mundo usando duas linguagens próprias, as quais ele denomina S-info (shannoniana; sinal digital) e G-info (gödeliana; sinal analógico):

> [...] a S-info é simbólica, o que significa que o recipiente de uma mensagem contendo S-info tem que decodificá-la para extrair significado dela. Para isso, ele necessita saber o código antes de receber a mensagem. [...] O significado é fundamental para que o cérebro faça algo com uma mensagem. Por outro lado, a G-info não precisa de código para ser processada: o seu significado é reconhecido instantaneamente pelo cérebro humano. Isso se dá porque o significado dessa mensagem é provido pelo cérebro que gera ou recebe essa mensagem.

O cérebro humano "estoca" G-info, e esta "aumenta conforme os níveis de complexidade anatomo-funcional, adaptabilidade, estabilidade e capacidade de sobrevivência de um organismo – em suma, a habilidade de erigir defesas contra a desintegração" (p.67), o que nos remete ao acoplamento estrutural de Maturana e Varela. O que Nicolelis mostra é que o nosso cérebro funciona captando, interpretando, produzindo e estocando informação do meio, e que ele pode ser programado ao longo da vida pelas interações sociais do organismo, pela linguagem, pelo contato com a cultura e inclusive pelas tecnologias que criamos. Podemos concluir, com isso, que os artefatos criados pelo design são, também, instrumentos de formação do nosso cérebro e nossa subjetividade, algo corroborado pelo pensamento de Cardoso (2012, p.92), embora o autor empregue diferentes termos e se refira especificamente à visão de mundo material: *"Quando se pensa que o sujeito existe, ao longo de sua vida, rodeado por enunciados e informações, produtos e marcas, design e projeto, começa-se a ter uma noção das múltiplas maneiras em que* memória *e* identidade *podem interagir para moldar nossa visão do mundo material e condicionar nossa relação com os artefatos que nos cercam"*. Usando a lente do design, Cardoso (2012) fala sobre identidade como um processo fluido de formação constante do "eu" a partir de suas inclinações e suas memórias.

Com esse paralelo entre Nicolelis (2020) e Cardoso (2012), busco evidenciar a conclusão óbvia que também o design tem capacidade para programar o cérebro humano – e efetivamente age nesse sentido, ainda que via inconsciente. Segundo a teoria relativística do cérebro de Nicolelis (2020, p.105), "[...] o modo de operação geral do cérebro dos mamíferos é baseado em uma contínua comparação de um modelo interno de mundo (e do corpo do sujeito) com o incessante fluxo multidimensional de informação sensorial que alcança o sistema nervoso central a cada momento de nossa vida". É um filtro e um agenciamento de mão dupla: somos impactados pelo mundo ao redor; interpretamo-lo de acordo com nossos aparatos cognitivos e com o filtro da Cosmologia Cerebrocêntrica (ou seja, da "ontologia" ou da "visão de mundo"); e respondemos tanto interna quanto externamente ao impacto, segundo o resultado de tal interpretação. Esse ponto é crucial para o projetar ecossistêmico: a prática projetual de uma abordagem voltada à regeneração deve estimular, e ser retroalimentada por, uma cosmologia/ontologia/visão de mundo também regenerada. Em meu entendimento, uma explicação de outra ordem para a ideia que "visões de mundo criam mundos".

É interessante adicionarmos a pesquisa de Peter Godfrey-Smith ao caldo nicoleliano: o filósofo, em seu livro *Metazoa*, busca demonstrar como o desenvolvimento dos seres vivos dá origem às mentes, como "produtos evolutivos que surgem da organização de outros ingredientes não mentais da natureza" (GODFREY-SMITH, 2022, p.28). Para o autor, mente é aquilo que dá ao ser vivo a experiência da sua própria existência, de uma "experiência subjetiva": "*Nossas mentes são arranjos e atividades de matéria e energia. Esses arranjos são produtos evolutivos; eles tomam forma aos poucos. Mas esses arranjos, uma vez que existem, não são causa das mentes; eles são as mentes. Processos cerebrais não são uma causa dos pensamentos e das experiências; eles são pensamentos e experiências*" (2022, p.29, grifo do autor). A ideia que ele traz se baseia em um argumento de que não é necessário haver um córtex cerebral para que haja uma mente. Isso significa que a experiência subjetiva e a mente são fenômenos que ocorrem em diferentes formas de vida. Neste sentido, o autor ultrapassa a dimensão humana da mente e do cérebro, expandindo-a para todo reino animal – e isso, para o âmbito do Design Ecossistêmico, abre uma necessária janela de descentralização do *anthropos*: não somos os únicos seres dotados de mente, de subjetividade, de agência. Um argumento para as ontologias relacionais.

Gudynas (2019, p.152) cita as cosmovisões dos povos indígenas como exemplos de ontologias que "enfatizam relacionalidades ampliadas entre os humanos, outros seres vivos e o restante do meio ambiente". Esse pensamento relacional é levado ao extremo na cosmovisão dos povos originários de Pindorama, segundo explicação de Viveiros de Castro (2015): os indígenas enxergam um único *continuum* socioespiritual que permeia todos os seres, que se manifesta e se distingue pela corporeidade que cada ser assume a partir dessa "alma". Assim, humanos e animais partilham dessa mesma *anima mater*, ou seja, "A condição original comum aos humanos e animais não é a animalidade, mas a humanidade" (VIVEIROS DE CASTRO, 2015, p.60). Enquanto *"[...] a práxis européia consiste em 'fazer almas' (e diferenciar culturas) a partir de um fundo corporal-material dado (a natureza); a práxis indígena, em 'fazer corpos' (e diferenciar espécies) a partir de um continuum socioespiritual dado 'desde sempre'"* (2015, p.38). Temos, assim, evidências de uma ontologia, de uma *"[...] teoria cosmopolítica que imagina um universo povoado por diferentes tipos de agências ou agentes subjetivos, humanos como não humanos – os deuses, os animais, os mortos, as plantas, os fenômenos meteorológicos, muitas vezes também os objetos e os artefatos –, todos providos de um mesmo conjunto básico de disposições perceptivas, apetitivas e cognitivas, ou, em poucas palavras, de uma "alma" semelhante"* (2015, p.43).

Por mais que nem a experiência subjetiva nem a mente sejam processos confinados à existência humana, não podemos negar que existe no *Homo sapiens-demens* algo que o torna único neste plano terreno. Algo que faz com que sejamos os designers que somos – por mais que outras espécies também consigam exibir habilidades que podem ser analogamente comparadas a um processo projetual, a exemplo das casas do joão-de-barro (figura 4) – e que nos torna a força destrutiva a marcar o Antropo-Capitalo-Plantation-Necroceno. Fuller (2019) crê que sejamos únicos como espécie coordenadora e compreensiva de assuntos os mais variados do universo: generalistas criativos, ao invés de especialistas restritos. Ao contrário de enxergar essa característica que nos torna únicos como uma marca do divino, como um ponto a mais reforçando o ego conquistador do Homem, vejo isso como um fardo de responsabilidade que estamos nos negando a carregar até agora.

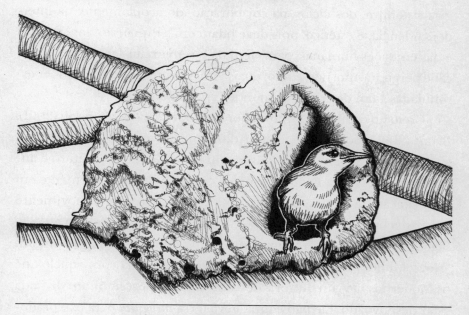

Figura 4: João-de-barro e sua moradia

A recusa em assumirmos responsabilidade pela possibilidade iminente de um colapso das condições que dão suporte à nossa vida se deve, em boa parte, à predominância da narrativa falaciosa do progresso e pela vontade de poder e acumulação – *avidya*! Como sabemos, a sociedade mundial hoje ainda almeja o progresso e o crescimento ilimitado de bens e serviços, "Mediante a utilização, exploração e potenciação de todas as forças e energias da natureza e das pessoas", sendo que, "o grande instrumento para isso é a ciência e a técnica, que produziram o industrialista, a informatização e a robotização" (BOFF, 2015, p.27). A "técnica" recrutada na frase de Boff evidencia que o design tem seu papel a cumprir, contudo, não mais como instrumento da exploração da natureza pelo Homem, não mais como uma inteligência a serviço de uma falsa noção de progresso e, sim, como uma prática voltada à regeneração e à transição para um novo paradigma ético-estético (GUATTARI, 2012a e 2012b). Um novo paradigma ético, no sentido de que deve ser capaz de promover um viver relacional com base em princípios mais condizentes com a lógica da vida, a lógica sistêmica, dos ciclos, da colaboração, do acoplamento, da interdependência; e estético, pois deve lidar com a dimensão dos sentidos e das emoções humanas, para além da – sem excluí-la – razão. Nisto, cabe perguntarmo-nos, então, quais visões de mundo precisam ser estimuladas a fim de criarmos mundos regenerados?

Creio no caminho proposto por Guattari (2012b), Maffesoli (2021), Brum (2021), Boff (2015), Latour (2020b), entre outros: creio no retorno ao Real, ao ancestral. Pois, como já diz Krenak, "O futuro é ancestral"[39]. Tal retorno não pressupõe, como já dito anteriormente em uma citação de Maffesoli (2021), uma volta ao passado – movimento impossível na flecha do tempo –, mas se anuncia como uma aterrissagem no Terrestre, como proposto por Latour. Aterrissagem em um "Novo Mundo, mas um que não se parece em nada com aquele que os Modernos haviam outrora 'descoberto', e que presumiram de saída estar despovoado. Ele não é uma nova terra *incógnita* para exploradores com *salacots*" (LATOUR, 2020b, p.54, grifos do autor), e sim um espaço onde o Homem deverá conviver com a natureza, os seres e os Outros, aqueles os quais considerava selvagens ou primitivos e que, agora, impõem-se como condição de vida na nova configuração planetária. Falamos do regresso a um Terrestre que ainda se desenha e que, devido às emergências climáticas atuais, não é igual a qualquer outro espaço geográfico já ocupado pela civilização humana. Trato, assim,

---

[39] Frase repetida por Ailton Krenak em algumas de suas aparições públicas e que se tornou título de seu livro, lançado pela Companhia das Letras em dezembro de 2022: "O futuro é ancestral". "Ele é tudo que já existiu. Ele não é o que tá lá, em algum lugar, ele é o que tá aqui" (transcrito da fala no webinar *Pisar Suavemente na Terra*, disponível em <https:// bit.ly/3LJfg2c>. Acesso em set.2021).

não de propor uma recuperação romântica de visões de mundo passadas, mas de fazer uma revisão daqueles fatores que, compondo tais visões, servem como contraponto ao paradigma euroantropocêntrico. São pensamentos, crenças, cosmologias e desenvolvimentos científicos que podem servir para o desenho em curso desse novo-Novo Mundo, no sentido de aplicar-lhe algumas linhas de fuga do antropocentrismo, de trazer-lhe devires mais-que-humanos, além-humanos.

A seguir apresento visões de mundo Outras – como "princípios ontológicos" –, para além da visão euroantropocêntrica que, segundo a perspectiva do Design Ecossistêmico, podem servir de caminhos pendulares e radicais rumo à regeneração e a novos devires simbólicos da existência humana. Com isto, começamos a delinear as bases do Design Ecossistêmico.

Uma visão eco-sistêmica

A visão "eco-sistêmica" é resultante da união da ecologia com o pensamento sistêmico, no sentido de reforçar no segundo a dimensão de "natureza" que o primeiro carrega. Por este motivo, aqui o termo encontra-se hifenizado, distinguindo-o ligeiramente daquele usado no nome Design Ecossistêmico. Desta forma, quero reforçar o significado de cada parte – *eco-* e *-sistêmica/o*.

Comecemos pelo primeiro: *eco-* vem da palavra de origem grega *oikos*, que se refere à unidade básica das cidades da Grécia antiga, o lar, o domínio da família. De acordo com o estudo de Florenzano (2001, p.1), o termo traz alguns níveis de complexidade, abarcando o que é a estrutura familiar do lar (as pessoas), os bens imóveis (terras, estábulos, etc.) e os bens móveis (animais e escravos). Esse significado, de "lar e suas posses", foi aquele apropriado na palavra *oikonomía* – *oikos* + *nomos* (lei, ordem) –, "a arte de bem administrar uma casa ou um estabelecimento particular ou público" (CUNHA, 2010, p.234). Adicionalmente a esse primeiro nível semântico, o termo também se refere a um ideal de autossuficiência que regia os lares gregos: tudo do qual a estrutura familiar dependesse deveria, idealmente, ser produzido dentro do domínio do *oikos*. No termo ecologia – *oikos* + *logos* (palavra, verbo) –, é esse segundo nível semântico que mais chama atenção. Pois a ecologia tem como unidade básica de estudo o ecossistema: um sistema aberto homeostático cujo princípio é, justamente, a autossuficiência.

Ernst Haeckel foi o primeiro a usar a palavra ecologia, em 1869. Desde então e com definições variantes, ecologia significa o estudo das relações e interações de seres vivos entre si e com as condições que lhe dão sustento, ou seja, com o meio geofísico onde os seres se localizam. Desse modo, ecologia é uma ciência relacional, que apenas faz sentido a partir das muitas relações que observa. Como ciência natural, a Ecologia se ocupa de três níveis de interesse investigativo: do organismo (indivíduo de uma espécie), da população (coletivo da mesma espécie) e da comunidade (interação de diferentes populações em um mesmo local). Por ser uma ciência das relações, entendemos, portanto, que o ser vivo nela considerado *"[...] não pode ser visto isoladamente, como um mero representante de sua espécie, mas deve ser visto e analisado sempre em relação ao conjunto das condições vitais que o constituem e no equilíbrio com todos os demais representantes da comunidade dos viventes em presença (biota e biocenose)"* (BOFF, 2015, p.18). Veja como esse entendimento dialoga com o pensamento de Maturana, Capra e os outros autores citados na abertura do capítulo, e como reverbera a filosofia budista: a ecologia não deixa de estar para a coemergência e a interdependência, uma vez que estuda as relações indissociáveis entre biota (seres vivos) e biocenose (interações do conjunto total de seres vivos em seu habitat).

Em anos mais recentes, o termo expandiu seus limites e passou a ser usado de forma mais abrangente e até um tanto metaforicamente, designando um modo de abordar determinado campo ou estudo em sua totalidade ou na totalidade das suas relações. Ou, também, como prefixo que conecta diferentes disciplinas à ecologia, como no caso do Ecofeminismo ou da Ecopsicologia. Por exemplo, no final dos anos

1970, a ecologia passou a abarcar, para além das dimensões biológicas, químicas e físicas dos organismos e seus meios geofísicos, também questões espirituais, na escola filosófica que Arne Naess batizou de *Ecologia Profunda*. Naess defendia uma visão ampliada do sujeito humano, em comunhão com os demais seres, em uma relação não antropocêntrica. Conforme a explicação de Capra (1996, p. 17): *"Em última análise, a percepção da ecologia profunda é percepção espiritual ou religiosa. Quando a concepção de espírito humano é entendida como o modo de consciência no qual o indivíduo tem uma sensação de pertinência, de conexidade, com o cosmos como um todo, torna-se claro que a percepção ecológica é espiritual na sua essência mais profunda".* Essa visão, mais holística e não dicotômica, é compartilhada por Papanek (2014, p.11), que reconhece que "a nossa sobrevivência depende de uma imediata atenção às questões ambientais", sendo necessário um "suporte espiritual para a nossa consciência ecológica". Papanek e Naess foram contemporâneos, tendo livros e textos conectados à temática ecológica publicados no mesmo período, entre o final dos anos 1970 até meados de 1980; assim sendo, não é de se espantar que, para Papanek, participaremos de um grande movimento de renascimento e redespertar espiritual, movidos pelo desejo de uma profunda reconexão com a Natureza. A Ecologia Profunda consiste em fazermos perguntas mais profundas, no sentido de estarmos aptos a pensar criticamente sobre o paradigma vigente, questionando os fundamentos de nossa própria visão de mundo e nosso *modus vivendi* terrestre (NAESS apud CAPRA, 1996). O que a Ecologia Profunda nos permite fazer é justamente questionar o paradigma atual "[...] com base numa perspectiva ecológica: a partir da perspectiva de nossos relacionamentos uns com os outros, com as gerações futuras e com a teia da vida da qual somos parte" (CAPRA, 1996, p.17). *Eco-* e *-sistêmico/a* se reforçam mutuamente, pois a visão sistêmica da vida é uma fundamentalmente espiritual e ecológica, uma vez que tanto a experiência espiritual quanto a ecologia se fundamentam na conectividade, no relacionamento e no pertencimento comunal; apresentam-se no viver relacional que se dá em nosso *linguajear*.

Também dentro desse fluxo de pensamento ecológico dos anos 1980, Felix Guattari lança, em 1989, o livro *As três ecologias*. Nele apresenta as bases da sua *Ecosofia*, um novo paradigma ético-estético-político que articula três registros ecológicos: o da subjetividade humana, o das relações sociais e o do meio ambiente (as ecologias da mente, do *socius* e da natureza, respectivamente). A ecosofia proposta serviria para reconfigurar as práxis humanas nos seus diferentes domínios, das escalas moleculares da subjetividade às escalas macro das estruturas sociais, no sentido de criar novos modos de ser em sociedade, com a natureza e com a própria psique humana. Dito de outro modo, significa a reinvenção da existência humana, em âmbito individual e coletivo, a partir da articulação das três ecologias. Guattari faz um alerta para a necessidade de operarmos uma revolução social, cultural e política que informe esses novos modos de produção e novas formas sociais. De acordo com o autor (2012b, p.9), tal revolução deveria concernir "[...] não só às relações de forças visíveis em grande escala, mas também aos domínios moleculares de sensibilidade, de inteligência e de desejo", ou seja, os domínios subjetivos do ser. Para Guattari (2012b, p.16), a ecosofia mental "[...] será levada a reinventar a relação do sujeito com o corpo, com o fantasma [o inconsciente], com o tempo que passa, com os 'mistérios' da vida e da morte". Já a ecosofia social consiste em reinventar modos-de-ser em conjunto, na família, no trabalho, no contexto urbano, etc.

Assim, vemos que a ecologia expandiu sua semântica para além dos domínios das ciências naturais, para se tornar um movimento sociopolítico que cresce sobretudo diante das emergências climáticas hoje vividas. Latour (2020a, p.58) explica que "Graças a ela, não há mais um projeto de desenvolvimento que não suscite protesto, não há mais proposta que não suscite sua oposição". Faz parte desse cenário de luta ecológica contemporânea o movimento Ecofeminista. Ecofeminismo foi um termo cunhado por Françoise D'Eaubonne em 1974 e é entendido como "[...] uma teoria crítica, uma filosofia e uma interpretação do mundo para sua transformação" (BELTRÁN, 2019, p.113). O Ecofeminismo aponta para a inegável conexão que existe entre a discriminação e a exploração da mulher (do feminino como energia vital, em amplo senso) e a dominação da natureza, nas sociedades patriarcais ocidentais. As dominações sofridas pelo patriarcado oprimem a mulher, a natureza, os animais e, de forma genérica, o "Outro" como categoria que abrange qualquer ser vivo diferente do Homem, podendo ser de ordem histórica, epistemológica, política, ética, simbólica, socioeconômica, entre outras (ROSENDO; ZIRBEL, 2019). O Ecofeminismo, ao entender-se como escola social antipatriarcal, luta contra todas essas formas de opressão e, "[...] ao mesmo tempo, desenvolve uma proposta de transformação social que busca a integralidade das mudanças a partir do reconhecimento das interdependências entre seres humanos e com a natureza" (BELTRÁN, 2019, p.113). Segundo Beltrán (p.140), "O diálogo entre feminismo e ecologia está produzindo uma nova sinergia, que se propõe a atuar sobre a realidade sufocante do capitalismo que potencializa e exacerba sistemas muito antigos de opressão". Essa corrente teórica busca reconectar os princípios femininos da mulher, como ente social e biologicamente construído, ao da terra, da natureza, pois foram as cisões modernas Homem|Mulher e Homem|Natureza que colocaram lado-a-lado a mulher e a natureza, como subalternos às vontades do Homem.

Ligado a essa pauta da ecologia e da energia feminina, encontramos outro assunto que vale mencionar, ainda que brevemente: a cultura matrística proposta por Maturana e Verden-Zöller (2004). Enquanto o andro-falo-ego-logocentrismo provoca um distanciamento cada vez mais profundo do humano para com todas as outras formas de vida, desconectando-o da natureza, do território e do tempo natural (ESCOBAR, 2018), a cultura matrística provoca justamente o contrário: a re-ligação do humano à natureza, à espiritualidade e ao amor. Para Maturana e Verden-Zöller, a cultura é uma rede de conversações resultante do *linguajear* humano, do nosso viver relacional que se dá por meio da linguagem e da emoção. A cultura é gerada em comunidade, no meio do qual as crianças crescem, geração após geração. Na base da cultura matrística, está um viver relacional amoroso composto por "conversações que destacam a inclusão, a participação, a colaboração, a compreensão, o respeito, o sagrado e a sempre recorrente renovação cíclica da vida" (ESCOBAR, 2019, p.13). O pensamento matrístico, naturalmente sistêmico, acontece em um contexto de conexão e interdependência de toda existência e, assim, "não pode senão viver continuamente no entendimento implícito de que todas as ações humanas têm sempre consequências na totalidade da existência" (MATURANA, VERDEN-ZÖLLER, 2004, p. 47). Segundo os autores (2004, p.24), se quisermos criar uma realidade que se contraponha ao patriarcado dominante, precisamos gerar um espaço psíquico matrístico, "[...] na qual homens e mulheres, mulheres e homens, coparticipam de uma convivência mutuamente acolhedora e libertadora". Vejo a cultura matrística e a visão ecofeminista como caminhos análogos, pois ambas correntes de pensamento falam sobre alternativas ao patriarcado, sobre viver em harmonia com a natureza, sobre a legitimidade da existência de toda forma de vida e sobre um modo comunal e igualitário de sociabilidade. Se o Ecofeminismo e a cultura matrística estão para a ecosofia social de Guattari, a Ecopsicologia está para a dimensão subjetiva da ecosofia da mente. Segundo Lester Brown, no prefácio do livro *Ecopsychology*, dentro de todo movimento político – como é o caso do movimento ambientalista-ecológico – existe uma dimensão psicológica que trata de persuadir a mudança de opiniões, crenças e comportamentos na direção de um ideal vislumbrado. A dimensão psicológica do domínio ecológico é tratada nessa abordagem teórica chamada de Ecopsicologia, que está voltada a trabalhar os domínios subjetivos da psique a fim de que estejamos prontos para uma revolução ecológica (ou uma regeneração ecossistêmica!). "Psicólogos a serviço da Terra, ajudando ecólogos a ganharem entendimento mais profundo sobre como facilitar mudanças profundas no coração e mente humanas, parece ser a chave neste ponto", pondera Roszak (ROZAK; GOMES; KANNER, 1995, p.3). A proposta da Ecopsicologia está em reconectar a psique (a subjetividade) humana à natureza, como forma de curar a alma e a cegueira auto-construída em relação a nossa interdependência com o todo que nos cerca, redefinindo a sanidade da mente dentro de um contexto ambiental e ecológico. Me parece que a Ecopsicologia endereça o chamado de Guattari por uma revolução subjetiva.

PEQUENO DESVIO

Faço um desvio de rota para abordar brevemente o rumo do Design, diante desse contexto de desenvolvimento da consciência ecológica. Essa tomada de consciência acerca dos problemas ambientais provocou uma reação também nos domínios do Design Maiúsculo, que buscou, desde então, incorporar certas considerações de cunho ambiental à prática projetual de caráter industrial. Tais preocupações, contudo, estavam mais restritas ao aumento de eficiência e à redução do desperdício, em produtos ou nos processos produtivos destes, sem que fossem alteradas as bases do sistema geral em que esse Design opera. O prefixo *eco-*, assim, foi incorporado ao Ecodesign, por volta dos anos 1980, para distinguir uma prática projetual que busca minimizar impactos ambientais atentando para todo ciclo de vida do produto, conforme explicam Ceschin e Gaziulusoy (2020, p.12):

> Em vez de melhorar um aspecto individual de um produto, o ecodesign coloca ênfase em todo o ciclo de vida do produto, desde a extração de matérias-primas, passando pela fabricação, distribuição e uso, até o descarte final (Vezzoli & Manzini, 2008; Boks & McAloone, 2009; Pigosso, McAloone, & Rozenfeld, 2015; Tischner & Charter, 2001). Isso permitiu o perfil do impacto ambiental dos produtos em todas as fases do ciclo de vida, identificando as fases com maior impacto ambiental e, portanto, fornecendo uma direção estratégica para intervenções de design.

Ceschin e Gaziulusoy publicaram, em 2020, o livro *Design for Sustainability*, em que discutem diferentes abordagens do Design para

Sustentabilidade em uma perspectiva de evolução temporal, desde o Design voltado para redução do impacto ambiental até as práticas voltadas para transformações de longo prazo ou larga escala. Os autores começam com um belo panorama da intersecção do design com a pauta ecológica, identificando Fuller como um dos primeiros a abordá-la em termos projetuais e vendo Papanek como o precursor do assunto no nosso campo. Em seu livro *Design for the Real World*, de 1971, Papanek defende um design que se importe com as necessidades reais das pessoas e com as populações minorizadas e exploradas do mundo que, segundo ele, não têm acesso aos produtos e às "benesses" do design. Nele, Papanek (2019, p.252) diz que "se o design é ecologicamente responsivo, é também revolucionário. Todos os sistemas – capitalista privado, socialista estatal e economias mistas – são construídos com base na suposição de que devemos comprar mais, desperdiçar mais, jogar fora mais". Assim, vemos que o imbricamento da ecologia com o design já se delineava com o trabalho de Papanek, em um período anterior ao Ecodesign. Podemos dizer que, anos depois, Manzini expandiu o caminho iniciado por Papanek, levando o design na direção da sustentabilidade e da inovação social. Partindo da definição de que "uma solução sustentável é o processo por meio do qual produtos, serviços e conhecimento são articulados em um sistema que objetiva facilitar ao usuário a obtenção de um resultado coerente com os critérios da sustentabilidade", Manzini (2008, p.30) elenca três critérios para o design sustentável: 1) Consistência com princípios relativos à ética e à justiça, ligados também a questões sociais e econômicas; 2) Otimização de energia e material, "avaliada em termos de ecoeficiência sistêmica", com a redução e a qualificação do uso de recursos; e 3) Potencial para regeneração, visando ao aumento da qualidade ambiental dos contextos. É interessante notarmos que existia neste terceiro ponto uma preocupação embrionária com a regeneração, mas que não se assemelha à regeneração aqui abordada. Ao longo de suas publicações, Manzini (2008, 2017) explicita a visão de que estamos passando por uma transformação – para ele tão profunda quanto aquela vivida pela transição da civilização feudal para a industrial – rumo a um "mundo sustentável", e que esse processo passa pela transformação da sociedade. Por esse motivo o autor presta tanta atenção em práticas e projetos de inovação social; ele acredita que essas iniciativas emergentes já inauguram essa nova realidade. Em seu livro *Livable Proximity*, de 2022, Manzini fala sobre uma ecologia urbana em que as pessoas colaboram mais, vivem mais proximamente e desenvolvem soluções para suas necessidades e desafios localmente.

De certa forma, podemos dizer que "design sustentável" e "Ecodesign" são abordagens contemporâneas e ambas não se desvencilham de um claro antropocentrismo. A definição dada por Karlsson e Luttropp (2006, p.1291) para Ecodesign deixa claro esse viés: "EcoDesign é um conceito que inclui prioridades de sustentabilidade humana junto com inter-relações de negócios. Seu principal objetivo na melhoria dos métodos de desenvolvimento de produtos é reduzir as cargas ambientais". Para os autores, o objetivo da união entre design (especificamente design de produto) e considerações ambientais seria o de satisfazer os desejos e as necessidades humanas. Se compararmos com a perspectiva ampliada da ecologia, nos damos conta que o Ecodesign não exercita uma visão verdadeiramente ecológica, uma vez que não leva em conta as conexões sistêmicas bióticas e abióticas ligadas aos produtos ou processos projetuais, a partir de um ponto de vista não humano. E sequer tangencia os assuntos delicados que engendram o sistema de produção e consumo; assuntos estes ligados aos valores, às crenças e à visão de mundo capitalista. O ecossistema nunca foi considerado como sujeito em igualdade com o sujeito humano, uma vez que o paradigma dominante esteve – e segue – calcado no euroantropocentrismo, como fica evidente em Ceschin e Gaziuluzoy (2020, p.12): "Para alguns, considerar o meio ambiente em design significou melhorias de eficiência na engenharia de produtos e processos", ou seja, a natureza (o "meio ambiente") e a ecologia sequestrados como premissas para a continuidade de um sistema milenar de extração-exploração.

VOLTEMOS

Voltemos ao título do capítulo para abordar a segunda parte que compõe essa visão ecossistêmica, relativa aos sistemas. A noção de ecologia contemporânea em muito se relaciona com a Teoria dos Sistemas e a Complexidade. Diz Capra (2006, p.49) que, "[...] para entender os princípios da ecologia, é preciso uma nova maneira de ver o mundo e de pensar – em termos de relações, conexões e contexto –, o que contraria os princípios da ciência e da educação tradicionais do Ocidente". Justamente o pensamento sistêmico se contrapõe à visão mecanicista de mundo da modernidade, buscando espelhar a lógica dos sistemas vivos. Capra (1996, p.16) explica que esse paradigma sistêmico "[...] concebe o mundo como um todo integrado, e não como uma coleção de partes dissociadas" e, por este motivo, "pode também ser denominado visão ecológica", desde que o termo seja empregado em uma acepção mais profunda, uma que possa reconhecer "a interdependência fundamental de todos os fenômenos, e o fato de que, enquanto indivíduos e sociedades, estamos todos encaixados nos processos cíclicos da natureza (e, em última análise, somos dependentes desses processos)". O pensamento sistêmico se constitui a partir de inúmeros avanços em diferentes áreas científicas, da *Teoria Geral dos Sistemas* de Ludwig von Bertalanffy, às descobertas já mencionadas da física subatômica e às proposições cibernéticas, tendo íntima relação com a epistemologia da complexidade. Seu desenvolvimento provoca uma série de mudanças na visão de mundo moderna, como:

A atenção das partes para o todo: Talvez a transformação mais significativa de todas, por romper com a tradução cartesiana de fatiar a realidade em partes separadas. "Os sistemas vivos são totalidades integradas cujas propriedades não podem ser reduzidas às partes menores. Suas propriedades essenciais, ou 'sistêmicas', são propriedades do todo, que nenhuma das partes tem" (CAPRA e LUISI, 2014, p.113, CAPRA, 2006, p.49)

O foco dos objetos para as relações: A partir da Teoria Geral dos Sistemas, foi possível observar que a vida é feita de padrões de relações entre sistemas aninhados dentro de sistemas (redes dentro de redes), todos inter-relacionados, do mais micro ao mais macro; desde as células até os ecossistemas. "Em última análise – como a física quântica mostrou de maneira tão impressionante –, não há partes, em absoluto. O que chamamos de parte é apenas um padrão em uma teia inseparável de relações" (CAPRA e LUISI, 2014, p.113)

A passagem da objetividade para a subjetividade: Passamos a entender que a realidade é construída a partir da perspectiva da subjetividade, do acoplamento dos organismos no meio ambiente, e da recursividade dialógica e relacional entre seres e destes com seu meio. Não é possível existir, nesse contexto, uma perspectiva objetiva da realidade. Uma vez que a vida é feita de redes de relações, os fenômenos só podem ser explicados nos termos de seus contextos e, ademais, a partir de uma perspectiva subjetiva da realidade, uma vez que o observador concretiza a realidade com o seu observar.

A mudança da certeza para a aproximação: a física quântica nos mostrou que, no nível mais microscópico de nossa existência, não existem certezas: a luz se comporta ora como onda e ora como partícula, dependendo do observador. Isso provoca uma revolução no nosso entendimento de mundo, que passa de um determinismo cartesiano a uma incerteza complexa, então toda visão de futuro que pudermos criar é apenas uma aproximação do que pode vir a ser.

Por fim, uma última explicação advinda da visão eco-sistêmica diz respeito ao termo "ecossistema", sem hífen, que empresta seu significado ao nome desse livro e sua abordagem. Ecossistema é um termo cunhado por Arthur George Tansley em 1935, para identificar o funcionamento sistêmico do meio ambiente. Morin (2015, p.34) descreve como um termo que "[..] quer dizer que o conjunto das interações no centro de uma unidade geofísica determinável contendo diversas populações vivas constitui uma Unidade complexa de caráter organizador ou sistema". Dentro da Ecologia, designa a sua unidade básica de estudo e caracteriza uma área territorial cujas características climáticas, de flora e fauna são invariáveis ao longo de toda sua extensão, e que forma um sistema homeostático, isto é, um sistema em equilíbrio dinâmico. Para que haja tal equilíbrio, todos os seres presentes em dado ecossistema cumprem uma função na regulação dos processos físicos, químicos e biológicos que nele ocorrem[40]. Aldo Leopold (2019, p.237), um dos primeiros naturalistas a defender uma "ética da terra", descreve de maneira belíssima essa dança homeostática dos ecossistemas, com uma imagem mais elaborada daquilo que é conhecido como "pirâmide biológica" ou "cadeia trófica":

> A terra, então, não é apenas o solo; é uma fonte de energia que flui através de um circuito de solos, plantas e animais. As cadeias alimentares são os canais vivos que conduzem a energia para cima; a morte e a decadência a devolvem ao solo. O circuito não é fechado; alguma energia é dissipada por decaimento, alguma é adicionada por absorção a partir do ar, alguma é armazenada nos solos, turfas, e florestas de vida longa; mas trata-se de um circuito contínuo, como um fundo rotativo de vida que aumenta lentamente [com a evolução].

O fluxo energético que percorre essa cadeia cíclica dentro de um ecossistema se deve não somente pela luta, pela predação, pela competição e pelo canibalismo – como a interpretação errônea da teoria evolutiva de Darwin leva a crer –, mas também pelas associações, pelas cooperações e pelos mutualismos que ali ocorrem (MORIN, 2015). Assim, na visão que vê a complexa tessitura da vida que nos constitui a todos, a solidariedade complementa a concorrência, assim como a morte equilibra a vida. Por meio dessas funções, a cadeia trófica

---

[40] Contemporaneamente, "ecossistema" também é usado nos discursos mercadológicos, para caracterizar uma série de coletivos humanos, desde os "ecossistemas criativos" – grupos de pessoas e organizações as mais diversas que atuam dentro da Economia Criativa – até os "ecossistemas de inovação" – rede de empresas, startups, profissionais, consultorias e afins que trabalham com inovação tecnológica e pesquisa e desenvolvimento.

constitui o processo autoprodutor e autorregenerador da organização ecossistêmica, da eco-organização (MORIN, 2015). O humano, longe de estar no topo da pirâmide biológica, como enxerga a visão euroantropocêntrica, está no meio dela, em uma camada intermediária que compartilha com outros animais como os ursos e os esquilos – bichos que comem carne e vegetais – e que servem de alimento para os carnívoros maiores como os leões, os lobos cinzentos e os tubarões brancos. A perspectiva ecológica, quando levada seriamente, descentraliza por completo o Homem do umbigo do mundo. Assim, "numa cosmologia em perpétuo devir, o ser humano não é mais um elemento externo – elemento dominador –, mas, pela força das coisas, é solidário com o que se passa a montante dos seus campos. Ele é parte integrante de um todo que o ultrapassa e o integra" (MAFFESOLI, 2021, p.76), um ser em comunhão fraterna com o todo do qual é parte intrínseca, que vai, ao nascer, viver e morrer, desempenhar sua função ecossistêmica. O *Homo sapiens-demens* não passa de mais uma manifestação da rica e criativa metamorfose da vida, que se manifesta em cada novo nascimento em Gaia.

Para Coccia (2020, p.30), o nascimento é como um corredor de transformação que une uma forma de vida à outra: "O nascimento torna indistintos os indivíduos que pertencem a uma mesma espécie, as espécies entre si e a totalidade dos seres vivos com a Terra", pois o nascimento é comum a todo ser vivo, mesmo se diferente em suas estratégias de multiplicação. Nascer é ser natureza, é ser composto da mesma matéria que constitui todos os fenômenos de todo universo visível. Nesse fluxo incessante de vida-morte, "o umbigo marca nossa ligação com a Terra e com todos os seres vivos, e não apenas com o corpo de nossa mãe" (COCCIA, 2020, p.30). O autor propõe uma perspectiva arrebatadora, em que somos todos, presente, passado e futuro, uma metamorfose contínua e ininterrupta de vida, que se multiplica e se divide a partir dos corpos que geram outros corpos dentro de si – um corpo que rouba a vida de outro corpo –, desde a primeira bactéria fermentadora, 3,5 bilhões de anos atrás, até este exato momento em que você termina esta frase, e estendendo-se para todo o futuro.

O que a visão eco-sistêmica nos diz é que somos todos iguais, seres vivos dividindo a experiência terrena, desfrutando o presente que é viver. É a partir dela que podemos compreender a ética da terra proposta por Leopold (2019), que defende a responsabilidade de cada indivíduo pela saúde da Mãe Terra. Muito além de compor um conjunto de preceitos e regras, a ética da terra parte de um entendimento de que somos tão natureza quanto as folhas que caem das árvores no outono, quanto as bactérias que ajudam na nossa digestão, quanto os ursos polares que vagam desnutridos e famintos em busca de alimento num ecossistema em derretido colapso. É somente a partir do entendimento de que somos todos uma e a mesma vida, que ocupa a diversidade de todos os corpos vivos e físicos, que seremos capazes de abraçar sinceramente uma ética da terra que é, ao fim e ao cabo, uma ética da vida de/em Gaia.

Aqui, finalmente, trago a explicação para o termo que venho usando desde a introdução: Gaia. Faço-o aqui, justamente, pois localizo o seu entendimento dentro da teoria dos sistemas. Este foi o nome escolhido por James Lovelock para identificar nosso planeta como um sistema vivo auto-organizador. A Teoria de Gaia, antes chamada Hipótese Gaia, foi proposta por Lovelock com o apoio de Lynn Margulis nos anos 1970, a partir da observação da composição da atmosfera de diferentes planetas, quando este trabalhava na Nasa em busca de condições para vida fora da Terra. Nos termos de Lovelock (2010, p.174): "O sistema Terra comporta-se como um único sistema autorregulador formado de componentes físicos, químicos, biológicos e humanos", que tem a finalidade de manter as condições propícias para que a vida, em geral, floresça. Segundo Lovelock (2014, p.85), "[...] a Terra é uma construção biológica"; um organismo vivo, no sentido de ser um sistema complexo que engloba toda a vida e seu meio ambiente, de tal modo acoplados que formam uma entidade autorreguladora.

> A Teoria de Gaia olha para a vida de maneira sistêmica, reunindo geologia, microbiologia, química atmosférica e outras disciplinas cujos estudiosos não costumavam se comunicar uns com os outros. Lovelock e Margulis desafiaram a visão convencional que considerava separadas essas disciplinas e segundo a qual foram as forças da geologia que estabeleceram as condições para a vida na Terra, e que as plantas e os animais eram meros passageiros que, por acaso, encontraram exatamente as condições corretas para a sua evolução. De acordo com a teoria de Gaia, a vida cria as condições para a sua própria existência (CAPRA e LUISI, 2014, p.209).

A Teoria de Gaia sofre, nos dias atuais, o que sofreu a descoberta de Copérnico e Galileu no Renascimento: então, a Igreja refutou veementemente a ideia de uma bola girando incessantemente e flutuando no universo; agora, o Mercado recusa a noção de um planeta vivo que depende de toda sua biosfera para garantir a vida dela própria. A diferença é que "A Terra de Galileu poderia girar, porém não tinha 'ponto de inflexão', nem 'fronteiras planetárias', nem 'zonas críticas'. Tinha um movimento, mas não tinha um comportamento. Em outras palavras, ela ainda não era a Terra do Antropoceno" (LATOUR, 2020a), na qual hoje perecemos. Latour (2020a) conta a história por trás do nome Gaia, remontando à Teogonia de Hesíodo, que diz ser Gaia uma grande força da gênese do universo, nascida logo após Caos (o tudo e o nada) e junto com Eros (o amor). Gaia, a Terra, morada divina, teria gerado Urano (o céu estrelado), seu marido, e muitos outros deuses, entre eles Cronos (o tempo). Na mitologia grega, Gaia se apresenta como uma entidade contraditória e aterrorizante; porém, para Lovelock, ela é um sistema ativo e autorregulador, que evolui tal como evoluem os fenômenos complexos do universo, mirados sob o ponto de vista científico. Como diz Latour (2020a, p.145): "O paradoxo dessa figura que estamos tentando enfrentar é que o nome de uma deusa primitiva, proteiforme, monstruosa e imprudente foi dado ao que provavelmente seja a entidade menos religiosa produzida pela ciência ocidental". Lovelock (2010) admite que adotou o nome Gaia no auge do movimento New Age, época de Woodstock e de todo movimento hippie. Tenha o nome que tiver, o fascinante da Teoria de Gaia é conseguir comprovar que as condições para a vida na Terra surgiram por conta de microrganismos – vivos! Vida gerando vida. Para Coccia (2020, p.203), toda vida é uma metamorfose do corpo de Gaia: "[...] a vida é somente a borboleta dessa enorme lagarta que é Gaia, ela é a metamorfose desse planeta".

Lovelock e Margulis fizeram de todos os seres agentes criadores do seu meio, pois foram os primeiros organismos vivos que criaram as condições para existir vida no planeta, borrando a distinção entre ambiente e organismo, o que, de certa forma, nos leva de regresso ao início do capítulo, à recursividade vida ⇌ condições para vida. O planeta criou condições para as primeiras formas microscópicas de vida surgirem que, por sua vez, no seu viver metamórfico, criaram as condições para mais vida surgir. À sua maneira, Gaia tem um aspecto mátrio: não como a deusa grega criadora do universo; não como a mãe biológica de cada um de nós, mas como esse grande sistema vivo que, em seu viver, provê casa e comida a todos, desde os seres mais microscópicos aos mais gigantes.

Boff (2015) recorda que as mitologias dos povos originários têm entidades próprias, produzidas a partir de seus referenciais cosmogônicos e suas culturas específicas, que não são exatamente análogas à Gaia, mas dela podemos aproximar. Elas são comumente conhecidas como a Grande Mãe, a Mãe Terra, a Pachamama. Pachamama (ou Pacha Mama) é uma expressão de origem andina ligada às cosmovisões de diferentes povos (Aimará, Quéchua e Kichwa) e que, por isso, não tem uma tradução tão direta. Pela explicação de Gudynas (2019, p.142), "A Pacha Mama faz referência ao meio ambiente no qual a pessoa está inserida", sendo ele ao mesmo tempo biológico, físico e social, incluindo o ser humano. O autor esclarece que: "[...] as ideias originais de Pacha Mama permitem apresentá-la como um modo de se entender como parte de uma comunidade social e ecologicamente ampliada, que por sua vez está inserida em um contexto ambiental e territorial" (GUDYNAS, 2019, p.142). A perspectiva andina não idealiza nem idolatra uma figura mágica de uma natureza intocável e divina – o que existe é a inserção do humano nesta natureza, como alguém que a cultiva, em uma relação de reciprocidade e respeito entre seres que estão em interdependência. A figura de Pachamama tem surgido com maior frequência nos debates contemporâneos muito devido à incorporação dos "direitos da Mãe Terra" nas constituições do Equador e da Bolívia. Solón (2019, p.147) explica que

> [...] os direitos da Mãe Terra refletem a visão dos povos indígenas de muitas partes do mundo, em particular da região andina. É uma concepção de profundo respeito à natureza, segundo a qual tudo na Terra e no cosmos tem vida, ou seja, não há divisão entre seres vivos e seres inertes. Os humanos não são superiores a outros seres e estão conectados com todos os elementos não humanos, longe de serem donos da Terra e de outras formas de vida. Os rios, as montanhas, o ar, as rochas, os glaciares: tudo tem vida.

E assim, tudo tem direito à vida, ou toda vida é um ser de direitos: "Tudo é parte de um organismo vivo, a Pacha Mama ou a Mãe Terra" (SÓLON, 2019, p.147). Embora Pachamama seja o nome mais citado e sua origem andina a mais reconhecida, a cultura indígena dos povos de Pindorama também tem sua Pachamama: na mitologia guarani existe a figura de Nhandecy, que carrega a ideia da terra como mãe: "É a terra que se estende através dos ecossistemas, da natureza, do ambiente; tudo isso é um corpo vivo dessa grande mãe. E ela é verdadeiramente a nossa mãe. E não é a mãe do Guarani, a mãe do Tapuia, a mãe do Kamaiurá, ela é a mãe de toda a vida que floresce sobre a terra"[41]. Pachamama e Nhandecy apresentam-se como matriz de todos os seres, origem e fim de toda vida, estando

---

[41] Quem explica é Kaká Werá, em artigo para a revista online Bodisatva. Disponível em <http://bit.ly/3nYaJzN>. Acesso em 25 nov. 2022.

conectadas à cosmovisão de povos que jamais se viram apartados da natureza que a todos constitui. Com isso, vemos que Nhandecy e Pachamama também possuem qualidades mátrias, mas bem mais terrenas, bem mais orgânicas que Gaia, como se pudéssemos ver e sentir o cordão umbilical que a elas nos une. Nesses conceitos estão encarnados aspectos de ontologias relacionais, perspectivas que contribuem na criação de novos mundos.

Uma visão eco-decolonial

Em 2021, ainda em plena pandemia do Covid-19, participei, à distância e online, do evento internacional *Interaction Latin America* (ILA21), com uma palestra intitulada *Por um design eco-decolonial* (MICHELIN, 2021)[42]. Nela, eu fazia a conexão entre a exploração colonial e a exploração dos ecossistemas, pela lente do design. Um ano depois, era lançado no Brasil o livro *Uma ecologia decolonial* de Malcom Ferdinand. O autor propõe essa mesma conexão, entre a crise ambiental e o colonialismo, identificando o que chama de dupla fratura ambiental e colonial, "que separa a história colonial e a história ambiental do mundo" (FERDINAND, 2022, p.23). Significando que, por um lado, os movimentos ambientalistas não abordam diretamente questões raciais e coloniais em suas lutas; e, por outro, os movimentos sociais não vêem na exploração ambiental uma das raízes da condição de pobreza a qual visam extinguir. Segundo o autor, a primeira fratura, ambiental, está na separação dicotômica entre planeta/meio ambiente/natureza de um lado, e homem/humano/*anthropos* de outro. A segunda fratura, colonial, divide colonizado/escravizado/colônia em um pólo e colonizador/proprietário/metrópole no outro. Por meio dessa dupla fratura, diz Ferdinand (2022, p.31):

---

[42] Disponível em <https://vimeo.com/655779415> Acesso dez. 2022.

> [...] oculta-se a durabilidade das violências e toxicidades psíquicas, sociopolíticas e ecossistêmicas das "ruínas do império". Subestima-se, da mesma forma, a ecologia colonial das ontologias raciais, que sempre associa racializados e colonizados aos espaços psíquicos, físicos e sociopolíticos que são os porões do mundo, quer se trate de espaços da não representação jurídica e política (o escravizado), de espaços do não ser (o Negro), de espaços da ausência de logos, de história e de cultura (o selvagem), de espaços do não humano (o animal), do inumano (o monstro, a besta) e do não vivo (campos e necrópoles), quer se trate de lugares geográficos (África, Américas, Ásia, Oceania), de zonas de hábitat (guetos, periferias) ou de ecossistemas submetidos à produção capitalista (navios negreiros, plantações tropicais, usinas, minas, prisões).

Não há como abordarmos a fuga da crise ou o surgimento de novas visões de mundo, sem trazermos à tona o pensamento decolonial. No Brasil, a luta anticolonial vem sendo empreendida há séculos por aqueles que, hoje, são reconhecidos como um dos maiores conservadores dos nossos biomas e ecossistemas, os povos indígenas das diferentes etnias que ainda (r)existem no país. Não é coincidência que no Brasil de Bolsonaro tenham andado juntos o desmatamento da Amazônia, o contrabando ilícito de madeiras nativas, o avanço do garimpo ilegal e o ataque sistemático aos indígenas, que resultou (e ainda resulta) na morte de muitos. A visão eco-decolonial aqui proposta, embora povoada das mais diferentes ontologias, filosofias e culturas dos "Suis", vai trazer um enfoque maior na cosmovisão ameríndia e, quando possível, na tradição das etnias brasileiras. "Suis" é o termo que Borrero usa para designar o que outros denominam de "Sul Global": no contexto da colonialidade, são os países que compõem os territórios explorados pela colonização, geralmente encaixados na categoria preconceituosa "Terceiro Mundo", "países subdesenvolvidos" ou "em desenvolvimento", e que não necessariamente se encontram no sul geográfico do planeta, pois refletem condições econômicas do tabuleiro geopolítico mundial.

Destarte, o Sul Global "[...] pode ser uma metáfora para minorias étnicas exploradas, para mulheres em países ricos e para países historicamente colonizados" (KOTHARI et al 2021, p.36); pode conter todos os países latino-americanos, as nações africanas, o "mundo caribenho" de Malcom Ferdinand e a Índia, por exemplo, povos tão diferentes entre si, que chamá-los por um singular – Sul Global – tenderia a reduzir sua heterogeneidade e, por isso, talvez melhor "Suis". De todo modo, as expressões dizem respeito mais à condição subalterna desses lugares em relação às metrópoles dominantes.

Para empreender o caminho eco-decolonial precisamos lançar luz em nossa condição de herdeiros da colonização, evidenciando certas forças que moldam até hoje nossa visão de mundo. Pois, como coloca Gonçalves (2019), somos uma heterogeneidade fruto da dominação e miscigenação, da violência física e epistêmica que resulta em uma "dupla consciência" que tem a colonialidade de um lado e a descolonização do outro. É a partir do confronto entre os lados dessa dupla condição que seremos capazes de "reinventar nossa heterogênea unidade" (GONÇALVES, 2019, p.39); ou, em outras palavras, criar novas formas de ser-no-mundo e ser-com-o-mundo a partir daquilo que constitui nossas subjetividades. Como vimos, existe uma recursividade dialógica no nosso existir, somos atravessados pelo meio em que nos acoplamos e, ao mesmo tempo, moldamos esse meio conforme nossa visão de mundo. No contexto latino-americano e brasileiro que nos constitui, essa visão é composta, ao mesmo tempo, pelos valores do colonizador e pelas tradições do colonizado. O problema ocorre quando não enxergamos ou não aceitamos essa nossa dupla constituição, pois tudo o que aprendemos foi que apenas um dos dois lados que nos constitui é válido; o outro lado é, enfim, o Outro – rechaçado, subalternizado, excluído, explorado, escravizado, estuprado, invisibilizado. O mecanismo de apagamento da condição de colonizado se dá pela construção da narrativa do colonizador como Ente superior a ser admirado e imitado. Para uma situação bastante contemporânea, basta pensarmos na relação do Brasil com os Estados Unidos: como admiramos sua cultura, por mais tacanha que possa ser, e como estes últimos se impuseram como sinônimo de todo continente americano, denominando a si mesmos "A América" e "os americanos", e como nós repetimos esse disparate sem nem nos darmos conta, opa, peraí, mas eu também sou americana! Por mais que "americano" seja uma homenagem a um invasor (Américo Vespúcio), ainda assim, é também parte da nossa identidade. Veja, é esta justamente toda a complexidade desse assunto, pois somos americanos: colonizados que carregam o nome do colonizador. Nesse jogo de narrativas, é perpetrado um processo de invisibilização e apagamento: o explorador torna invisível a condição do explorado como tal (para assim poder seguir explorando) e este último não reconhece (ou admite?) a si próprio neste papel subalterno. Fazer emergir essa condição de dupla consciência traça rotas mais precisas para a fuga do colapso. Acredito que nós, latino-americanos, tenhamos uma vantagem nesta fuga: carregamos dentro de nós as raízes das ontologias relacionais, as mandingas, os banhos de ervas, os rituais xamânicos, os sacis-pererês, o axé, a oca e o ilê. Podemos não apenas dar luz às raízes dualistas que carregamos, a fim de dissolvê-las; podemos, também, fazer florescer aquilo de selvagem que nos constitui.

 Reconheço-me como um organismo cordado vertebrado mamífero, uma humana de pele clara, latinoamericana nascida nos Suis ao sul do Brasil, proletária e urbana. Estou ciente de ser uma sujeita criada por, e cocriadora do paradigma euroantropocêntrico, apesar de encontrar-me no lugar do oprimido devido a minha condição de mulher e de latina (certamente menos oprimida que indígenas ou mulheres pretas). Meu pensamento é, ao mesmo tempo, colonizador e colonizado. Contudo, ao apresentar a visão decolonial, não quero rejeitar o conhecimento de base euroantropocêntrica que muitas contribuições nos trouxe; como não rejeito a ciência e seus avanços, e sim seu pedantismo em crer-se universal e sua reivindicação pelo monopólio do conhecimento tido como válido. Além disso, lembro que Vergès (2020, p.28), sendo uma mulher branca francesa que defende um feminismo "que tenha por objetivo a destruição do racismo, do capitalismo e do imperialismo", aponta para a necessidade de sabermos reconhecer nossos aliados na luta. Daí que aviso que esta seção, para apresentar a história, os argumentos e as características decoloniais, faz uso de autores e autoras dos Nortes, além dos autores dos Suis. Saibamos reconhecer nossos aliados.

Depois de todas as ressalvas feitas, cabe uma primeira distinção introdutória, entre colonização, colonialismo e colonialidade. Colonização é o processo, quase sempre violento, de dominação de um povo, civilização ou nação, por outro. Esse primeiro processo finda com o início do segundo, o colonialismo, quando fica sacramentada a relação entre centro-periferia, isto é, entre metrópole-colônia e enquanto perdurar a condição de exploração e subalternização do colonizado perante o colonizador. A descolonização, por sua vez, é a luta pela libertação, raramente pacífica, do domínio colonial (é a suposta independência). É a partir daí que se estabelece o processo da colonialidade, o qual exploro em mais detalhes a seguir. De acordo com Quijano (2010, p.84), a colonialidade *"sustenta-se na imposição de uma classificação racial/étnica da população do mundo como pedra angular do referido padrão de poder e opera em cada um dos planos, meios e dimensões materiais e subjetivos, da existência social quotidiana e da escala societal. Origina-se e mundializa-se a partir da América"*. Para Quijano, a colonialidade, a modernidade e o capitalismo são três faces da mesma coisa – aquilo a que Krenak (2019) chama de projeto civilizatório, que organiza o planeta em um novo sistema-mundo desigual e eurocêntrico, nascido a partir da América. Três forças complementares configuram a colonialidade, identificadas a partir da perspectiva de Quijano (2005, 2010, 2019; SEGATO, 2021): a colonialidade do poder, a colonialidade do ser e a colonialidade do saber. Segundo a colonialidade do poder, é a América que dá origem à Europa, não apenas por causa dos infinitos recursos dela roubados, mas porque ela dá início a uma nova economia-mundo capitalista e também porque "[...] a novidade americana desloca a tradição na Europa e funda o espírito da modernidade como orientação para o futuro" (SEGATO, 2021, p.54).

Para Ballestrin (2017), a colonialidade se divide em uma matriz de sete controles: da economia, da autoridade, da natureza e dos recursos naturais, do gênero e da sexualidade, da subjetividade e do conhecimento. De modo semelhante, Gonçalves (2019, p.67) diz que "a colonialidade do poder é uma estrutura dinâmica formada a partir da articulação de vários eixos fundamentais: o racialismo, a dominação de gênero, a colonização da natureza, o controle do trabalho e o pensamento eurocêntrico". Veja como fica clara a ligação entre a colonialidade, o gênero e a natureza, e como encontramos aqui a chave da luta do Ecofeminismo de Shiva (2016) e da Ecologia Decolonial de Ferdinand (2022). No último ponto citado por Gonçalves (2019) – pensamento eurocêntrico – e no controle do conhecimento citado por Ballestrin, situa-se a colonialidade do saber, que é, então, como uma matriz de validação e imposição do conhecimento euroantropocêntrico. A colonialidade do saber reconhece apenas o pensamento ocidentalocêntrico como capaz de explicar os fenômenos da existência, invalidando e até erradicando todas as outras formas de saber, quer seja pela violência, pela proibição ou pela criação de agenciamentos maquínicos-midiáticos de subjetividades eurocêntricas. "Embora aparentemente superado, o imaginário que considera não humanos aqueles não identificados como brancos é ainda muito presente", diz Gonçalves (2019, p.44), apontando para a nulidade com a qual o conhecimento produzido pelos não-brancos foi (e ainda é) encarada: "É como se existisse um pensamento que serve para pensar – produzir pensamento válido – e outros modos de pensar e viver que não têm essa capacidade". Esses outros modos são, então, "mesmificados" (FERDINAND, 2022), isto é, reduzidos ao mesmo, ao Outro ininteligível e selvagem.

A colonialidade do saber produz justamente a "interdição de outras perspectivas de mundo em favor de um modo canônico" e que acaba por produzir visões de mundo "blindadas pelo colonialismo" (SIMAS e RUFINO, 2018, p.21). Contudo, apesar do megaempreendimento da colonialidade, Vergès (2020, p.38) entende que esse mundo europeu nunca conseguiu ser hegemônico – uma vez que visões de mundo e viveres outros sempre coexistiram, apesar de todos os pesares –, "[...] mas ele se apropriou, sem hesitar e sem se envergonhar, de saberes, estéticas, técnicas e filosofias de povos que ele subjugava e cuja civilização ele negava", em movimentos de incorporação como aquele que, na Idade Média, havia transformado as celebrações pagãs em datas festivas do calendário católico-cristão. É o mecanismo de apagamento do Outro em ação, que busca a hegemonização pela negação altamente convincente da existência de qualquer outro sistema válido de conhecimento. É nisto que se configura a colonialidade do saber: na inferiorização, segundo os critérios eurocêntricos de organização de produtos e sujeitos, dos saberes, das culturas, das visões de mundo e dos modos de ser de todas as sociedades não européias (não brancas), e na posterior cooptação destas ao sistema hegemônico do projeto civilizatório moderno-capitalista "ocidental".

Como não admitir que o Design, modernamente associado à industrialização, à massificação, à normatização dos corpos segundo parâmetros eurocêntricos, está diretamente relacionado a essa colonialidade, como um agenciamento dessa subjetividade euroantropocêntrica? Não são poucos os designers que enxergam e admitem, não sem um certo peso de vergonha, essa responsabilidade. Apesar disso, o campo ainda está majoritariamente voltado a servir ao sistema de dominação e ao capital, reproduzindo a visão de mundo até aqui criticada. O Design foi, e segue sendo, majoritariamente, um instrumento da colonialidade do saber, e da colonialidade do ser: reconhece como design apenas o que está circunscrito dentro dos domínios industriais e que atende interesses de um sistema econômico engendrado a partir da dominação e exploração dos Suis. Ao mesmo tempo, multiplica-se a partir da padronização de corpos segundo padrões e medidas eurocêntricos. E isto é a colonialidade do ser, a imposição de um único corpo, branco, loiro, magro e jovem, para todos os demais corpos – humanos ou não – que metamorfoseiam-se em Nhandecy. Veja um exemplo que ilustra o agenciamento do Design dentro de uma concepção da colonialidade, que diz respeito aos padrões adotados para o design de produtos.

A designer e educadora Maya Ober, em uma conversa[43] com as colegas de profissão Johanna Lewengard e Benedetta Crippa, publicada na plataforma de pesquisa em design Depatriarchise Design, diz: "No desenho industrial, a norma é definida por muitos fatores: uma das referências mais importantes foi, e ainda é, o modernismo, e sua definição de design, seus padrões visuais e estéticos, seu descaso com o usuário – principalmente o feminino". Um livro intitulado *As medidas do homem e da mulher*, de Henry Dreyfuss, designer industrial estadunidense, publicado em 1959, serviu para estabelecer as "medidas referenciais para o design de produtos em grande escala [...] e elas se tornaram padrões internacionais" para todos produtos feitos com base em corpos humanos (PATER, 2020, p.179). Dreyfuss adotou homens com 1,75 metro de altura e 78,4 quilos, e mulheres com 1,60m e 62,5 kg, o que significa que cadeiras, mesas, camas, carros e objetos diversos são feitos levando esses corpos em consideração; se por acaso você não tiver medidas muito próximas a essas, você está fora do padrão e o mundo moderno não foi feito para você. O livro baseia suas medidas em dados militares dos Estados Unidos e é, segundo Pater (2020), usado até hoje em escolas e universidades de design. Ou seja, corpos idealizados e militarizados estadunidenses são referência para o design de produtos para todos os corpos humanos da Terra – inclusive no Brasil.

Esse projeto civilizatório eurocêntrico, moderno e capitalista, que tem no Design um agente de homogeneização, impôs às terras do mundo uma noção única de estar-no-mundo que parte do princípio da exploração dos não-humanos e do altericídio do Outro. Nasce assim, do matricídio da Mãe Terra, do genocídio dos povos originários, da exploração do Negro, da dominação das mulheres e da "mesmificação" das subjetividades, o nosso Brasil. Tal projeto se reproduziu, ao longo dos séculos, por meio de narrativas – essas que criam a imagem de um

---

43 Disponível em: <https://bit.ly/3KNhVI4>. Acesso em 06 out.2021.

"índio preguiçoso", um "negro de cabelo ruim", uma "mulher que serve para casar" e outra "que serve pra trepar"; que inventam um mundo onde *Deus ajuda quem cedo madruga* e se mata de trabalhar diante da ideia de uma suposta meritocracia e assenção social que acontece com um a cada milhão; que perdoam o genocídio em Gaza; que idolatram Neymares e cancelam Lancellottis; que assassinam Marielles, Brunos e Doms (quem mandou?); que projetam para a exclusividade, para o luxo e para a ostentação, enquanto centenas de milhares encaram pratos vazios de comida. É esse o projeto. Somos todos, os aqui nascidos, criaturas e criadores desse mundo, e quase todos estivemos reproduzindo a mesma matriz da colonialidade do poder, do saber e do ser, que repete o mesmo matricídio, o mesmo genocídio, a mesma exploração... É minha esperança que, ao evidenciarmos as forças que constituem nossa dupla consciência, talvez seja minimamente mais fácil empreender o processo de descolonização da nossa subjetividade, no sentido de sua libertação efetivamente, a fim de fazer aflorar nossa metade negada e, com ela, visões de mundos outros. Como elucida Gonçalves (2019, p.87), descolonizar significa "reconhecer e dar visibilidade às práticas sociais, ético-espirituais e político-filosóficas que vêm sendo produzidas" pelas populações indígenas e afrodescendentes.

Para realizarmos tal esforço, encontramos algumas pistas que apontam os caminhos a serem percorridos e que começam com a ideia de que "o futuro é ancestral" (KRENAK, 2022). Esses caminhos podem possibilitar o retorno ao Real proposto por Maffesoli (2021), uma vez que trazem justamente essas raízes de ancestralidade, do que era antes do ocidentalismo acontecer. No momento em que a *krísis* faz presente a possibilidade iminente do colapso e que a fábula modernista de progresso e igualdade capitalista rui diante dos nossos olhos, precisamos resgatar o campo das mandingas, no qual "se praticam as frestas", como ensinam Simas e Rufino (2018, p.108), ensaiar escapes e novos devires: "É a dinâmica dos cacos, sobras-viventes, que se reconstituem de forma resiliente para a impressão de um novo signo que desafia os limites binários da vida em oposição à morte". Ou seja, precisamos ver e ouvir nosso lado que foi apagado por todos esses séculos, dar luz às metades abafadas dos dualismos cartesianos: aos femininos, às mulheres, às emoções, ao espírito, à terra, à toda natureza não-humana. Precisamos fazer alianças com as espécies companheiras da experiência terrena, aprendendo a viver nas ruínas do mundo que está chegando ao seu fim, dando espaço para o novo surgir. Simas e Rufino (2018, p.19), em sua fala permeada da cultura e do imaginário de um Brasil mestiço, nos invocam a transgredir os cânones ocidentais, de modo a romper com suas pretensas universalidades: "Transgredi-lo não é negá-lo, mas sim encantá-lo, cruzando-o com outras perspectivas". Nesse sentido e a partir dos cacos que restaram do violento choque de nossa formação e nosso processo colonial, o caminho a ser seguido é o do resgate das narrativas marginais que ficaram presas nos porões do mundo, e o da imaginação de futuros outros que estão emergindo no horizonte. Nesse espaço da transição, tudo pode ser. E o mundo vai se concretizando a partir de embriões de realidades, a partir do espaço do virtual[44] que se atualiza em experimentos, tentativas, ensaios e sementes. Estamos partindo, aqui, em busca de ruínas-sementes:

> As ruínas-sementes são um presente ausente, simultaneamente memória e alternativa de futuro. Representam tudo o que os grupos sociais reconhecem como concepções, filosofias e práticas originais e autênticas que, apesar de historicamente derrotadas pelo capitalismo e colonialismo modernos, continuam vivas não só na memória como nos interstícios do cotidiano alienado, e são fonte de dignidade e esperança num futuro pós-capitalista e pós-colonial. Como em todas as ruínas, há um elemento de nostalgia por um passado anterior ao sofrimento injusto e à destruição causados pelo capitalismo, pelo colonialismo e pelo patriarcado reconfigurado por ambos. Mas essa nostalgia é vivida de

---

[44] O *virtual* aparece como o campo de *todas* as possibilidades, a partir do qual *tudo* pode existir; o *atual* é aquilo que se materializa, dentre todas as possibilidades, ainda que no mundo digital ou "virtual". O *real* é tudo isto, virtual e atual; e a *realidade* é aquilo que se atualiza.

modo antinostálgico, como orientação para um futuro que escapa ao colapso das alternativas eurocêntricas precisamente porque sempre se manteve externo a tais alternativas (SANTOS, 2019, p.55).

Como estive falando tão repetidamente sobre narrativas, uma vez que somos seres do *linguajear*, as ruínas-sementes aqui iniciadas compõem um léxico de conceitos, um vocabulário para novas narrativas que, por um lado, expõe o que até então esteve encoberto pela narrativa dominadora: a violência das conquistas e o consequente apagamento dos conquistados, suas culturas e suas cosmovisões. E, por outro lado, estimula o retorno ao ancestral que ainda resiste em nós. O objetivo, com esse esforço, "[..] é criar instrumentos pragmático-conceituais adequados para a descolonização do inconsciente, alvo da insurreição micropolítica" (ROLNIK, 2018, p.144); ou seja, aqui se estabelecem conceitos que servirão como pano de fundo das práticas projetuais ecossistêmicas, que são: *utupias selvagens*, *nhandereko* e *pluriversos*. Estamos inventando novas possibilidades usando as raízes que nos conectam ao nosso passado, não como uma tentativa de voltar atrás, a um passado que não existe mais e nem voltará a existir, mas sim de trazer e fazer emergir aquilo de mais genuíno e visceral que nos constitui. Não quero reproduzir o comportamento colonizador e me apropriar de ontologias e filosofias que não são originalmente minhas, quero sugerir a criação de possibilidades outras, embasadas em uma visão sistêmica e ecológica da vida, tendo como inspiração as visões de mundo relacionais dos Suis, usando o que ainda trazem de suas culturas antes que a patrola euroantropocêntrica mesmifique-as.

3
léxico ecodecolonial

Será possível viver dentro desse regime ditado pelo humano e ainda assim superá-lo?
TSING, 2022

Utopias selvagens

Um primeiro movimento nessa direção pode ocorrer através da invenção de novas utopias, visões de futuros Outros, mundos Outros, habitados por Outros repertórios. Estivemos, onde tange a produção de narrativas e dos imaginários – em livros, filmes, notícias, programas de rádio e, mais recentemente, nas redes sociais –, criando cenários de futuros distópicos. De Blade Runner a Bacurau e Melancolia, de George Orwell a Aldous Huxley, da Folha ao Estadão, da Globo a CNN, é sempre o pior do *Homo sapiens-demens* que aflora e se atualiza, isto é, se concretiza, torna-se realidade. A recursividade da narrativa e imaginação distópicas é tamanha que demos um jeito de, efetivamente, encarná-las no contexto pandêmico de 2019 a 2022. E, na verdade, seguimos nessa mesma toada, haja vista a ascensão da extrema direita em diversas regiões do mundo e as votações parlamentares com retrocessos dignos da Idade Média no Brasil. Então, ao mesmo tempo que imaginávamos distopias, estivemos colocando em prática uma realidade distópica com ajuda do projeto antropo-ego-falo-logocêntrico colonial. Criando um presente que nos coloca diante do fim do mundo, em uma perspectiva de fim que pode se manifestar como um "mundo sem nós", pela extinção da espécie humana, ou um "nós sem mundo", pela desambientação da espécie nas ruínas de Gaia.

Nesse sentido, é curioso observarmos a nossa relação com a distopia e a utopia. Quando imaginamos um cenário distópico, estamos geralmente falando de um espaço-tempo com autoritarismo, guerras, fome, escassez, violência etc., mas onde também podemos encontrar respiros fora da dimensão obscura, como momentos de alegria ou romance que passam inquestionáveis diante de um contexto geral horroroso. Porém, por outro lado, quando somos convidados a imaginar um cenário utópico, temos a expectativa que nele não ocorra uma única coisa ruim, que o ideal seja absoluto, totalizante e sem qualquer sinal de sofrimento. No meio de um cenário de natureza pristina, de saúde, equilíbrio, alegria, afetos puros e segurança, não pode existir uma desavença, um xixi fora do penico, embora o contexto geral aqui seja positivo. É como se estivéssemos nos impedindo de viver a utopia, pois ela só é admitida se perfeita, se não tiver falhas, enquanto a distopia tolera respiros de esperança no meio do lodo. Destarte, o que provoco aqui é a ação de criarmos utopias possíveis: imagens de mundos regenerados nascidos das ruínas, enquanto presentes no meio do caos e da transição; utopias que abrem as portas para futuros desejáveis.

Vamos às raízes: *utopia*, termo criado no livro homônimo publicado em 1512 pelo escritor Thomas More, a partir da junção das partículas gregas óu (não) e *tópos* (lugar), remete inicialmente ao entendimento de "projeto irrealizável, quimera, fantasia" (CUNHA, 2010, p.664). Advindo do nome que More deu à ilha onde vive a sociedade perfeita de seu livro (Utopia), o conceito se refere a uma sociedade ideal, geralmente descrita como sendo livre de conflitos, injustiças e desigualdades, caracterizada por um alto grau de harmonia e felicidade. Em alguns casos, a palavra é usada para descrever sociedades futuristas ou imaginárias que ainda não existem, descritas em ficção científica ou literatura. Em outros, o termo é usado para aludir a ideias ou projetos que visam criar realidades mais equilibradas e equitativas. Por outro lado, "utopia" é frequentemente empregado de forma irônica ou cética para se referir a ideias que são consideradas impossíveis ou irreais, como forma de descartar ou desacreditar aquilo a que se refere. Contemporaneamente, "utopia" tem sido evocada mais no sentido do sonho, de provocar a imaginação para um lugar ideal ou onírico que, embora possa não ser totalmente possível, ainda assim é factível o suficiente para direcionar esforços em sua direção. A partir desse esclarecimento, proponho rejeitarmos o conceito de utopia como um projeto irrealizável, trazendo-o para evocar o futuro que queremos e sabemos ser possível, pois depende de cada um de nós, com nossas ações e visões de mundo, torná-lo atual. E sugiro uma corruptela do termo para *utupia*: um não-lugar que é, ao mesmo tempo, presente, passado e futuro, que resgata a ancestralidade selvagem[45] e que parte de um pano de fundo constituído inteiramente de natureza, ou seja, onde tudo, da menor partícula ao macrocosmos, é parte de uma mesma natureza.

Essa noção de natureza é chave aqui, pois embasa visões de mundo e ontologias relacionais. Krenak (2023, p.61) explica que algumas comunidades humanas formam laços tão fluidos com aquilo que, hoje, chamamos de natureza, que suas culturas sequer possuem um termo para "natureza". Mesma lição dada por Scarano (2019, p.15): "Já os ameríndios não possuem em seus idiomas vocábulos que traduzam o termo natureza, por conceberem a realidade como um contínuo no qual humanos, animais, plantas e estrelas se conectam e possuem moralidade e responsabilidade na produção e reprodução da vida". Então, houve "[...] um momento em que foi interessante para algumas sociedades definir o que é natureza e designar uma espécie de separação, um corte radical entre o que é cultura e o que é natureza". Scarano (2019) relembra que a visão de natureza como algo indissociável do ser humano era prevalente até o século XIV, inclusive nas sociedades do território proto-europeu. Como vimos, foram as proposições dos pensadores modernos, sobretudo, que provocaram a desassociação entre humanidade e natureza, natureza e cultura.

As pessoas acopladas ao território emergente europeu foram gradativamente perdendo a conexão, perdendo a dimensão espiritual da natureza e de si. Tarnas (2007) explica, segundo sua interpretação, como o paradigma ocidental foi (d)evoluindo de uma percepção de Si (*Self*) permeado em toda existência a uma onde o Si (*Self*) passa a ser percebido e aceito como exclusivamente dentro da psique humana (ou melhor, da psique do Homem, o branco-nobre-másculo já caracterizado). Observe aqui algo interessante, uma hipótese: os europeus foram

---

[45] Selvagem aqui remete ao Pensamento Selvagem, livro de Lévi-Strauss (2012), e também ao Utopia Selvagem (1982), de Darcy Ribeiro. Segundo Maffesoli (2021, p.15) "[...] o selvagem é uma expressão da potência nativa, primordial e societal que o poder social, econômico e político se dedicou a apagar".

perdendo a conexão com o todo e consigo conforme foram projetando interfaces mediadoras do acoplamento de seus corpos ao mundo: roupas, óculos, muros, paredes, cadeiras, carros, telas, telas e mais telas. Como herdeiros dessa *Brainet* e dessa mentalidade, estivemos bloqueando a conexão imediata e sensível do nosso organismo, individual e coletivo, com a natureza que somos, criando dispositivos de interação mediada, criando aparatos de mascaramento de nossa interdependência. Quanto maior o número de interfaces, maior a desconexão; quanto maior o acúmulo material e econômico, maior o descolamento do sujeito com sua natureza e maior seu apetite por devorar a matéria do mundo. Usamos o corpo do mundo para criar os dispositivos que desconectam nossos corpos humanos do resto do mundo e sua dor – afinal, quanto sofrimento não há em ser consumido pela cegueira de quem se vê superior? Enquanto a civilização ocidental se perdia, sociedades Outras como as ameríndias seguiam conectadas.

Segundo a explicação de Viveiros de Castro (2015, p.56), no mito indígena, todos os seres existentes compartilham de uma condição geral na qual aspectos humanos e não-humanos formam um único emaranhado, uma "[...] condição pré-cosmológica virtual dotada de perfeita transparência – um 'caosmos' onde as dimensões corporal e espiritual dos seres ainda não se ocultavam reciprocamente"; um pré-caos de infinita heterogeneidade de onde humanos e não humanos se metamorfoseiam e expressam "[...] as diferenças finitas e externas que constituem as espécies e as qualidades do mundo atual". A alma, ou o espírito, como potência máxima virtual, atualizada na especificidade dos corpos em sua plural diversidade. O pensamento ameríndio é, assim, multinaturalista, que enxerga uma unidade do espírito – presente em todas as coisas – e uma diversidade de corpos, isto é, das formas da natureza que exprimem o espírito que as permeia. A natureza é diversa, ora pois. Como evidencia o antropólogo, a teoria cosmopolítica ameríndia "imagina um universo povoado por diferentes tipos de agências ou agentes subjetivos, humanos como não humanos [...], todos providos de um mesmo conjunto básico de disposições perceptivas, apetitivas e cognitivas, ou, em poucas palavras, de uma 'alma' semelhante" (VIVEIROS DE CASTRO, 2015, p.43) – deuses, pessoas, plantas, objetos e mortos, todos têm essa mesma "alma". Todas metamorfoses da natureza permeadas pelo mesmo espírito.

Natureza e humanidade são uma e a mesma coisa, Krenak (2019, p.16) esclarece: "Eu não percebo onde tem alguma coisa que não seja natureza. Tudo é natureza. O cosmos é natureza. Tudo em que eu consigo pensar é natureza". É este ser-natureza, estar-na-natureza, que naturalmente conecta o humano com os ciclos da vida terrena, os ciclos de renovação de toda existência que aqui, em Gaia, no seio de Nhandecy, são percebidos na renovação de cada dia, nas fases da lua, nas quatro estações, etc.: "A dança da criação se renova para que possamos também nos renovar de acordo com seu ritmo e sua harmonia" (JECUPÉ, 2016, p.55). A interdependência mais radical é esta, que entende que toda vida na Terra é um fluxo metamórfico coemergente entre vida e não-vida. Vemos essa mesma noção de interdependência radical em Coccia (2020, p.32), segundo a qual, mundo (a natureza) e ser vivo (humano) nascem concomitantemente: "Não é apenas o ser vivo que nasce: o mundo também nasce, de uma forma diferente, a cada aparição de um novo indivíduo. Cada nascimento é geminado: mundo e sujeito são gêmeos heterozigotos, nascido simultaneamente e incapazes de se definirem um sem o outro" – o que é outra forma de falar sobre o acomplamento estrutural de Maturana e Varela ou o ensinamento budista da mente criar a matéria. Coccia e Krenak (2020b, p.13) falam a mesma linguagem, com palavras diferentes: "Nós somos corpos que estão dentro dessa biosfera do Planeta Terra. É maravilhoso, porque, ao mesmo tempo em que somos dentro desse organismo, nós podemos pensar junto com ele, ouvir dele, aprender com ele", e fazer uma troca verdadeira com esse organismo gigantesco que também tem a sua inteligência. É esta noção de natureza, que se mescla com a ideia de Nhandecy e Gaia, que tomaremos como pano de fundo de nossas *utopias* selvagens futuras.

Pois bem, mas o que significa a *utupia* selvagem como léxico eco-decolonial, como ruína-semente? Significa povoarmos nossas narrativas com uma ideia radical de natureza, com a dimensão de sermos, tudo e todos, natureza. Significa adotarmos uma postura de profundo respeito com toda vida ao nosso redor, desde o menor inseto ao maior mamífero, enxergando-os como iguais, manifestações criativas de mesma matéria e espírito de Gaia-Nhandecy. Chamemos de parentes todos os seres que habitam conosco a morada terrena; e deixemos de chamar de "recursos" aqueles que são nossos parentes. Significa desfazermos as interfaces de mediação dos nossos corpos com a experiência e *linguajear* do nosso viver; reaprendermos a sentir nosso corpo como corpo da Terra. Devemos ir em busca das raízes – das etimologias, das origens, das ontologias – fazendo aflorar o que trazemos de mandinga, de saci-pererê, de pau-brasil e cobra coral, do folclore e do húmus que nos constitui. Podemos alterar as palavras que usamos no dia-a-dia, para que sejam reflexo e sementes de uma visão de mundo relacional – amorosa, respeitosa, alegre e lúcida. Significa, também, criarmos imagens diferentes para nosso futuro, que sejam espelho do mundo que queremos ver surgir. No sentido das imagens e narrativas, o Amazofuturismo pode ser uma referência. O termo se origina em uma vertente literária de ficção científica, criada por João Queiroz em 2019, que tem como base a cultura de matriz ameríndia amazônica. Uma criação pertencente a esse universo amazofuturista precisa idealizar uma sociedade utópica em total harmonia com a selva, em que a perspectiva dos indígenas é colocada em primeiro plano, não mais subjugada ao olhar colonizador (GAMA, 2021).

E tudo isso diz respeito ao Design Ecossistêmico, tudo configura material para o seu discurso. Cenários criados a partir do Design Ecossistêmico refletem *utupias* selvagens; artefatos resultantes de um processo ecossistêmico concretizam esses cenários. Já o próximo conceito pode ser entendido como um objetivo projetual, no âmbito do Design Ecossistêmico.

Nhandereko

Conceito abrangente que designa, grosso modo, o estilo de vida indígena dos diferentes povos originários de Abya Yala, que pode ser identificado também nos termos *buen vivir, teko porã, sumak kawsay* ou *suma qamaña*. Os mais difíceis de serem precisados são os termos cuja origem remonta a Pindorama, uma vez que nossas sociedades ancestrais se desenvolveram essencialmente na cultura oral e esta muda com o passar do tempo, como muda qualquer linguagem que esteja viva. Nesse sentido, seria mais fácil abordar apenas o contemporâneo *Buen Vivir*, contudo, por um esforço de enraizamento em nosso próprio território, dou início pelos termos guaranis, ciente da possível imprecisão de sua explicação.

Nhandereko é uma palavra que designa o sistema cultural, o conjunto de costumes da etnia Guarani e que, "[...] de certa forma, representa um processo de resistência e enfrentamento à colonialidade do poder em seu sentido mais amplo, e objetiva divulgar o retorno da sabedoria originária", explica Gerhardt (2019, p.19). O modo de vida refletido pelo *nhandereko* "pode possibilitar uma visão do mundo que contribua para revitalizar as interações das comunidades não indígenas com os ambientes planetários e urbanizados" (GERHARDT, 2019, p.19), uma vez que diz respeito a viver uma vida digna em integração com todos os seres que habitam Nhandecy, sendo todos eles dotados de espírito. *Teko porã* tem um entendimento complementar. O termo começa pelo prefixo *teko*, que "expressa um modo de vida, uma forma de ser e fazer-se humanamente" (MOTA, 2012, p.117), unido a *porã*, que significa "bonito, bom", que faz alusão a um jeito ideal de viver, que é o modo de vida dos antigos, conforme Remorini e Sy (2002, p.138): "Nos relatos dos Mbyá contemporâneos, essa alusão às normas ideais de vida aparece por meio dessa noção de *Mbyá reko* e *teko porã* (bom, belo), ou seja, o modo de vida dos antigos". O termo *teko porã* surge de um entendimento que a vida humana em Nhandecy é uma de imperfeição, em que é preciso buscar constantemente o equilíbrio com o entorno natural e sobrenatural e que, portanto, é preciso manter-se em um bom caminho.

Teko porã e *nhandereko* se aproximam dos conceitos "[...] *suma qamaña*, dos Aimará, e *sumak kawsay*, dos Quéchua, que expressam um conjunto de ideias centradas nos sistemas de conhecimento, prática e organização dos povos andinos" (SOLÓN, 2019, p.19). *Nhandereko*, *suma qamaña* e *sumak kawsay* expressam as realidades vivas das comunidades indígenas as quais dizem respeito, englobando significados como "vida plena", "vida inclusiva" e "saber viver". O significado desses modos de vida, que traduzem visões de mundo específicas de harmonia com Pachamama-Nhandecy, foram incorporados ao conceito mais atual de *Buen Vivir* (Bem Viver), este último institucionalizado nas constituições da Bolívia e do Equador. Segundo Solón, a partir dessa institucionalização, o Bem Viver passou a ser parte do discurso oficial de ambos países, direcionando planos de desenvolvimento nacionais e fomentando outras propostas – como os direitos da Mãe Terra mencionados anteriormente – que não faziam parte da concepção original do termo.

Quando atrelado às questões estatais e governamentais, o conceito fica contraditório, pois acaba tendo seus significados cooptados pelos sistemas vigentes – que pouco se distanciam da visão moderna do mundo – nos países que buscam adotá-lo. O que quero, aqui, não é analisar o uso do conceito nessas situações, mas buscar apontamentos que sirvam de contribuição para pensarmos e projetarmos ecossistemicamente. O que mais ressalta na proposta é o fato desta se apresentar como uma alternativa ao desenvolvimento, ou seja, como uma proposição para o "pós-desenvolvimento", no sentido de tentar apontar caminhos para o decrescimento em lugar do crescimento progressista e sua inerente exploração do mundo, tornando a economia um sustento aos direitos da vida. O conceito suscita inúmeros debates e não tem uma explicação formalizada, mas pode ser explicado da seguinte forma, pelas palavras de Chuji, Rengifo e Gudynas (2021, p.209):

> A categoria do Bem Viver expressa um conjunto de perspectivas sul-americanas que compartilham um questionamento radical do desenvolvimento e de outros componentes centrais da modernidade, ao mesmo tempo que oferece alternativas para superá-la [...] Expressa uma mudança mais profunda no conhecimento, na afetividade e na espiritualidade, como abertura ontológica para outras concepções a respeito daquilo que a modernidade denomina como sociedade e natureza.

Os autores enfatizam o aspecto de deslocamento do *Homo sapiens-demens* como sujeito único de direitos e de valor que o Bem Viver carrega, em uma perspectiva que reconecta seres humanos e mais-que-humanos. São assim reconhecidas comunidades ampliadas, coletivas no seu amplo senso, acopladas em territórios específicos. Aqui, pela visão ecossistêmica, podemos entender como territórios ecossistêmicos – biota e biocenose em interdependência e homeostase.

Confluindo com o entendimento de um conceito em mutação, Solón (2019, p.23) explica que "não há um decálogo do Bem Viver. Toda tentativa de defini-lo de maneira absoluta o asfixia. O que podemos fazer é nos aproximarmos de sua essência", algo que fazemos aqui a fim de criar bases para o Design Ecossistêmico, uma vez que as facetas do Bem Viver citadas pelo autor "[...] podem ser nevrálgicas para a construção teórica e a prática de alternativas sistêmicas". Solón (2019) cita cinco elementos do Bem Viver que constituem a força do termo e que vão nessa direção, a saber: 1) Sua visão do todo ou da Pacha; 2) A convivência na multipolaridade; 3) A busca do equilíbrio; 4) A complementaridade da diversidade; e 5) A descolonização.

Revisemos esses elementos brevemente, segundo a perspectiva do autor. (1) Solón (2019) apresenta *Pacha* como um conceito mais amplo que aquele comumente associado à Pachamama, referindo-se a um contínuo espaço-temporal em constante movimento, um "cosmos em permanente evolução" (p.24). Ele alude tanto ao mundo humano, animal e vegetal, como ao "mundo de cima (*hanaq pacha*), habitado pelo sol, pela lua e pelas estrelas, e o mundo de baixo (*ukhu pacha*), onde vivem os mortos e os espíritos", isto é, a um todo absolutamente interconectado (SOLÓN, 2019, p.24). Nesse *continuum*, tempo e espaço são cíclicos, conectando um passado sempre presente e sempre recriado pelo futuro. (2) Para o Bem Viver (assim como para a filosofia budista) a existência é dual: a luz não existe sem a escuridão, o bem não existe sem o mal, e esses pares não se opõem excludentemente. Estamos sempre imersos em uma realidade composta de uma miríade de dualidades que se complementam e estão em perpétuo movimento, do micro ao macrocosmos. Desta forma, viver de acordo com o preceito da "convivência na multipolaridade" significa, segundo Solón (2019, p.27), "aprender a se inter-relacionar" com cada indivíduo e com o todo. (3) Ao contrário dos sistemas concebidos pelo euroantropocentrismo, o Bem Viver não almeja o progresso e o crescimento ininterrupto, pois entende ser isto impossível. O que busca, ao contrário, é o estado de equilíbrio dinâmico, a harmonia entre o humano e a Mãe Terra: "Nosso papel é ser uma ponte, um mediador que contribui à busca do equilíbrio, cultivado a partir da sabedoria com que nos brinda a natureza. O desafio não é ser mais ou ter mais, mas buscar sempre a harmonia entre as diferentes partes da comunidade da Terra" (SOLÓN, 2019, p.29). (4) A explicação dada pelo autor a este elemento se relaciona diretamente com a visão eco-sistêmica: "O equilíbrio entre contrários que habitam um todo só é possível através da complementaridade, sem anular o outro. Complementar significa ver a diferença como parte do todo, porque a alteridade e a particularidade são intrínsecas à natureza e à vida" (SOLÓN, 2019, p.30). (5) O último elemento está explicado ao longo de toda visão decolonial aqui exposta, em mais detalhes do que o faz Solón (2019, p.32), que reconhece que "para construir o Bem Viver devemos descolonizar nossos territórios e nosso ser".

Dentro da perspectiva do *Buen Vivir, nhandereko* e *teko porã*, encontramos a mesma visão de natureza já explicada. Conforme esclarece Acosta (2016, p.23): "A natureza não está aqui para nos servir, até porque nós, humanos, também somos natureza e, sendo natureza, quando nos desligamos dela e lhe fazemos mal, estamos fazendo mal a nós mesmos". O Bem Viver, como exposto por Acosta (2016), Chuji, Rengifo e Gudynas (2021) e Solón (2019), pode ser a base ética-política da nossa utopia selvagem, como uma visão de sociedade ideal a qual podemos almejar criar e para onde podemos dirigir nossos esforços projetuais. Em suma, "O Bem Viver é uma filosofia de vida que abre as portas para a construção de um projeto emancipador" (ACOSTA, 2016, p.48), abre os caminhos para futuros regenerados.

Pluriversos

Oriundo de pensadores andinos e conhecido sobretudo a partir de Arturo Escobar (2018), a noção de pluriverso surge em razão de uma máxima do exército zapatista, dentro da quarta declaração da Selva Lacandona em que se lê:

> Por trabalhar nos matam, por viver nos matam. Não há lugar para nós no mundo do poder. Eles vão nos matar por brigar, mas assim criaremos um mundo onde todos cabemos e todos vivemos sem morte na palavra. [...] Muitas palavras são usadas no mundo. Muitos mundos são feitos. Muitos mundos nos fazem. Há palavras e mundos que são mentiras e injustiças. Existem palavras e mundos que são verdadeiros e verdadeiros. Nós criamos mundos reais. Somos feitos de palavras verdadeiras. [...] O mundo que queremos é aquele onde cabem muitos mundos. A Pátria que construímos é aquela onde cabem todos os povos e as suas línguas, onde todos os passos andam, todos riem, todos acordam[46].

Marysol de la Cadena e Mario Blaser (2018, p.4) propõem o pluriverso "como uma ferramenta analítica para produzir composições

---

[46] Disponível em <http://bit.ly/3nZmar3>. Acesso em: nov.2022.

etnográficas capazes de conceber ecologias de práticas[47] através de mundos heterogeneamente emaranhados" – ecologias de saberes, ecologias ontológicas. O pluriverso, assim, é o oposto do Mundo-Uno[48] e se apresenta como uma abertura para novas visões, apreensões e interpretações da realidade, a partir de uma lente que entende estarmos em um mundo complexo tecido por múltiplas culturas, perspectivas e interpretações subjetivas, todas elas válidas. Em sua origem, o pluriverso surge como luta, como conflito e disputa – pelos direitos, pelas culturas, pelas subjetividades Outras e contra a dominação, o apagamento e a exploração. Quando faço uso do termo, aqui, não quero apaziguar sua devida fúria, mas quero usar o termo de modo um pouco mais pacifista, entendendo que, como veremos adiante, estamos em necessidade de criar a transição; e esta provavelmente não se dará seguindo a mesma receita violenta do passado. Então, se os pluriversos lhe parecerem aqui mais inspiracionais do que combativos, esta é uma escolha consciente: que o conflito ocorra, mas pautado em um despertar para a pluralidade que compõe o mundo e a realidade.

O pluriverso rompe com a narrativa hegemônica, dando luz a Outras ontologias e Outros *modus vivendi*. Por meio do trabalho de Escobar (2014, 2018, 2020), o conceito se atrela ao pós-desenvolvimento, alternativo ao desenvolvimento capitalista, neoliberal e/ou da globalização. As alternativas que se apresentam sob a temática pluriversal são necessariamente anticapitalistas e a favor da afirmação e dos direitos de toda forma de vida, e que passam pelo restabelecimento de relações mais saudáveis com o tempo, com a natureza e também com a sociedade. O conceito se relaciona com a decolonialidade na medida em que busca iluminar as ontologias excluídas do projeto

---

47 "Ecologias de práticas" é um termo usado por Isabelle Stengers (2015) para se referir a situações que relacionam atores heterogêneos, como explicado por Marilyn Strathern (apud DE LA CADENA e BLASER, 2018).
48 Para Marisol de la Cadena (2018) e Arturo Escobar (2014), "Mundo-Uno" é aquele gerado pelo que entendemos aqui como visão euroantropocêntrica; fruto da globalização, do capitalismo, do modernismo, da colonialidade.

euroantropocêntrico, bem como seu papel na criação de futuros cujos preceitos estejam em sintonia com a natureza e com a diversidade (como na criação das nossas *utupias*). Como coloca Escobar (2014, p.22): "Os estudos do pluriverso buscam iluminar de um outro modo aqueles mundos e conhecimentos que existem em nosso meio ou aqueles que, mesmo entre luzes e sombras e as neblinas conceituais e práticas, podemos delinear como possibilidade para a re-existência". Escobar (2014, 2016, 2018) constrói o embasamento dos estudos pluriversais a partir de algumas vertentes de pensamento e ação/luta social, como: o feminismo comunitário, proposta teórico-política para "despatriarcalizar" a vida; o sistema comunal, que resgata a ideia dos "comuns" (dos bens que são para usufruto, subsistência e cuidado comunitário) para substituir pouco a pouco a economia capitalista rumo a formas de economia e autogoverno comunais; a ecologia política, que é, de forma geral, um campo que estuda as intersecções entre natureza, história, cultura e poder; e as epistemologias do Sul (dos Suis) que, para ele, representam trajetórias para outras formas de pensar embasadas em conhecimentos Outros que estão fora dos cânones eurocêntricos.

É por meio do muito referenciado trabalho de Escobar, que o pluriverso estabelece uma conexão direta com o design, na medida em que este último é visto como uma via de construção de uma transição do mundo destrutivo atual para, justamente, um mundo pluriversal. Escobar aponta a inegável responsabilidade do Design Maiúsculo no engendramento da presente distopia: "[...] grande parte do que se chama atualmente de design implica no uso intensivo de recursos e grande destruição social e material; design é fundamental para as estruturas de insustentabilidade que mantêm o chamado mundo moderno contemporâneo" (ESCOBAR, 2016, p.25), um encargo denunciado anteriormente por Papanek (2014, p.12):

> Fabricamos instrumentos triviais (fitas métricas eletrônicas, secadores de unhas elétricos, ou enormes pistolas de água feitas com plásticos coloridos, para as crianças), gastando recursos insubstituíveis, envenenando a atmosfera

durante o processo de fabrico e poluindo o solo quando nos fartamos deles. Derrubamos florestas e criamos desertos. Envenenamos os lagos e os rios com produtos químicos industriais ou farmacêuticos, matamos os peixes, e depois bebemos a água. Despejamos detritos e toxinas nos oceanos e pescamos em excesso. Não só ameaçamos de extinção outras espécies, mas também tribos da nossa própria espécie, que dependem de uma relação antiga e complexa com o seu ambiente.

Uma vez que o mundo moderno, sobre as ruínas do qual vivemos, se atualiza como resultado de nosso projetar como *Homo sapiens-demens* criativos, o papel do design na construção do novo mundo é inegável. Se tudo é design e todos somos designers, talvez possamos agir como "ativistas da transição", questiona Escobar (2016, p.30), ponderando que, para isso, teremos de "[...] andar de mãos dadas com aqueles que estão protegendo e redefinindo o bem-estar, os projetos de vida, os territórios, as economias locais e as comunidades em todo o mundo".

Com tudo que foi dito, o que significa o pluriverso como léxico eco-decolonial e semente de novos futuros? Significa abrirmo-nos para a diversidade radical, aquela que entende a multipluralidade da existência e a abraça em sua complexidade – não apenas nas pautas DE&I[49] das empresas que se "esforçam" por cumprir metas básicas do ASG (ESG)[50], mas em todos os aspectos da vida. Essa diversidade inclui todos os corpos/corpas/corpes humanos, mas também todos mais-que-humanos e além-humanos, nossos companheiros de jornada terrena. Significa negarmos nossa participação acrítica em um

---

[49] Sigla para Diversidade, Equidade e Inclusão, pauta empresarial que busca a inclusão, com base na equidade, de grupos minorizados e excluídos ("sub-representados") como mulheres, negros e LGBTQIA+ nos quadros organizacionais.
[50] Acrônimo para Ambiental, Social e Governança Corporativa, mais conhecido pela sigla em inglês ESG, trata de metas e indicadores que direcionam organizações no cumprimento de suas responsabilidades socioambientais. Os indicadores mais comuns são os do GRI (Global Reporting Initiative).

sistema de mesmificação e homogeneização, desconstruindo padrões estabelecidos de corpos, peles e saberes. Reitero: não estamos voltando a um passado ultrapassado, estamos resgatando da marginalidade aquilo que foge ao padrão euroantropocêntrico. Ser pluriversal é admitirmos que existem muitos presentes concomitantemente, muitas realidades que se configuram a partir de uma multiplicidade de ontologias e visões de mundo e que, do mesmo modo, existem muitos futuros. Significa quebrarmos a narrativa do progresso e do bem-estar material, adotando a perspectiva do decrescimento, do pós-desenvolvimento, da redistribuição, do fim do acúmulo material de poucos em detrimento de milhares. Significa rompermos com a exploração suicida de Nhandecy para fazer iPhones, máquinas de Nespresso e SUVs, repensando toda lógica projetual por trás do matri-geno-altericídio em curso. Sejamos projetistas de pluriversos.

Futuros ancestrais

Eu não poderia seguir para o próximo capítulo sem antes abordar – ainda que brevemente – a noção de "futuro" que tenho usado; e não posso deixar de fazê-lo atrelado à frase de Krenak, "O futuro é ancestral", dada toda construção decolonial feita até aqui. Muitos filósofos de diferentes épocas se ocuparam de refletir sobre o futuro, mas não farei uma revisão do pensamento de ninguém específico, neste momento. Quero apresentar a concepção de futuro segundo o Design Ecossistêmico. Pensemos a partir da perspectiva sistêmica: futuro é a miríade de possibilidades existentes de atualização de um virtual pré-criado. Pré-criado na medida em que estamos, a cada segundo das nossas vidas, criando futuros com cada decisão – consciente ou não – que tomamos. Algumas dessas decisões manifestarão suas consequências não no "imediato", mas no "mais além", pois tais reações dependem de outras reações, que ocorrem na interdependência da vida. Somos muitos, estamos presentes, somos interdependentes, nada do que eu faço gera um *karma*[51] individual, isto é, gera uma consequência que vai afetar apenas a minha pessoa, pois Eu não existe como indivíduo e sim como rede. Futuro é tudo que pode vir a ser, que carrega as manchas do passado (das decisões que nossa ancestralidade tomou) e que é delimitado, até certo ponto, pelo presente (pelas decisões que nós tomamos) e suas consequências.

Como vimos, visões de mundo criam mundos: criar mundos significa, também, criar futuros. Portanto, podemos concluir que futuros são criados pela nossa heterogênea subjetividade[52], que é um caldeirão fervilhante da cosmologia cerebrocêntrica que herdamos e criamos, da nossa dupla consciência, dos agenciamentos midiáticos e tecnológicos, das narrativas que adotamos e da nossa experiência como seres acoplados ao nosso meio, enfim. Contudo, obviamente, esse é apenas um ínfimo pedaço do futuro, resultante das decisões tomadas por uma quantidade exagerada de *Homo sapiens-demens* vagando na Terra. Há de se somar, a essa parcela, as decisões tomadas por cada Outra manifestação viva de Gaia, pois quem disse que uma minhoca não decide? Um pássaro, um peixe, uma árvore, quem disse que eles todos, também não estão, neste exato segundo que você lê esta frase, tomando milhares de decisões sobre o que fazer, diante do colapso? Quando conseguimos ultrapassar a fratura colonial, quando conseguimos criar pontes-curativos entre as metades cortadas da nossa dupla consciência, sabemos que toda existência é irmanada e toda compartilha o mesmo cordão umbilical. Assim sendo, todos nós estamos, coletivamente e a cada segundo, decidindo o que vai ser o amanhã – quer seja esse amanhã o próximo segundo ou o próximo século.

---

51 No budismo, *karma* é a lei de causa e efeito que mostra que, para qualquer ação, existe uma reação, positiva ou negativa, determinando as experiências futuras de acordo com as intenções e ações passadas.
52 Faço alusão aqui à ideia de Guattari no texto *Heterogênese*, no livro *Caosmose* (2012a). Vamos explorar mais a fundo no capítulo quatro.

O design adiciona uma camada interessante nessa noção de futuro. Como campo de criação, o design aflora a intencionalidade existente em um futuro, fazendo-a visível no presente. Todos os seres que projetam estão atualizando uma imagem de futuro que criaram em suas mentes: o joão-de-barro tem, na sua mente, uma imagem da sua futura casa de barro, antes mesmo de iniciar sua construção. Caso contrário, como saberia os materiais que precisa para tal tarefa e qual melhor galho para edificá-la? Nós, *Homo sapiens-demens*, não somos diferentes – desde a pedra lascada estivemos dando forma à existência material com aquilo que trazemos no nosso imaginário. Este último, por sua vez, sempre moldado por nossa visão de mundo (já sabemos, certo?). Estamos criando hipóteses do que pode vir a ser e estamos agindo na intenção de concretizá-las. Por isso que narrativas são poderosas: elas criam justamente as imagens que sugerem esses "pode vir a ser", cenários que povoam os sonhos e os desejos humanos – *Compre Batom!*[53]

Em anos mais recentes, passamos a escutar a ideia de "futuros desejáveis", no sentido de colocarmos intenção na criação de alternativas "melhores" ao presente que estivemos pondo em marcha com nossas ações passadas. O que significa "melhores" vai depender um pouco do contexto em que o conceito é usado – varia um tanto entre, por exemplo, uma aula sobre o pensamento decolonial e um workshop de planejamento estratégico de uma empresa –, mas, em geral, referem-se a alternativas mais sustentáveis, saudáveis e equilibradas. Conceitualmente, cabe a pergunta sobre o que é desejável e para quem: desejo água limpa encanada ou desejo o último modelo da bolsa Balenciaga, pois as outras 47 que eu tenho não bastam? Desejo ter acesso aos meios de produção da minha própria comida ou pegar o jatinho para jantar no país ao lado e voltar para o *drink*?

---

[53] Propaganda de televisão dos anos 1990, em que um garoto pendurava um chocolate batom na ponta de um barbante e fingia hipnotizar a telespectadora (o anúncio estava voltado a mulheres donas de casa), pendulando o chocolate de um lado para o outro enquanto dizia "*Compre Batom, compre batom...*"

Cientes dessa armadilha, precisamos povoar a narrativa de "futuros desejáveis" com nosso léxico eco-decolonial, com a pluriversalidade, a diversidade radical, o *nhandereko*; precisamos fazê-las espelho de nossas *utopias* selvagens. Nesse sentido, podemos escutar "futuros pluriversais" como uma ideia já carregada de um léxico próprio, condizente com a ecologia e a decolonialidade. Um "futuro ancestral" não deixa se ser um "futuro pluriversal", informado pelas ontologias dos povos originários de Abya Yala.

Um resumo para um design ecossistêmico

A visão eco-sistêmica exposta fornece uma das bases para a mudança ontológica que queremos de alguma forma estimular pelo Design Ecossistêmico: descentralizar o anthropos do centro do universo requer uma visão que restabeleça as relações, que evidencie efetivamente a interdependência entre o humano e todos demais seres de Nhandecy. Porque podemos observar que estamos, efetivamente, entrando em um novo paradigma, no qual a interdependência se apresenta como o princípio inegociável a garantir a sustentabilidade da vida de todos os filhos de Gaia. Como conclama Boff (2015, p.37), "*impõe-se, pois, a tarefa de ecologizar tudo o que fazemos e pensamos, rejeitar os conceitos fechados, desconfiar das causalidades unidirecionadas, propor-se ser inclusivo contra todas as exclusões, conjuntivo contra todas as disjunções, holístico contra todos reducionismos, complexo contra todas as simplificações*". Impõe-se a tarefa de reprogramarmos nossas mentes e construirmos novas ontologias a partir da qual criaremos mundos Outros. Ou, nas palavras de Maturana e Dávila (2009, p.46), o novo mundo (a "era psíquica da pós-pós modernidade", como chamam):

> [...] não se iniciará ou desaparecerá logo, como num âmbito psíquico transitório, se não conseguirmos ser em verdade ousados, desde nossa consciência e compreensão do que sucede com nosso fazer, e não nos orientarmos em nosso viver e conviver para contribuir desde nosso entendimento e nossas ganas de ação ao ressurgimento da responsabilidade ética e social na antroposfera e na biosfera desde a ampliação da nossa consciência de que somos nós mesmos que geramos tanto as dores e os sofrimentos quanto as alegrias e os prazeres que vivemos na antroposfera e na biosfera (grifos dos autores).

Uma série de indicativos de princípios projetuais em sintonia com ontologias relacionais é o que traz a visão eco-sistêmica. Ela pede por um design que seja: **biofílico** (mais do que "biocêntrico", prefiro "biofílico", para reforçar o caráter de amor à vida – *bio+philia*); **além-humano**, reforçando a interdependência de todos os seres; **contextual**, por estar conectado com seu ecossistema social, natural, mental e cultural; e **conversacional**, no sentido de expor claramente seu discurso, buscando ser inclusivo e participativo. Além disso, essa visão de mundo direciona um **projeto que contribua com a homeostase e o aumento da diversidade de ecossistemas locais**, voltada para uma ótica ampliada de pertença à Nhandecy-Pachamama. E que, por fim, seja uma prática **embasada na ética da terra**, na qual todos seres vivos são valorizados em seus papéis ecossistêmicos, tendo seu direito à vida protegido e respeitado.

Já a visão eco-decolonial expõe as fraturas e dualidades que constituem nossa condição como latino-americanos, como brasileiros herdeiros do pensamento euroantropocêntrico e do pensamento selvagem. Ela aponta a necessária descolonização do nosso pensar e do nosso fazer, para que possamos conceber novos mundos a partir de novas ontologias relacionais. Por meio da visão eco-decolonial, podemos criar repertórios que nos auxiliam nessa árdua tarefa. Aqui, proponho as *utupias selvagens*, o *nhandereko*/**bem viver**, os **pluriversos** e os **futuros ancestrais** como partes de um léxico que pode contribuir para formarmos novos repertórios, que ilustram outros modos de vida e modos de ser-no-mundo. Também da visão eco-decolonial podemos buscar fundamentos projetuais: **todos os seres vivos têm agência e criam o mundo**, assim, não apenas humanos são designers; da mesma forma, **todos os seres são portadores de subjetividade e espírito**; repertórios decoloniais podem informar práticas regenerativas; a **natureza é parente** e não recurso; é preciso projetar como natureza, sendo-a, desfazendo a falsa barreira criada entre Humano e Natureza.

4
designs para novos mundos

A determinação coletiva para transições, amplamente compreendida, pode ser vista como uma resposta à urgência por inovação e criação do novo, formas de vida não exploradoras, a partir dos sonhos, desejos e lutas de tantos grupos e povos em todo o mundo. Poderia uma outra imaginação de design, desta vez mais radical e construtiva, estar surgindo? Uma nova geração de designers pode ser considerada ativista da transição? Se esse é o caso, eles teriam que caminhar de mãos dadas com aqueles que protegem e redefinem o bem-estar, os projetos de vida, os territórios, as economias locais e as comunidades em todo o mundo. Esses são os prenúncios da transição para modos plurais de fazer o mundo.
ESCOBAR, 2018

Designs. DESSOCONS[54]. Projetos para novos mundos. A essa altura, espero que esteja clara a nossa responsabilidade, como interseres,[55] na revivificação de Gaia pós-*krísis*. Somos todos designers da Nhandecy dos futuros pluriversais – Nhandecy, essa Ente que congrega Eu e todos Outros em uma mesma vida, um espírito virtual que se atualiza em metamorfoses da mesma matéria. Pois bem, então precisamos estar sempre atentos às práticas, aos exercícios e aos experimentos sendo feitos ao nosso redor, que estão apontando na direção desse pós-crise regenerado. Em um contexto de transição, a experimentação equivale às sementes-ruínas, ao prenúncio daquilo que *pode estar* por vir, dentre um universo de possibilidades que vai do mais finito ao mais infinito. Essa última frase pode ser visualizada no cone do futuro (figura 5), um diagrama muito usado nos Estudos de Futuro e no Design Especulativo: ele tem um eixo y que corresponde à passagem do tempo; e um eixo x, que representa o universo de possibilidades de atualização de um virtual condicionado ao "agora". Está condicionado ao "agora", pois é no presente e na reminiscência do passado que nascem os futuros, como vimos, devido às decisões que todos seres tomam a cada momento. Quanto mais o tempo passa, maior é o universo de possibilidades, ou seja, mais incerto é esse futuro condicionado no "agora", pois de agora até daqui 20 ou 200 anos, tanto pode suceder que pode mudar o curso das coisas, não é mesmo? Tanto podemos fazer. Quão mais entendermos o legado que deixamos com nossas escolhas, mais nítida ficará a imagem dos 200 anos, pois ativaremos nela a dimensão do "preferível" ou "desejável", como é chamada aquela "porção de futuro" ali que é intencionalmente criada por meio de escolhas conscientes. Para nós, no âmbito do Design Ecossistêmico, são conscientes pois originadas em uma mente desperta, isto é, nas mentes dos Seres (todo e qualquer ser) que não vivem em *avidya*, na

---

[54] DEsenhos do Sul, dos Suis, Outros, Com Outros NomeS (DESSOCONS), por Borrero, 2022.
[55] Interser é um termo usado pelo por Wahl (2020), entre outros autores de epistemologias mais holísticas, para designar aquele que está em conexão interdependente com o seu entorno, que se percebe como parte constituinte de toda natureza e do cosmo.

ignorância, mas na sabedoria de sua interconexão com toda existência. E então, os experimentos que podemos observar ocorrendo no nosso presente, são como ensaios desse universo de possibilidades desejadas por visões de mundo eco-decoloniais.

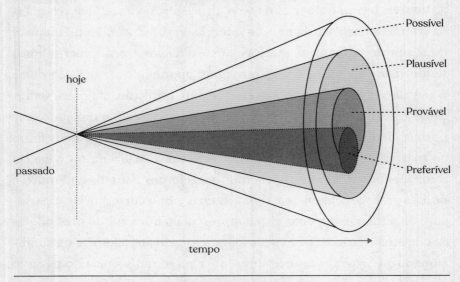

Figura 5: cone do futuro
Fonte: elaborado pela autora, 2024, com base em Dunne e Raby, 2013.

Aqui eu trago alguns desses ensaios de futuros que ocorrem no âmbito do design: são disciplinas e abordagens existentes relevantes, pois fornecem uma série de instrumentos – princípios, práticas, conceitos, métodos – que nós, projetistas ecossistêmicos, podemos usar. De todas, as mais consolidadas são o Design Estratégico, o Design Transicional, o Design Especulativo e o Design Regenerativo. Todavia, antes de prosseguirmos, quero trazer outros pontos para essa introdução ao capítulo, o primeiro deles sendo a importância da sala de aula para essas e muitas outras abordagens do nosso vasto campo. Embora o Design seja conhecido sobretudo por seu viés mercadológico e voltado a operações práticas do fazer humano, existe, dentro do design minúsculo (campo ampliado de projetação), toda uma gama de práticas que flerta muito mais com a pesquisa, a filosofia, a produção do conhecimento e a exploração de possibilidades que nascem dentro dos ambientes educacionais, e que se beneficiam com isso. A sala de aula, quando desatrelada do Deus Mercado, pode se configurar como um espaço de bastante liberdade e efervescência criativa, como um laboratório de futuros. Tanto no sentido de ensinar os projetistas dos futuros, quanto no sentido de, por meio das propostas feitas no contexto educacional, ensaiar de fato os futuros que poderão vir.

O giro decolonial passa pelas instituições de produção do conhecimento e pelo ensino da prática do design. Uma primeira instância de descolonização do design é, assim, a da educação. Como pondera Cardoso (2012, p.234): "A grande importância do design reside, hoje, precisamente em sua capacidade de construir pontes e forjar relações num mundo cada vez mais esfacelado pela especialização e fragmentação dos saberes". O esforço é óbvio: se aprendermos a partir da diversidade, das fronteiras, da alteridade e dos múltiplos Outros com os quais criamos o mundo, seremos capazes de concretizar práticas projetuais diferentes daquelas que todavia levamos a cabo, a partir de nossa educação euroantropocêntrica. É na sala de aula onde aprendemos "o que é design", "como se faz o design que é válido" e "para/com quem se faz design". Não é à toa que o Design Especulativo e o Design Transicional têm uma ligação forte com a sala de aula. E, claro, também não é à toa que o Design Ecossistêmico tenha encontrado um lugar de crescimento nesse mesmo espaço de exercício de atualização do virtual. Quando falo da sala de aula, aqui, não me refiro necessariamente a um local institucional ou acadêmico, e sim a um espaço-tempo de aprendizado, de criação e experimentação, que inclui o espaço acadêmico, mas não se restringe a ele.

O segundo e último ponto introdutório que gostaria de trazer, diz respeito à transição que tenho mencionado desde o começo do livro. Lembro um comentário feito na qualificação do meu doutorado, que questionava se, no contexto da *krísis* presente, não deveríamos falar sobre "revolução" ou invés de "transição", inclusive se atentarmos para o termo usado por László (2011) para a saída da crise rumo à evolução, que é o "avanço revolucionário". Voltemos novamente à epistemologia para dar início a resposta da questão. Revolução, substantivo que indica o "ato ou efeito de revolver, de remexer", cuja origem está na palavra latina do século XV, *revolūtiōnis* (CUNHA, 2010, p.563), que vem de *volvere*, girar, dar volta. No âmbito político, é muito usada para descrever uma força contrária ao poder estabelecido, revoltar-se, virar-se de encontro com o que está lá. Transição, por sua vez, vem da palavra "trânsito", substantivo que significa "caminho, trajeto, passagem", do termo *trānsĭtus*, também latino e do mesmo período (CUNHA, 2010, p.645); *trans* "para além de, através". Transição, então, é a ação de caminhar para além de, através de, algo que esteja posto. Considerando o contexto atual, em que estamos enfrentando a necessidade de transformar radicalmente um sistema complexo que abrange desde nossas crenças mais profundas até os meios de produção que sustentam nossos modos de vida, e que influencia inclusive a homeostase da biosfera terrena, tendo a acreditar mais no nosso papel como projetistas da transição, para irmos além.

A mudança de um paradigma assim tão vasto mexe com as bases do que somos; mexe absolutamente com nossa percepção e nossa capacidade de apreensão da realidade. Como poderíamos fazer isso por meio da revolta? Diz Rolnik (2018, p.143), que "[...] 'verdade' e 'revolução' são conceitos criados no âmbito da política de produção de uma subjetividade antropo-falo-ego-logocêntrica, própria da cultura moderna ocidental colonial-cafetinística" – então, se é o caminho do amor que buscamos, como proposto por Maturana e Dávila (2009) e Maturana e Verden-Zöller (2004), não seria mais propício pensar em conduzir – mesmo que não tão gentilmente, mesmo que com revoltas aqui e acolá – o caminho até os novos mundos, as *utopias* envisionadas? E, além disso, poderíamos pensar em uma revolução longa o suficiente para desfazer 2 mil anos de construção paulatina do dualismo ontológico, 500 anos dos quais sob jugo da colonialidade?

Não que as sociedades e a vida em geral não caminhem permanentemente em transição ou metamorfose, porém, os movimentos para a transição, nos quais se inclui o Design Transicional, organizam-se a partir da seguinte pergunta: "Podemos intencionalmente direcionar transições sociais rumo a futuros mais sustentáveis?" (IRWIN, 2019, p.20). É a partir dessa mesma ótica que Escobar (2016, p.30) percebe que "[...] a determinação coletiva em direção às transições, entendida em um sentido amplo, pode ser vista como uma resposta à urgência da inovação e da criação de novas formas de vida não exploradoras, baseadas nos sonhos, desejos e lutas de tantos grupos e povos ao redor do mundo". Existe, assim, um quesito de intencionalidade declarada no movimento, nos discursos e no design para transição, que se estabelece a partir da consciência da insustentabilidade do modo de vida euroantropocêntrico moderno, quer seja no âmbito social ou natural. O ASG, no meu entendimento, não deixa de ser uma ferramenta para transição: as empresas buscam adequar, pouco a pouco, seus processos, práticas, produtos e cadeias produtivas às necessidades ambientais e sociais, no sentido de reduzir ou zerar seus impactos negativos. Investem em ações e metas desde adoção de fontes limpas de energia até a circularização de todo resíduo gerado, por exemplo, desde que isso não comprometa o fluxo de caixa lucrativo da organização (muitas, em realidade ainda enxergam o ASG como custo e não investimento, embora haja uma clara pressão da sociedade por responsabilidade socioambiental). É suficiente? Não. Mas isso invalida a proposta do ASG? Tampouco, se pensamos no contexto da transição. O ASG, suas práticas e metas é mais um passo no caminho regenerativo, mas não podemos parar nisso como se fosse a solução para o desafio em mãos.

Há uma diferença visível entre os discursos dos Suis e dos Nortes, em relação à transição: os Nortes os atrelam frequentemente ao vago conceito de "sustentabilidade", enquanto os Suis conectam a narrativa transicional à decolonialidade, como quando usam o conceito do Bem Viver, ou como quando trazem metáforas como as de Krenak para convidar à necessária travessia (2023, p.71): "*[...] se você está diante de um deserto, você não fica paralisado; você atravessa o deserto. Se nós estamos diante de uma crise de paradigma, de relacionamento dos humanos com a vida no planeta, em vez de a gente se esconder, a gente tem de atravessar o deserto, a gente tem de abraçar a adversidade, seja ela climática, econômica, política. A gente tem de se envolver"*. Por exemplo, Gudynas (2016, p.183) diz que as transições são um "[...] conjunto de medidas, ações e passos que permitem a movimentação do desenvolvimento convencional em direção ao Bem Viver", o que envolve diferentes graus e tipos de mudanças, das menores, mais locais e aparentemente mais insignificantes, até aquelas mais sistêmicas e substanciais. Nesta vontade de mudança rumo ao Bem Viver, "estão em jogo valores e juízos, tanto afetivos quanto cognitivos, por meio dos quais são visualizadas algumas condições preferíveis às atuais" (GUDYNAS, 2016, p.183), o que implica necessariamente uma alteração dos modos de vida ocidentais e uma articulação social ampla, ao longo de um período temporal alargado. É importante ressaltar que, a partir da lente decolonial, as transições não representam mudanças superficiais, "cosméticas", no sistema vigente, mas, sim, significam passos concretos para a sua mudança radical, levando o *Homo sapiens-demens* a restabelecer uma relação simbiótica com o planeta. As transições podem ser vistas como exercícios de construção de ações e medidas que visam alcançar futuros de Bem Viver: é precisamente nisso que podemos estabelecer uma conexão clara com o design, que se manifesta como prática e processo do exercício.

Os discursos para transição, segundo Escobar (2018), servem para que possamos inventar coletivamente uma estória e um sonho compartilhados sobre o futuro à frente, uma narrativa na qual teremos reinventado o que significa ser humano a partir de uma perspectiva crítica e interdependente com a vida. Façamos um paralelo entre essa construção de sonho compartilhado de Escobar com a metamorfose de Coccia (2020): precisamos sonhar a melhor versão futura de nós mesmos para nos metamorfosearmos rumo a esse futuro, vida após vida, geração após geração. Escobar (2018, p.99) faz um apelo, dizendo que "[...] a prática da transformação realmente ocorre no processo de ação de outros mundos/práticas – isto é, mudando radicalmente as formas com as quais encontramos pessoas e coisas, não apenas teorizando sobre tal prática". Então, vamos às práticas de design que contribuem para a transição, começando por aquelas que se relacionam mais diretamente com as visões eco-sistêmica e eco-decolonial apresentadas no capítulo anterior.

Designs eco-sistêmicos/eco-decoloniais

A teoria dos sistemas vivos – o pensamento sistêmico – fornece uma base relevante para pensarmos práticas projetuais em sintonia com a lógica da vida. O que devemos esperar da confluência entre a visão sistêmica e o design: práticas alinhadas com os ciclos naturais, melhor acopladas em seus meios, atentas para a saúde dos ecossistemas e de Gaia, como um todo. Nesse caminho, há um campo de pesquisa e prática experimental contemporânea no design que se aproxima da visão eco-sistêmica apresentada anteriormente, conhecida como Biodesign. Esse é um braço do design que pesquisa as possibilidades de diferentes áreas projetuais (como arquitetura, interiores, produto, moda, etc.) usarem processos biológicos para gerar soluções que sejam mais alinhadas com essa lógica da natureza. Assim, é um campo interdisciplinar que se alimenta da biologia, das artes, da biomedicina, e das "ciências da vida" como um todo, a fim de buscar soluções mais ecológicas e integradas com os sistemas naturais (GOUGH et al, 2021, MYERS, 2012). Myers pontua que a prática do Biodesign ultrapassa a proposta da Biomimética,[56] por buscar, justamente, uma conexão biológica do design com os sistemas vivos, e, portanto, ir além da imitação de qualidades naturais específicas. O autor alerta, contudo, que a prática não está livre de controvérsias e aprendizados difíceis, pois, *"Além de cultivar estruturas com árvores ou integrar objetos com biorreatores de algas, o biodesign inclui o uso de biologia sintética e, portanto, convida ao*

---

[56] Biomimética é o nome dado por Janine Benyus (1997) a uma prática projetual que se inspira nas formas, soluções e estratégias "da natureza" para incorporá-las a diferentes soluções de design.

perigo de perturbar os ecossistemas naturais. Essas tecnologias serão controladas por pessoas – as mesmas criaturas tendenciosas e frágeis que projetaram o mundo em uma bagunça desesperada em primeiro lugar" (MYERS, 2012, p. 10). Entretanto, os benefícios da experimentação nesse campo, para o autor, compensam os riscos.

Acho que essa é uma postura ingênua, diante do que já sabemos sobre como visões de mundo criam mundos. Os Homens continuam brincando de deuses, mexendo com as demais criaturas de Gaia como se fossem recursos à disposição de sua volição e seus desejos. Por exemplo, Giaccardi, que há muito pesquisa artefatos evolutivos e as interações humano-computador (*human-computer interaction*: HCI), tem se dedicado em anos mais recentes a um design mais-que-humano (*more-than-human design*), isto é, um design que envolve espécies não-humanas na HCI e que estaria diretamente ligado às questões éticas suscitadas por Myers (2012). Giaccardi identifica diferentes paradigmas que traduzem essa relação entre o humano, o biológico e o digital nos últimos anos, e que evoluíram em teorias com implicações ecológicas e sociais (ZHOU et al, 2022). Um dos paradigmas citados é o que chamam de DIYBio (do inglês DIY – *Do It Yourself*: faça você mesmo), que promove o acesso aberto a diferentes técnicas, protocolos e ferramentas biológicas "[...] que permitem a usuários não técnicos experimentar com organismos vivos, tais como levedura e bactéria, e os integrem em arte e materiais de design" (ZHOU et al, 2022, p.58). *Deus ex-machina*: o Homem confiando que Deus descerá em suas criações para salvá-lo de seus próprios descaminhos...

Embora seja um campo ainda inteiramente voltado às necessidades humanas – antropocêntrico, portanto –, o viés exploratório e interdisciplinar do Biodesign e sua aproximação com as ciências naturais o tornam uma inspiração possível para o fazer projetual ecossistêmico. Das diferentes áreas do design, uma que se sobressai na experimentação dentro de uma abordagem de biodesign é a moda. Diversos designers vêm experimentando com biomateriais de toda sorte, desde culturas fermentadas por bactérias até o reaproveitamento das sobras de indústrias de matéria orgânica, criando coleções que desafiam, ao menos até a página três, os paradigmas vigentes da moda. Sabemos que a moda é uma das indústrias que mais polui e explora Nhandecy, associada ao consumismo excessivo, à fetichização e ao desperdício. As experimentações em curso não mudam substancialmente essa dinâmica, contudo, elas provocam novas imagens para a moda. Dentre os muitos experimentos, encontramos os "couros" vegetais: existem "couros" sendo feitos de restos de abacaxi, de cascas de manga, de conchas e cogumelos, entre outros seres vegetais ou fúngicos, que prometem revolucionar a indústria. Porém, seguidamente esses produtos se mantêm presos à lógica da exclusividade e da fetichização da moda, como no slogan *Lixo é o novo luxo* de uma marca de couro vegetal. Ainda assim, posso imaginar um futuro onde minha próxima reencarnação (se eu não conseguir me livrar de mais um ciclo) possuirá pouquíssimas coisas e poderá viajar de uma cidade a outra carregando quase nada de bagagem: ao chegar no seu destino, ela poderá imprimir o traje que precisará usar, adequado às condições climáticas locais, feito inteiramente de matéria orgânica compostável; ao regressar, tudo que precisará fazer é depositar a peça no canteiro mais próximo – indicado pelo sistema automático de regulação de nutrientes do ecossistema urbano –, adicionando uma quantidade de água para acelerar a decomposição do material. Essa é uma bela e possível história, se empreendermos o caminho regenerativo.

Trago dois exemplos de Biodesign que podemos analisar rápida e criticamente à luz de nossa visão eco-sistêmica. Não há nesses projetos uma intenção para a regeneração dos ecossistemas, não há neles uma visão além-humana, no sentido de beneficiarem outras espécies que não o *Homo sapiens-demens*. Por isso, localizo-os como exemplos que incorporam alguma coisa da ecologia, alguma coisa da visão sistêmica, mas ainda limitadamente.

O primeiro é um caso do começo dos anos 2010: um tipo de concreto que consegue se autorreparar pela adição de microrganismos (bactérias) na massa. Desenvolvido na Delft University of Technology, o material apresenta uma durabilidade maior que o cimento comum por causa do reforço "oferecido" pelas bactérias. Além desse reforço, os seres microscópicos também conseguem fechar as eventuais rachaduras da superfície, uma vez que passam a secretar calcário em contato com o oxigênio entrante pela rachadura (MYERS, 2012). O material é certamente uma solução mais sustentável que o concreto comum, pois, ao ser autorreparador, tem maior durabilidade e, assim, evita novas extrações de "matéria-prima" (novos saques à Nhandecy, poderíamos dizer). Contudo, o bloco de concreto – ou o que quer que seja criado a partir da massa simbiótica – não oferece uma ligação ecológica com o ecossistema em que é inserido. Ele não está pensado para fomentar a homeostase ou a multiplicação da diversidade de um território; não promove a complexidade de uma cadeia trófica ou evita que novas e desnecessárias construções teimem em bloquear os horizontes de cidades cada vez mais verticais e opressoras como São Paulo, interferindo nos voos, cantos e fluxos migratórios de diversas espécies de aves urbanas.

O segundo exemplo é uma criação do estúdio estadunidense The Living como parte de sua pesquisa com biomateriais: uma estrutura efêmera feita de buchas – sim, o vegetal que na cultura brasileira é usado como esponja de banho – para um pavilhão na Bienal de Arquitetura de Veneza. O objetivo do projeto, chamado *The Alive Pavilion* (figura 6), era mostrar como podemos melhor aproveitar as propriedades dos micróbios ao nosso redor para criar estruturas que produzem ambientes mais saudáveis para os humanos. O diferencial dessa proposta é mostrar as vantagens de construirmos ambientes e arquiteturas que sejam "vivas e probióticas" em vez de "estéreis e antibióticas" – conforme disse David Benjamin, fundador do estúdio, para a reportagem da Dezeen sobre o projeto[57] –, o que parece dar um passo a mais para o estabelecimento de conexões verdadeiramente ecológicas entre o Design e os sistemas vivos. Apesar desses projetos de Biodesign ainda se encontrarem um tanto afastados do que

---

[57] Disponível em: <http://bit.ly/3Muun0q> Acesso em 01 out. 2022

entendo ser um pensamento eco-sistêmico (eu poderia trazer outros, como os experimentos liderados por Neri Oxman no MIT Lab, por exemplo), eles servem para mostrar que o nosso campo tem, sim, feito avanços significativos na direção da criação de uma prática projetual além-antropocentrismo.

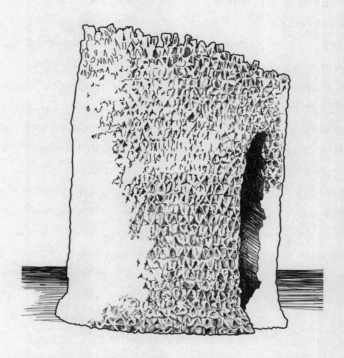

Figura 6: The Alive Pavillion

Além do Biodesign, outra vertente merece atenção, para que estejamos atentos aos seus desdobramentos futuros: em um capítulo do livro *Pluriverso*, Janis Birkeland (2021) dá o nome de Design Ecopositivo a uma prática projetual focada em promover serviços ecológicos do ambiente construído. Ela explica que *"Defensores do design ecopositivo insistem que a 'pegada ecológica positiva da natureza' deve exceder a pegada negativa da humanidade. Para aumentar as opções futuras e compensar impactos ecológicos cumulativos inevitáveis, as cidades como um todo devem gerar ganhos ecológicos e sociais líquidos"* (BIRKELAND, 2021, p.257). O que Birkeland propõe nos dá um princípio para projetos ecossistêmicos, pois busca dar nova vida, ou seja, regenerar, por meio do design, uma vez que busca dar "mais à natureza e à sociedade do que lhes toma". Segundo a autora, as abordagens de design para sustentabilidade estão embasadas em uma ideia de sistema fechado e limites para o crescimento, enquanto o Design Ecopositivo carrega um modelo de sistema aberto que contempla a diversidade e a multiplicidade de relações simbióticas "entre humanos e natureza". Não pude encontrar, em buscadores de publicações acadêmicas, qualquer resultado para o termo "design ecopositivo" ou sua tradução em inglês, o que demonstra um certo ineditismo da proposta, que tão enfaticamente defende uma perspectiva de fomento à natureza. Encontro somente no Design Regenerativo algo semelhante.

Vemos que é possível estabelecer um paralelo entre a visão ecosistêmica e o design e que podemos encontrar exemplos de práticas e abordagens do nosso campo que já caminham na direção da lógica sistêmica da vida. Contudo, quando falamos na visão eco-decolonial, não encontramos um paralelo específico no design. Não existe um "design decolonial" que pudéssemos estudar. O que existe é um esforço de descolonização do design, por um lado; e uma série de práticas projetuais e artísticas que se encontram fora dos cânones, ou na periferia do Design, por outro. Conquanto não seja possível falarmos de um "design decolonial", é ainda assim pertinente discutirmos a descolonização da prática projetual, para que esta seja capaz de atender ao chamado pluriversal. Como também é válido observarmos os designs Outros, designs selvagens. No design, o movimento decolonial toma força somente a partir dos anos 2010, devido, sobretudo, à invisibilidade dada ao design como campo de produção de cultura material (entendida amplamente), no pensamento decolonial: diferentes autores criticam a postura desenvolvimentista e exploratória da visão de mundo euroantropocêntrica, mas não correlacionam isso com o design. Como pontua Ansari (SCHULTZ et al, 2018), na crítica da colonialidade ocidental e seus mecanismos de globalização, há pouca atenção dada ao desenvolvimento do artifício (artefato) como uma condição indispensável da modernidade. Essa atenção surge, portanto, em anos recentes no debate do campo.

Se, para a criação de mundos regenerados, eu preciso dar um primeiro passo dissolvendo a matriz euroantropocêntrica do meu pensamento, igualmente preciso fazê-lo na concepção de um design para a regeneração. É preciso, portanto, lançar luz sobre a ação projetual que reproduz os mesmos dispositivos da colonialidade, da exploração, da exclusão, etc. Matthew Kiem (SCHULTZ et al, 2018, p.82) aponta que o problema conectado aos conceitos da colonialidade e da decolonialidade "demandam um senso de propósito e dedicação que implicam um redesign muito mais radical e substantivo das culturas dominantes da prática, pesquisa e educação do design, do que as pessoas têm sido capazes de registrar ou legitimar". Kiem conclui que o processo de descolonização não trata de trazer melhorias para manter o *status quo*, como viemos fazendo – não significa aprimorar levemente o mesmo sistema devorador de mundos –, e sim de aprender a diferenciar entre designs que facilitam a exploração da natureza humana ou não humana; e designs que facilitam um processo de desvinculação desse sistema e redirecionamento para outros modos de ser/tornar-se. Aqui, nessa missão, a sala de aula se faz indispensável!

Assim, descolonizar o design passa por reconhecê-lo em sua forma hegemônica, travestido de narrativa universal – o único Design reconhecido como tal é aquele atrelado à Revolução Industrial, à produção em massa, aos movimentos europeus Arts and Crafts, Art Nouveau, as escolas Bauhaus e Ulm, etc. –, para então reconhecer e validar outras formas de se fazer design. Isso passa pelo entendimento do que vemos e assumimos como "design" nas diferentes nações e sociedades colonizadas, para que possamos então gerar alternativas livres do jugo euroantropocêntrico. Borrero (2020) crê que o design possa ser uma força descolonizadora: para ele, descolonizar é desinferiorizar, é entender que todas as gentes (humanas ou não, no meu entendimento) podem contribuir com diferentes formas de projetar.

> O que você pode alcançar como meio de construir alternativas também é regional e historicamente contingente: você pode voltar a um passado pré-colonial ou a ruptura é tão grande que isso é impossível; existem formas indígenas de estar no presente que você pode estudar, ou essas culturas deixaram de existir? É, portanto, imperativo, acredito, que os designers comprometidos com uma política decolonial façam o trabalho de mergulhar em suas próprias histórias civilizacionais (SCHULTZ et al, 2018, p.88).

Vemos aqui o mesmo movimento proposto por outros autores em outros contextos, sendo usado no âmbito do design: para construir alternativas ao Design Maiúsculo, podemos fazer um retorno à nossa ancestralidade. Ou até melhor, lançar luz à alteridade ainda presente, hoje. Borrero (2016, 2022) propõe o conceito de DESSOCONS justamente para iluminar outras concepções de prática projetual, fora do Design. Borrero se interessa por mostrar a mestiçagem e a multitude dos Suis, com suas variadas culturas, práticas e saberes. O autor busca romper com a narrativa hegemônica do Design ao propor os DEsenhos do Sul, dos Suis, Outros, Com Outros NomeS (DESSOCONS), "[...] como designação estratégica e intra-acadêmica para aquilo que cumpre um papel semelhante ao design (seu equi-altervalente) entre pessoas de grupos humanos distantes do termo 'design' pela linguagem, ontologia, etimologia e epistemologia" (BORRERO, 2022, p.19). DESSOCONS que são as práticas dos artífices dos Suis: "Desenhos dos suis, então, são aqueles desconhecidos ou não reconhecidos pela Academia e pelo campo do design, desenhos sem pedigree ou genealogia, próximos à arquitetura sem arquitetos de Rudofsky[58]" (BORRERO, 2016, p.72). Para o autor, as

---

58 Na obra *Arquitectura sin arquitectos* ([1964] 1973), Bernard Rudofsky "chamou atenção sobre o quão estreita é a história oficial da arquitetura e reivindicou uma arquitetura sem pedigree, sem predecessores" (apud BORRERO, 2016, p.70).

estruturas conceituais decoloniais não são suficientes para desfazer a colonialidade, se utilizarem, para isso, ferramentas elaboradas com a lógica colonial: "Para isso se requerem artefatos-outros, elaborados por desenhos-outros que permitam a chegada de um pluriverso – o que exige seguir caminhos descolonizados e desclassificados" (2016, p.72). Apesar de entender e corroborar com a visão de Borrero, acredito também na transformação gotejada pouco a pouco, que vai ressignificando narrativas, introduzindo visões, repertórios e práticas de mundos Outros, até que o paradigma atual se torne passado. Por esse motivo, mantive a palavra "design" no Design Ecossistêmico: assumo o que nele existe de ocidentalocêntrico e busco usar isso como um mecanismo de transição.

A descolonização do design pode ser entendida como um processo que promove uma mudança radical, de uma ontologia da dualidade para uma relacional. Levando a crítica decolonial ao extremo, talvez pudéssemos falar sobre um "não-Design", isto é, sobre um não-fazer-Design; sobre um abandono da pretensão do design contemporâneo de "salvar o mundo", enquanto entulhando-o de artefatos que mais servem para tapar feridas de uma mentalidade doente do que efetivamente atender necessidades essenciais. Borrero (2016, p.77) já o havia dito, que "se a descolonização for levada às últimas consequências, torna-se inviável falar em design". Gosto da perspectiva do não-Design: seguiremos projetando pois, como seres vivos, isso é parte inerente de quem somos, porém desvincularemos essa capacidade de qualquer noção moderna ou pós-moderna de consumo, bem-estar, progresso ou felicidade. Projetaremos porque *somos natureza* e essa é a nossa natureza. Um design de viés ecossistêmico – como aqui proposto – pode chegar a esse extremo, no longo prazo. Porém, antes de chegarmos até lá, precisamos projetar a transição, o caminho, o presente que nos levará a este futuro.

Acho pertinente trazer aqui dois casos que acredito ilustrarem práticas de designs Outros, projetos que jamais estiveram circunscritos pela mentalidade euroantropocêntrica; trabalhos que apontam futuros pluriversais por manterem vivas suas culturas e ancestralidades.

Figura 7: Ponte-árvore viva

Os dois constam no riquíssimo livro *Lo-TEK: Design by Radical Indigenism*, de Julia Watson (2020). O primeiro é uma ponte construída a partir da manipulação de árvores que crescem na beira de um rio (figura 7). Esse é o exemplo mais bonito que consigo achar de um "design selvagem", no sentido de ser uma solução que não agride em absoluto os seres não humanos para que haja um benefício humano, em uma relação quase simbiótica. Atravessar o avô-rio, que ora pode estar furioso e caudaloso e ora pode estar triste e minguado, é uma tarefa feita em comunhão humano-árvore: a planta concede estabilidade com a firmeza do seu tronco e permite que suas formas sejam moldadas por mãos humanas, para que estes cheguem à outra margem do rio. O rio, por sua vez, não abala a árvore com seus humores, uma vez que ela passa por cima dele. Ela bebe do avô a sua nutrição, enquanto ajuda, em união com suas irmãs-árvores, a manter a umidade que deságua na chuva que alimenta o rio – graças à evapotranspiração de suas frondosas folhas. O humano, com isso, ganha a proteção da copa das árvores, a travessia do rio em segurança e o equilíbrio das águas que fazem seu ciclo completo dentro do ecossistema. Que linda *utopia* selvagem!

Figura 8: Subak, terraço de arroz balinês

Já os terraços de arroz balineses (figura 8), chamados de *subak*, são um caso diferente, na medida em que representam uma interferência mais marcada do humano na paisagem. *Subak*, como explica Watson (2020), é o termo balinês que designa, ao mesmo tempo, o sistema de plantação de arroz em terraços típicos daquela região, bem como as associações autogestionadas dos agricultores locais. Segundo a autora, os *subak* são os sistemas agrícolas mais biodiversos e produtivos conhecidos pelos humanos, e dos mais equilibrados e simbióticos com o ecossistema. O cultivo, as práticas agrárias e a gestão comunitária dos terraços são feitos em sintonia com uma filosofia de vida conectada com o cosmos e os ciclos naturais, fazendo com que a produção seja constante há mais de 400 anos, sem uso de pesticidas ou fertilizantes químicos. É um belíssimo exemplo de projeto ecossistêmico, na medida em que se liga simbioticamente a todo ecossistema local e beneficia espécies além-humanas. Ambos casos ilustram práticas projetuais mais-que-humanas, em integração e harmonia com a natureza, concebidas a partir de cosmovisões ecológicas ligadas ao nhandereko-bem viver. E nenhuma delas entra na classificação tradicional do Design, do que é visto e aceito como Design.

Gostaria de trazer aqui um último exemplo, contemporâneo, que não é mais um "design selvagem", mas que dele se aproxima por buscar essa mesma simbiose mencionada. É o trabalho de Anne Marie Maes, que propõe um projeto na fronteira entre ciência e arte, colaborativo entre humanos e não humanos. Maes é uma artista multidisciplinar que tem um extenso portfólio de pesquisa e prática em temas ligados à ecologia, voltados para despertar a consciência das pessoas para as questões climáticas do nosso tempo e para reduzir seus impactos. Em seu site,[59] lemos que sua prática *"combina arte e ciência, com interesse particular em biotecnologia, ecossistemas e processos alquímicos, e ela trabalha com uma variedade de mídias biológicas, digitais e tradicionais, incluindo organismos vivos. No telhado de seu estúdio em Bruxelas, ela criou um laboratório ao ar livre e um jardim experimental onde estuda organismos simbióticos e os processos que a natureza usa para criar formas"*. O trabalho escolhido é chamado *Bee Agency*, um projeto de longa data que mescla ecologia, monitoramento, inteligência artificial, fabricação digital e organismos vivos (bactérias) e envolve cientistas, designers, engenheiros e outros especialistas. Tem como objetivo o monitoramento das qualidades dos ecossistemas onde as colmeias se localizam, medindo diferentes variáveis ligadas às abelhas, da qualidade do pólen à quantidade ou qualidade do mel e do própolis que produzem. O grupo desenvolveu um tipo de colmeia inteligente com materiais biológicos e tecnológicos que servem às necessidades das abelhas, adicionando microrganismos que agem simbioticamente com os insetos. Usando tecnologia de ponta para monitorar e analisar as abelhas e as colmeias, é possível mostrar a qualidade dos ecossistemas: se existem muitos poluentes no ar ou se há algum problema com as flores que as abelhas usam em sua polinização. É um bonito exemplo de um pensamento preocupado com o bem viver de um ecossistema todo, que inclui humanos, abelhas, flores e a qualidade atmosférica do ar.

---

[59] Disponível em: <https://annemarie-maes.net/home/> Acesso em out. 2022.

Design estratégico

Fiz meu mestrado dentro do âmbito do Design Estratégico, no PPG em Design da Universidade do Vale do Rio dos Sinos (Unisinos), que tem uma grande ligação com o Politécnico de Milão, centro educacional referência para a comunidade do Design de base eurocêntrica. Antes disso, como contado na apresentação, fiz um curso de extensão em Design Estratégico no IED do Rio. Com essas experiências, e com os estudos atrelados, pude entender que não existe uma definição única para o Design Estratégico – ao menos não uma adotada mais massivamente. Penso na definição de "desenvolvimento sustentável", que surge a partir do relatório *Nosso Futuro Comum*, produzido pela Comissão Mundial sobre Meio Ambiente e Desenvolvimento das Nações Unidas, então presidido pela Primeira Ministra da Noruega, Gro Brundtland, que diz, com diferentes palavras: Sustentável é o desenvolvimento que responde às necessidades das pessoas do presente sem tirar a capacidade das gerações futuras proverem o próprio sustento. Podemos usar diferentes palavras, mas a mensagem está aí, nítida. A definição mais clara que encontrei e adotei para o Design Estratégico, há alguns anos, escutei de Karine Freire, professora e pesquisadora brasileira do design: Design Estratégico significa usar a cultura de projeto – os métodos, as ferramentas, os princípios do design – no âmbito estratégico de organizações de diferentes naturezas (de empresas formais a coletivos sociais). As palavras podem não ser as que Freire disse na ocasião, mas com essas ou outras, a mensagem é nítida. Lá, durante o mestrado, assim explicamos o termo (MICHELIN, 2017, p.39):

> Diferentes autores com diferentes matrizes epistemológicas encontram para ele definições com inclinações variadas. Essa maleabilidade que vemos no Design Estratégico nos incita a imaginá-lo como um organismo que fagocita saberes diversos que transmutam o conceito, moldando-o a diferentes perspectivas disciplinares, da administração ao urbanismo. [...] para os designers, passa a ser uma

abordagem que possui suas próprias ferramentas e sua própria cultura (MANZINI, 2015); que aplica a cultura de projeto na criação de estratégias organizacionais, atuando de forma mais ampla.

Design é um campo que tende à transdisciplinaridade: vamos nos aproximando da Administração com uma certa paixão, e lá vem o Design Estratégico; flertamos mais seriamente com a Antropologia e surge o Design Antropológico (*Design Anthropology*); brincamos mais intencionalmente com a Ficção Científica e chega o Design Especulativo; e por aí vai. Estou sendo simplista, mas apenas para mostrar que o Design Estratégico também é uma mistura do campo projetual com saberes de outras disciplinas, sobretudo com aqueles da Administração. Segundo Franzato et al (2015, p.173), "o design estratégico enfatiza o estudo das estratégias elaboradas pelo design para orientar a ação projetual e, sobretudo, a ação organizacional em direção à inovação e à sustentabilidade". Ou seja, é uma ação projetual que dá ênfase à *stratēgía*, palavra grega que significa "arte (militar) de planejar e executar movimentos e operações (de tropas)" (CUNHA, 2010, p.272), estando, assim, indissociável de uma lógica bastante sistemática e metodológica. "Estratégias elaboradas pelo design" diz respeito ao que chamamos de cultura de projeto, que são os repertórios, as técnicas, os métodos, o saber-fazer, enfim, o que configura o modo de fazer do design, e que é naturalmente estratégico, no sentido de que está sempre empregando esforços com vistas a atingir um objetivo qualquer que seja.

Segundo Manzini (2017), essa cultura de projeto é resultante de três capacidades inerentemente humanas, mas que são lapidadas e aperfeiçoadas na profissionalização do projetista: (1) *o senso crítico*, que é a capacidade de perceber o estado das coisas, entendendo-as a partir de uma mirada crítica e em sintonia com o seu tempo; (2) *a criatividade*, isto é, a habilidade de antecipar a atualização do virtual (ou seja, de enxergar algo que todavia não existe); e (3) *o senso prático*, que trata de reconhecer as formas e os modos possíveis de atualizar o virtual – estou usando aqui meu próprio vocabulário e não necessariamente do Manzini. Uma tríade semelhante é proposta por Zurlo (1999), anos antes, com as capacidades específicas do design que, segundo ele, são particularmente úteis para a ação estratégica: (a) *a capacidade de ver*, que é a habilidade de observar, apreender e interpretar diferentes contextos e sistemas; (b) *a capacidade de prever*, que significa antecipar criativa e criticamente as possibilidades existentes no futuro; e (c) *a capacidade de fazer ver*, que pode ser a competência de tornar inteligível, comunicável ou visível os possíveis cenários futuros vislumbrados. (1) está para (a), (2) está para (b) e (3) está para (c). Seja como for, gosto bastante da tríade "ver, prever, fazer ver" e identifico isso em diferentes abordagens do design.

Existe um método muito usado no âmbito do Design Estratégico (mas não exclusivamente dele), particularmente relevante no contexto atual que vivemos, que é a construção de cenários. Segundo Freire (2015, p.27), "A construção de cenários é uma ferramenta essencial do design estratégico, que funciona como um estímulo ao diálogo estratégico entre os múltiplos atores de um projeto [...]". Como acabamos de ver, o designer carrega a habilidade de "fazer ver" e possui "senso prático" para sugerir modos de atualizar a "coisa" vista. Dito com as palavras de Freire (2015, p.27), "Cenários projetuais são a maneira pela qual o design estratégico transforma visões coletivas em hipóteses plausíveis e compartilháveis", uma vez que o projetista faz a tradução de "informações e intuições em um conhecimento perceptível que favorece o diálogo". Uma das formas mais engajantes de dar a ver algo imaginado na mente de uma pessoa, é por meio de um cenário, uma construção que pode assumir diferentes meios para comunicar a si próprio, desde a imagem ao som ou ao gesto. Um cenário é uma narrativa, uma estória de um espaço-tempo que, ou ainda não existe, ou já deixou de existir, e a partir do qual inúmeras possibilidades podem surgir. Falarmos sobre futuros pluriversais e *utopias* selvagens pode ser de uma matéria abstrata demais, para diferentes pessoas humanas, então a criação de um cenário que traduza, por meio da imagem, do texto, da palavra solta, da cor, do som, do vídeo, etc., o que se quer dizer com a *utopia* e o pluriversalismo, pode ser de fato cativante. Vamos lembrar da propaganda Nazista, que apresentava convincentemete um mundo fabricado onde existiria uma "raça pura" superior às demais, cujo direito de existir como parâmetro para as demais gentes do mundo justificava a guerra e a perseguição. Isso não deixa de ser a comunicação de um cenário, de um espaço-tempo onde não existiriam pessoas não-brancas e judeus. Hoje, existe em jogo a construção do espaço-tempo de um Brasil sem o candomblé, o terreiro, a aldeia e o feminino, que justifica as estruturas de opressão e os mecanismos de exclusão, aniquilamento ou cooptação do Negro, do Indígena e da Mulher em nosso país. Cenários são instrumentos poderosos – devemos usá-los sabiamente no caminho regenerativo.

Design transicional

O termo *transition design* se origina nos Nortes, tendo aparecido pela primeira vez na Irlanda, em 2005, sendo usado por Luise Rooney para dar nome à Organização Não Governamental conectada ao movimento Transition Town (IRWIN, 2019). Foi Terry Irwin, chefe da Escola de Design da Carnegie Mellon University, contudo, a pessoa responsável por ter lançado o Transition Design (aqui usado na sua forma aportuguesada Design Transicional) como uma área de prática, estudo e pesquisa em design. Pela sua origem, o Design Transicional faz uso de algumas concepções e ideias que nós, dos Suis, podemos perceber como coloniais, ou como distantes de nossa realidade latinoamericana. Ainda assim, isso não invalida a contribuição principal do Design Transicional, que é pensar uma prática projetual que direcione transições. O Design Transicional é, sobretudo, uma disciplina: uma proposta de prática que se desenvolve no âmbito educacional da Escola de Design da Carnegie Mellon. Ao mesmo tempo, é uma provocação conceitual que suscita o debate em cima de suas bases teóricas e metodológicas, aparecendo em artigos, publicações, teses e dissertações.

Segundo Van Selm e Mulder (2019, p.330): *"O design transicional aspira a se tornar uma disciplina integrada com uma variedade de conhecimentos e habilidades, que atua como um agente para facilitar, acelerar e orientar as transições. É único em sua abordagem orientada ao design e na ambição de integrar estruturas, processos, ferramentas e métodos de vários campos"*. Por estar o Design Transicional em pleno desenvolvimento, vou me restringir a trazer algumas de suas propostas que vejo serem mais fundamentais e que servem de inspiração para o projetar ecossistêmico.

Os pesquisadores ligados ao Design Transicional reconhecem que estamos vivendo tempos de transição planetária e argumentam que o design tem papel central em nos conduzir a "futuros mais sustentáveis", agindo para interconectar sistemas sociais, ambientais, econômicos e políticos (IRWIN et al, 2015b). Assim sendo, o projetista transicional precisa de uma sensibilidade para trabalhar em escala sistêmica, ou seja, com vistas às conexões complexas dos grandes sistemas que engendram a vida contemporânea. Esse trabalho, de condução da transição, pressupõe uma clara orientação a futuros e a utilização de métodos que fomentem uma atitude receptiva às mudanças necessárias de serem empreendidas. É neste processo, de passar do presente para um futuro desejado por meio da visão sistêmica, que o Design Transicional quer atuar. Atentemos para o redirecionamento da atenção projetual que eles propõem aqui, que se volta do tradicional "produto" ou "processo" para o "sistema", entendido em um escopo bastante ampliado de sistema sociotécnico e natural. Até pouco tempo atrás, o Design se ocupava da visão sistêmica restrita ao âmbito do Sistema Produto-Serviço, isto é, de pensar sistema enquanto conexões entre produtos e serviços que poderiam ser ofertados para satisfazer necessidades ou desejos humanos. Pensar sistemicamente com vias a projetar a transição, no longo prazo, para futuros desejáveis (aqui sempre cabe a crítica já apontada sobre "desejáveis para quem") e sustentáveis, no amplo senso da palavra, é uma mudança de paradigma digna de nota. Esse esforço também é visível dentro do Design Regenerativo, como veremos adiante.

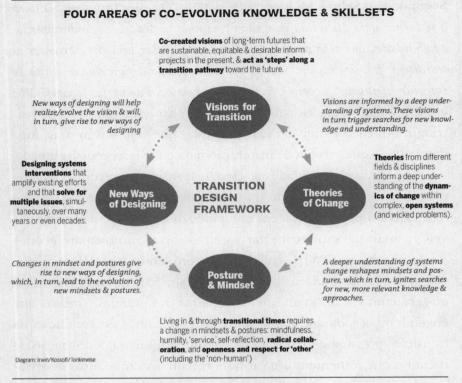

Figura 9: Transition Design Framework
Fonte: Irwin et al, 2015.

Os principais autores do Design Transicional apresentam uma moldura de trabalho[60] (IRWIN et al, 2015a; IRWIN et al, 2015c) chamada *Transition Design Framework* (figura 9), que serve para reforçar e coevoluir áreas de conhecimento, ação e autorreflexão diretamente ligadas ao Design Transicional. O diagrama apresenta quatro quadrantes, a saber: (1) Visões para transição, (2) Teorias da Mudança, (3) Postura e mentalidade e (4) Novas formas de projetar. Gostaria de me deter um pouco aqui, por acreditar que essa moldura traz uma contri-

---

60 Inúmeros designers propõem "frameworks" para suas diferentes abordagens. Embora a palavra inglesa traga uma boa imagem para o que se quer dizer, evito usar o termo importado. Assim, dentre possíveis traduções, optei por "moldura de trabalho" por acreditar que "moldura" traz a imagem de algo que restringe e, ao mesmo tempo, dá sustento.

buição relevante, ao articular quatro dimensões necessárias para pensarmos e projetarmos a transição. *Visões para transição* significa a criação coletiva de visões de futuros desejáveis, que tenham como base inspiracional as sociedades em harmonia com os ecossistemas onde se encontram. "Criar visões" se liga com a construção de cenários do DE, com o Design Especulativo e com os Estudos de Futuro. Como escrito no website do *Transition Design Seminar*: "As 'visões para transição' propõem a reconcepção de estilos de vida inteiros dentro de paradigmas socioeconômicos e políticos radicalmente diferentes, onde as necessidades básicas são satisfeitas local ou regionalmente e a economia existe para satisfazer essas necessidades"[61] – existe aqui uma conexão com a ideia de um *Cosmopolitan Localism* ("Localismo Cosmopolita"), conceito manziniano. Manzini (2010) discorre sobre as comunidades que são locais, abertas e conectadas, ou seja, reforçam o tecido social local enquanto são, ao mesmo tempo, conectadas globalmente para troca de informação, serviços etc. Em diferentes trechos dos artigos de Irwin e seus coautores (2015a, 2015b, 2015c), podemos ver uma forte filiação com os pensamentos de Manzini. O próprio pesquisador italiano já dizia ser necessário um longo período de transição para chegarmos a uma sociedade sustentável (MANZINI, 2008). Irwin et al (2015c) adotam de Manzini a ideia do *cosmopolitan localism*, ao qual explicam como sendo um estilo de vida em que soluções para problemas globais são projetadas para circunstâncias locais ou para contextos ecológicos e sociais específicos, enquanto globalmente conectados para troca de informações, tecnologias e recursos. Poderíamos debater sobre nossa real vontade de aderirmos a um conceito cosmopolita, nas ruínas da Modernidade que o criou, sobre quão dispostos estamos em interagir globalmente mantendo aceso um princípio de globalização hegemônica, ou se deveríamos partir mais radicalmente para uma reconfiguração do Local, como *locus* de regeneração ecossistêmica... mas deixarei essa fagulha aqui como provocação para o seu pensamento.

---

[61] Disponível em <https://bit.ly/4fK0CoL>. Acesso em jun.2024.

Bom, este primeiro quadrante, então, se relaciona com cenários e com visões de futuros melhores.

O segundo quadrante, *Teorias da Mudança*, diz respeito a uma área de estudos multidisciplinar que busca explicar dinâmicas de mudanças/transições e que, no Design Transicional, serve para dar luz aos cursos de ação a serem tomados. Pois, para conduzir as mudanças necessárias, que levam do *modus vivendi* autodestrutivo atual a um novo paradigma, precisamos compreender as dinâmicas de mudança dentro de sistemas altamente complexos. Para o Design Transicional, as Teorias da Mudança são fundamentais porque, primeiro, em qualquer curso de ação planejado ou projetado, existe uma hipótese de mudança, implícita ou explícita; e, em segundo lugar, a transição para "futuros sustentáveis" requer mudanças estruturantes em todos os níveis da sociedade (e, eu acrescento, em todas as relações ecossistêmicas que incluem os seres não-humanos na conta). O corpo teórico usado aqui está relacionado ao pensamento complexo e à quebra da visão mecanicista da vida, o que inspira uma prática projetual bastante diferente daquela embebida no Design Maiúsculo e provoca uma postura de aprendizado contínuo nos projetistas para transição. Veja que aqui, também, há um paralelo com aquilo que está sendo proposto para a construção de um design ecossistêmico.

Postura e mentalidade é o terceiro quadrante da moldura de trabalho, que fala sobre a atitude necessária do designer nesse contexto projetual: "Viver em tempos de transição exige autorreflexão e novas formas de 'ser' no mundo. A mudança fundamental é muitas vezes o resultado de uma mudança de mentalidade ou visão de mundo que leva a diferentes formas de interagir com os outros" (IRWIN, 2015c). Aqui, o Design Transicional bebe bastante da fonte da Visão Sistêmica da Vida de Capra e Luisi (2014), defendendo que precisamos examinar nosso sistema de valores e crenças, adotando uma postura mais holística para a concepção de soluções mais sustentáveis, em um processo de autorreflexão e mudança positiva. Além disso, aqui também é reforçada a necessária postura do projetista, que deve envolver a colaboração de diversos atores com diferentes conhecimentos, ao longo de muitos anos, para que as soluções dos problemas complexos enfrentados sejam desenvolvidas. Esse quadrante está muito relacionado com a dimensão subjetiva do Design Ecossistêmico, como veremos no próximo capítulo, mas ao contrário do Design Transicional, o Design Ecossistêmico busca propor ativamente um corpo prático (e não apenas um corpo teórico) para empreender a necessária mudança de "mentalidade" (a qual prefiro chamar de "visão de mundo" ou "subjetividade").

Por fim, o quarto quadrante, *Novas formas de projetar*, explica a forma de atuação do designer transicional, ou designer para transição, e seus modos de projetar. Segundo Irwin et al (2015a, p.6), *"Os designers transicionais aprendem a ver e resolver problemas difíceis e a ver um único design ou solução como uma etapa apenas em uma transição mais longa em direção a uma visão baseada no futuro.[...] Designers transicionais procuram 'possibilidades emergentes' dentro de contextos problemáticos, em vez de impor soluções pré-planejadas e totalmente resolvidas a uma situação"*. Como os problemas complexos enfrentados alargam a perspectiva temporal da ação projetual – uma vez que a solução de grandes desafios sistêmicos que dependem de mudanças radicais em diferentes níveis da vida –, o projetista transicional não está necessariamente projetando uma solução final, e sim uma "solução" de meio de percurso, algo que nos levará mais perto da efetiva resolução do problema, mas que ainda não é o ponto de chegada. Diferentes pensadores da sustentabilidade, entre eles Wahl (2020), entendem que a sustentabilidade não é um "local de chegada" e sim um percurso, um processo de tornar-se cada vez "mais sustentável", de certo modo. Entendo que essas novas formas de projetar do Design Transicional vão ao encontro dessa ideia de sustentabilidade como um processo. Para Irwin e seus coautores (IRWIN, 2015; IRWIN et al, 2015a; IRWIN et al, 2015b), o Design Transicional pode ser uma abordagem complementar a outras: "Embora consideremos o Design Transicional uma forma distinta de design, ele é complementar a outras abordagens de design, como o design para serviços e o design para inovação social" (IRWIN et al, 2015a, p.6).

Para além da moldura de trabalho proposta, Irwin, Tonkinwise e Kossoff (2015c) fazem uma relação de escolas de pensamento e disciplinas ligadas a transições sustentáveis que servem de inspiração para o TD, como: a Teoria dos Sistemas; os Estudos de Futuros; a "sabedoria indígena", a qual enxergam como fonte de informação para uma vida mais simbiótica com a natureza; o *cosmopolitan localism*, de Manzini; a Social Psychology Research, que tenta estimular que as pessoas vivam vidas mais sustentáveis, de algum modo ligada à psicologia behaviorista; a Social Practice Theory, que observa a formação de hábitos das pessoas; as economias alternativas; a Fenomenologia de Goethe; entre outros. Bom, para chegar às premissas e práticas do Design Ecossistêmico, também fizemos uso do pensamento sistêmico; também temos conexão com os Estudos de Futuro, por meio do Design Especulativo a ser apresentado a seguir; nos aproximamos do pensamento psicanalítico de Guattari (2012a), de Rolnik (2018) e da ecopsicologia; buscamos subsídio na neurologia para pensar no comportamento do designer; e também nos conectamos ao conhecimento indígena, com todo percurso decolonial feito. Contudo, esse último ponto é crítico aqui, pois quando usado na perspectiva do Design Transicional, não está relacionado ao necessário processo de descolonização das subjetividades e visões de mundo, o que traz a impressão de propor nada mais do que uma apropriação da sabedoria nativa. O uso dessa "sabedoria indígena", assim colocada, estabelece, ainda que inconscientemente, a conexão dessa abordagem à visão euroantropocêntrica – fato para o qual é preciso atenção.

Segundo Irwin, Tonkinwise e Kossof (2015c), o Design Transicional também se caracteriza por "Projetar soluções que protejam e restaurem os ecossistemas sociais e naturais através da criação de relações mutuamente benéficas entre as pessoas, as coisas que elas fazem e produzem (design) e o ambiente natural", o que mostra a filiação da proposta deles com a ideia de restauração, presente no Design Regenerativo e no Design Ecossistêmico, mas a partir de uma perspectiva quiçá menos profunda. Sei que estou antecipando alguns conceitos aqui e acolá, que ficarão mais nítidos até o final do capítulo, mas faço essas conexões a fim de evidenciar a interrelação entre diferentes disciplinas e abordagens contemporâneas do design; e como estamos caminhando em trilhas paralelas que se retroalimentam. Isso significa, por um lado, que não existem soluções únicas e totalizantes para o desafio em mãos (sair do colapso) e, por outro, que todas essas experimentações estão de fato criando novas possibilidades. Isso também nos diz que devemos mesmo estar em um caminho pluriversal, uma vez que diferentes propostas carregam suas próprias influências, ainda que tenham muitas coisas em comum.

Por todo exposto, quais as linhas de fuga para além do Design e rumo à regeneração podemos encontrar no Design Transicional? Primeiramente, o Design Transicional posiciona o design como disciplina a pensar transições sistêmicas de longo prazo. O que altera o *modus operandi* da prática projetual: não estamos apenas visualizando futuros que servem como pano de fundo inspiracional, estamos pensando nos caminhos efetivos que podem nos levar até eles. Esses caminhos, de acordo com Irwin (2015) podem ser guiados por narrativas e visões do futuro, ou visões do que "ainda não é". Também o Design Estratégico e o Design Especulativo trabalham com cenários futuros, contudo, a diferença que enxergo aqui é o foco no longuíssimo prazo e a intencionalidade de direcionar o *caminho* para a transição até os futuros "sustentáveis" imaginados. No caso de um design ecossistêmico, sei que é preciso fugir da concepção euroantropocêntrica de "sustentabilidade", reforçando o aspecto decolonial e pluriversal dos valores, das narrativas e das visões com as quais trabalhar, enfatizando a interdependência, a reconexão do Homem e do Humano com a Natureza e a regeneração. Em segundo lugar, entendo que o Design Transicional ajuda a mudar a visão de mundo do designer, ainda que sutilmente, ao provocar nele um olhar embebido do pensamento sistêmico, da ecologia e de outros conhecimentos que podem romper com seu dualismo ontológico. Em terceiro lugar, a dimensão "local" do Design Transicional – comum ao Design Regenerativo – é uma pedra basal. Por fim, não deixo de notar outros pontos confluentes entre Design Transicional e Design Ecossistêmico: a restauração como objetivo (no caso do Design Ecossistêmico, a "regeneração"); o trabalho colaborativo e transdisciplinar; a necessidade de mudar a mentalidade do designer; a construção de narrativas como método; e o embasamento na teoria dos sistemas vivos.

Design especulativo

A segunda disciplina selecionada – e já mencionada – é o Design Especulativo, também conhecido como Design Crítico Especulativo, praticado e teorizado sobretudo pela dupla Anthony Dunne e Fiona Raby (2013), que são as principais referências da área. De acordo com Tharp e Tharp (2018), o Design Especulativo é um ramo de um campo maior, chamado Design Discursivo, dentro do qual se localizam práticas projetuais nem sempre comerciais, ou seja, mais exploratórias e experimentais, que servem para que os designers possam refletir criticamente sobre suas práticas, repensando-as a partir de outros parâmetros. O Design Discursivo está ligado sobretudo ao lado mais "material" do design, ou seja, ao design de objetos, de produtos, e está atrelado à visão do Design Maiúsculo, no sentido de reconhecer-se como uma prática que tem origem na modernidade e na industrialização. Os autores (THARP e THARP, 2018) mostram que o Design Discursivo é uma forma de repensar o Design (sobretudo design de produtos), examinando criticamente oito parâmetros que restringem o campo, a saber: funcionalismo, formalismo, comercialismo, individualismo, racionalismo, positivismo, realismo e etnocentrismo. Alguns desses parâmetros estão diretamente relacionados à visão euroantropocêntrica exposta, como o individualismo e o racionalismo, por exemplo. A crítica a esses pontos serviria para desvencilhar o Design de suas amarras, não no sentido de negar o resultado que trazem para produtos e afins, mas na direção de permitir uma prática mais livre e criativa. Tharp e Tharp ponderam que, se eles são assumidos como parâmetros indispensáveis ao design, a sua prática acaba por perder seu potencial criativo e disruptivo, adquirindo feições dogmáticas. Os autores defendem, em lugar desses "dogmas", visões e direções plurais para o design, como no Design Especulativo.

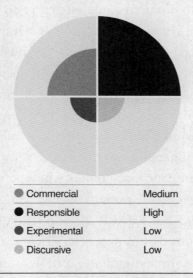

Figura 10: Four-fields approach
Fonte: Adaptado de Tharp e Tharp, 2018

No intuito de contribuir com a organização do Design que trabalha com a materialidade – e que inclui áreas como o Design Socialmente Responsável, o Ecodesign, o Design Sustentável, Design Centrado no Usuário, o Design Reflexivo, o Design Conceitual, etc. –, Tharp e Tharp (2018) propõem uma moldura de trabalho que chamam de *four-fields approach* (figura 10). O quadro organiza os diferentes subgêneros do Design em quatro agendas, de acordo com a motivação por trás do projeto: uma comercial, centrada no lucro; uma responsável, que está voltada para servir os excluídos; uma experimental, que concentra o lado experimental do design; e a última é a agenda discursiva, centrada na reflexão do espectador, em que se localiza o Design Discursivo. O quadro classifica os diferentes projetos de acordo com seus objetivos – se é lucro, responsabilidade socioambiental, experimentação ou reflexão –, que nem sempre são univalentes, ou seja, um produto pode ter mais de um motivo ao mesmo tempo.

No *four-fields approach*, a agenda discursiva é aquela que provoca a reflexão da pessoa em interação com o artefato em questão, justamente pelo conteúdo discursivo que este carrega. É sobre pensar por meio de artefatos em vez de palavras, usando a linguagem e a estrutura do design para engajar as pessoas, esclarecem Dunne e Raby (2013). Segundo Tharp e Tharp (2018, p.74), "o f*our-field approach* cria um território geral para o design discursivo, abrindo terreno sobre o qual uma concepção útil da prática discursiva pode ser construída". A ideia deles é que todo artefato, todos os projetistas e todo processo projetual têm o poder de influenciar um discurso.: "mesmo os objetos mais banais e aparentemente inconsequentes – independentemente de seu lugar no *four-fields approach* – podem ser vinculados a algum discurso predominante" (THARP e THARP, 2018, p.77). Portanto, todo objeto é construtor e portador de um potencial discursivo. Quando esse potencial é explorado conscientemente, o design assume uma postura crítica, de modo a convidar o sujeito que observa ou interage com o artefato a refletir sobre a questão proposta. É o caso do projeto do NEL Colectivo, o *Global Warming Rug*, que, apesar de ser um produto com viés comercial, traz uma carga de crítica discursiva ao chamar atenção para as mudanças climáticas: o tapete é produzido com lã cor azul petróleo, no meio da qual surge uma pequena forma irregular branca; quando o expectador se aproxima da diminuta área branca, pode ver a silhueta de um urso polar em pé no que, então, se compreende ser uma única calota polar em meio ao oceano aquecido.

Dentro do campo do Design Discursivo, Tharp e Tharp localizam uma série de vertentes críticas, como se esta fosse uma categoria-mãe que abriga outras subcategorias – das mais estabelecidas às mais esotéricas – que usam o design primordialmente como um dispositivo intelectual e comunicacional. Estão nesse conjunto o Design Radical, o Anti-Design, o Design Conversacional, o Design Crítico, o Design

Ficcional, o Design Especulativo e o Un-Design, entre outros. Embora todas essas práticas se localizem majoritariamente em um lado não comercial do design, é importante que não seja excluída a possibilidade de que artefatos comerciais também sejam capazes de produzir crítica e incitar a reflexão. De todo modo, a força dessas subcategorias reside principalmente na liberdade que elas têm de transmitir mensagens que não estejam atreladas a uma premissa lucrativa. Para Dunne e Raby (2013), a separação do mercado abre um canal de possibilidades livres das pressões do mercado para explorar novas ideias e possibilidades, que podem ser sociais, culturais, éticas e também estéticas. Ainda nessa conceituação inicial, é interessante observar a aproximação que Dunne (2005) faz entre projetos que saem do *status quo* com a noção de heterotopia de Foucault. Dunne seleciona um trecho de Foucault no qual se lê que "[...] as heterotopias (como as encontradas tantas vezes em Borges) dissecam a fala, param as palavras, contestam a própria possibilidade da gramática em sua origem; dissolvem nossos mitos e esterilizam o lirismo de nossas frases" (Foucault apud DUNNE, 2005, p.52), a partir do qual podemos entender a relação que, desde então, Dunne e Raby (2013) têm com o lado discursivo e crítico do design, como se este também se configurasse como algo que interrompe, interpela e faz refletir.

Embora o movimento crítico dentro do campo do Design e da Arquitetura tenha raízes nos anos 1960, o Design Crítico parece emergir com força no contexto do Royal College of Arts (RCA) nos anos 1990, onde Dunne e Raby lecionaram. O Design Crítico também foi impulsionado pelas publicações de Dunne (2005), como em seu livro *Hertzian Tales*, em que ressuscita práticas mais conceituais e artísticas que haviam caído em ostracismo devido ao enfoque hiper-comercial do design nos anos 1980. Para Dunne e Raby (2013), o Design Crítico era uma forma de contrapor suas práticas e experimentos ao que chamavam de "design afirmativo" – que representa o *status quo* da produção industrial e está ligado às oito restrições acima mencionadas –, indicando um campo localizado fora dos contextos industriais-capitalistas. Em tempos recentes, de acordo com Tharp e Tharp (2018, p.93), os termos Design Especulativo e Design Crítico tiveram uma fusão para Design Crítico Especulativo: "[...] isso parece ser apenas uma bandagem terminológica temporária onde os dois termos e tradições são combinados porque nenhum deles é suficiente por si só, ou as pessoas estão apenas evitando ter de distinguir entre os dois". Essa confusão pode ter origem na própria definição de Dunne e Raby (2013, p.34): "o design crítico usa propostas de design especulativo para desafiar suposições estreitas, preconceitos e dados sobre o papel que os produtos desempenham na vida cotidiana". Ainda segundo os autores (DUNNE e RABY, 2013, p.35), o Design Crítico:

> [...] é uma expressão ou manifestação de nosso fascínio cético pela tecnologia, uma forma de revelar as diferentes esperanças, medos, promessas, ilusões e pesadelos do desenvolvimento tecnológico e da mudança, especialmente como as descobertas científicas passam do laboratório para a vida cotidiana por meio do mercado. O assunto pode variar. No nível mais básico, trata-se de questionar as suposições subjacentes ao próprio design; no próximo nível, é direcionado à indústria de tecnologia e suas limitações impulsionadas pelo mercado e, além disso, à teoria social geral, à política e à ideologia.

De acordo com Dunne e Raby (2013), diante de todos os desafios e problemas enfrentados atualmente, emerge uma oportunidade para que o Design saia do seu papel de "solucionador de problemas" (*problem solving*) para especular como as coisas *poderiam ser*, imaginando opções e caminhos. Esse "poderiam ser" é usualmente tratado em termos de futuros ou presentes alternativos. Assim, existe no Design Especulativo uma clara direção voltada ao futuro, não como um espaço-tempo para onde devemos ir, um destino, mas como um meio que estimula a imaginação para futuros possíveis, plausíveis, prováveis, desejáveis. A especulação com imagens de futuros não é feita com o objetivo de prevê-los, e sim como forma de abrir a discussão sobre caminhos alternativos para melhores versões de futuros, trazendo uma agência consciente para o presente. Dizem Dunne e Raby (2013, p.6): "Assumindo que é possível criar futuros imaginários socialmente mais construtivos, o design poderia ajudar as pessoas a participarem mais ativamente como cidadãos-consumidores? E se sim, como?" Dentro dessa ótica além-comercial, o Design Especulativo pode empregar uma série de recursos para provocar reflexão: a sátira, a crítica, a exploração estética e metodológica, ou a especulação sobre futuros. Há nisso uma clara aproximação do Design Especulativo com o campo das artes, pois conforme explica Dunne (2005), para sustentar uma visão na qual o design funciona criticamente, é preciso mover-se mais próximo das artes, para conseguir desenvolver a pesquisa e a materialidade necessárias. Apesar de emprestar das artes seus métodos e abordagens, o Design Especulativo precisa ainda ser próximo da realidade das pessoas, para que consiga gerar a interação necessária para que o "discurso" aconteça, ou seja, para que sua mensagem seja transmitida e suscite a reflexão. Em adição às artes, também são fonte de informação e inspiração os campos da ficção científica, das ciências e da literatura, entre outros.

Dunne e Raby (2013) dizem que não existem métodos e ferramentas herméticas dentro do Design Especulativo, e sugerem práticas metodológicas como os *mundos ficcionais* e os *cenários*, dentre muitas outras citadas. Vemos que aqui, também, cenários têm um papel preponderante, como no Design Estratégico e no Design Transicional: fazer ver, concretizar uma imaginação em algo que possa ser apreendido pelos sentidos, tem um poder inegável em provocar a reflexão – se não inclusive a ação. Para o Design Especulativo, cenários servem para dar um pano de fundo, uma história, um enquadramento a partir do qual emerge o artefato a suscitar a reflexão, que pode se situar no futuro ou em uma realidade alternativa. A alternativa pode ser criada a partir do questionamento "*e se...?*": e se o coronavírus tivesse se tornado letal a ponto de exterminar com um terço da população humana? As questões feitas devem ser suficientemente plausíveis para que ainda haja uma conexão com a realidade vivida. A série britânica *Black Mirror* é um exemplo muito bom nessa lógica. Apesar de um enquadramento unicamente distópico, e mesmo nos episódios mais estranhos, ainda assim conseguimos nos colocar nas situações vividas pelos personagens, a ponto de refletirmos sobre nossas ações e escolhas no presente. Mundos ficcionais são mais completos que os cenários, podendo incluir a criação dos sistemas políticos, das leis, das crenças sociais, dos medos e das esperanças e a forma como tudo isso pode se traduzir na cultura material daquele mundo imaginado. Para Dunne e Raby, o limite de um mundo ficcional é dado pelas leis naturais, da física e da biologia por exemplo, porém todo resto, da psicologia às estruturas sociais, pode ser levado ao extremo em sua criação.

Todos cenários criados, especulativos, transicionais ou estratégicos, podem assumir diversas formas e serem criados com variadas técnicas. Com uma de minhas turmas na disciplina de Design Especulativo no IED, por exemplo, criei um percurso de construção de cenário que envolvia: (1) pesquisa de notícias, fatos científicos e ficção científica em cima do tema "mudanças climáticas"; (2) agrupamento temático e organização dos achados em uma linha temporal que ia do presente até 30 anos no futuro; (3) criação de um contexto para São Paulo daqui 30 anos, a partir dos achados identificados nesse escopo temporal; (4) complementação do contexto com fatos imaginados dentro de temas propostos (água, economia, geopolítica, biodiversidade, questões sociais, etc.); e, por fim, (5) criação de "manchetes do futuro" para concretização, via narrativa, do cenário visualizado. Esse processo desencadeou em um cenário de futuro de longo prazo caracterizado como uma distopia, contendo algumas poucas "ilhas de utopia". A partir das manchetes do futuro, cada grupo de alunos precisava criar um artefato existente naquele futuro, como forma de materializar o cenário criado e suscitar a reflexão e a discussão em cima do que, no presente, estamos fazendo para tornar real a distopia imaginada.

A diferença entre os cenários de futuro propostos pelo Design Transicional e pelo Design Especulativo, naquilo que pude constatar até o momento, reside sobretudo na ficção. Embora ambos sejam imaginados, prospectados, o primeiro está dirigido a criar uma imagem desejável desse futuro – uma imagem boa, idealizada, com base no pensamento sistêmico e na restauração –, para onde queremos nos dirigir e que, para isso, deve estimular, no presente, as ações que desenharão o trajeto até ele. O Design Especulativo, por outro lado, não tem essa obrigação: ele pode ser utópico ou distópico e tem como intenção primeira a de abrir um espaço de discussão entre a realidade vivida hoje e a imagem de futuro criada. E é isso que Dunne e Raby almejam, justamente, chacoalhar o presente, mais do que tentar prever o futuro. Outra distinção é a quase necessária filiação do Design Especulativo com a tecnologia: os futuros, cenários e mundos ficcionais imaginados no âmbito do projeto especulativo têm uma nítida conexão com aparatos tecnológicos e sua relação com nossos modos de vida, fazendo-nos refletir sobre a influência e interferência da tecnologia em nossas configurações sociais e biológico-culturais.

Para Dunne e Raby (2013, p.161), o Design Especulativo pode contribuir para que possamos não apenas reimaginar a realidade, como também nossa relação com ela. Para isso acontecer, "precisamos nos mover para além do design especulativo, para um *speculative everything*[62] – gerando uma multitude de visões de mundo, ideologias e possibilidades". Escobar (2018, p.17) pondera que estarmos na era do *"speculative everything"* é um pensamento esperançoso, desde que ele esteja incentivando os tipos de sonhos sociais que resultarão nos mundos pluriversais que queremos ter, por serem inclusivos para todos os seres. Nisto, surge uma mirada crítica em cima do Design Especulativo. Luisa Prado e Pedro Oliveira são dois designers e pesquisadores brasileiros que trazem "um olhar crítico para o design crítico". Em 2014, eles escreveram um texto apontando a pouca atenção dada aos privilégios (raciais, de classe, de gênero) dentro do campo,

---

[62] Mantenho em inglês pois este é o título do livro de Dunne e Raby referenciado – Speculative Everything (2013), cujas palavras são propositadamente citadas na frase de Escobar (2018).

seu viés excessivamente conectado ao consumo[63] e sua visão eurocêntrica. Dois anos depois, Oliveira (2016) publicou um texto em que convidava designers a "fazerem um projeto de Design Especulativo não-colonialista", incluindo uma lista com oito checagens que um designer crítico poderia fazer em cima do seu projeto especulativo. Já em 2019, Ward faz um texto em que busca aprender com as críticas do campo, admitindo os pontos julgados falhos, porém mostrando um outro ângulo, levando em consideração as restrições do contexto geral em que Dunne e Raby (2013) desenvolveram o Design Especulativo dentro do RCA – mesmo com sua posição privilegiada, se comparada com a realidade dos Outros. Ward (2019) argumenta que, apesar do contexto eurocêntrico criticado por Prado e Oliveira (2014), o Design Especulativo esteve na linha de frente, em termos educacionais, dos questionamentos sobre dinâmicas de poder, convidando os alunos a assumirem posturas críticas perante sua profissão. Ainda assim, ele admite que o campo tenha muito pela frente, inclusive fazendo a necessária descolonização de seus currículos e das posições de trabalho.

Entendo que, para as linhas de fuga do Design, o que o Design Especulativo traz de mais rico é seu aspecto crítico e reflexivo, sua inegável aproximação com as artes e as visões de futuro e de mundos alternativos que visa criar. É interessante notarmos como, ao pensarmos em regeneração, estamos necessariamente falando de uma imagem de futuro; regenerar é um processo que leva a futuros mais ecológicos. E como é benéfico, para isso, exercitar possibilidades para além das constrições do mercado. Ao mesmo tempo, é muito importante considerarmos a visão de Haraway (2016), quando esta apela que saibamos "ficar com o problema", ficarmos no presente, não fugirmos do Capitaloceno através da fé em futuros tecnocráticos que supostamente

---

[63] Para Dunne e Raby (2013, p.49) são os consumidores que dão forma à realidade: "Normalmente quando discutimos grandes questões o fazemos como cidadãos, mas é como consumidores que ajudamos a realidade a tomar forma".

salvarão a todos. Ela escreve (2016, p.4): "[...] *evitar o futurismo e ficar com o problema é mais sério mas também mais vivo. Permanecer com o problema requer fazer parentescos estranhos; isto é, nós convocamos uns aos outros em colaborações e combinações inesperadas, em pilhas de compostagem quente. Nós nos tornamos uns com os outros, ou não nos tornamos de jeito nenhum*".

Haraway (2016) propõe "SF" como um contraponto à válvula de escape do presente: um sinal que serve para *science fiction, speculative feminism, science fantasy, speculative fabulation, science fact*, e também *string figures*[64]. SF são como histórias multiespécies que podemos criar uns com os outros, conectando-nos entre nós, companheiros capazes de terraformação diante da catástrofe que se anuncia. Estarmos juntos, para sermos juntos, em toda nossa heterogeneidade e nossa organicidade. Para Haraway, SF é uma forma de especular outras formas de estarmos aqui e agora: *making kins, not babies*[65]. Diante da forma como a autora brinca com a ideia da especulação, criando palavras, propondo colagens e conexões inesperadas, pergunto-me se a teorização sobre a prática que o Design Especulativo faz sobre si mesmo não acaba por restringir suas possibilidades. Destarte, entendo que a especulação, para um design de cunho regenerativo e ecossistêmico, deva ir muito mais na direção da terraformação de Haraway (2016) – da terra, do húmus, do orgânico –, do que da futurização – do produto, da tecnologia – de Dunne e Raby (2013).

Mais próximo do exercício especulativo de Haraway (2016) vejo as contribuições dos pesquisadores ligados ao NANO (Núcleo de Arte e Novos Organismos /EBA-UFRJ), um laboratório em Artes Visuais que atua tanto nos cursos de graduação quanto nos de pós-graduação da Universidade Federal do Rio de Janeiro (UFRJ). O NANO

---

[64] Ficção científica, feminismo especulativo, fantasia científica, fabulação especulativa, fato científico e também figuras de cordas.
[65] "To make kin", se aparentar, fazer parente. A autora criou um adesivo-protesto com os dizeres "Make kin, not babies", em que convida as pessoas a fazer parentes e não bebês, diante da perspectiva de termos mais de 11 bilhões de humanos na Terra até o fim do corrente século. O que também é uma forma de convidar-nos a estarmos uns com os outros, na arte de viver em um planeta destruído (TSING, 2022).

publicou, com organização de Nóbrega, Borges e Fragoso (2019) o livro *Hiperorgânicos*, com o registro das experimentações artísticas realizadas durante o evento homônimo, que buscava propor reconexões entre o passado e o futuro com objetivo de repensar o presente, algo a que chamaram de *Ancestrofuturismo*. Segundo Borges (2019, p.23), "interessa ao ancestrofuturismo conceitos que trabalhem com outras noções de tempo e de história e que ressignificam a suposta linearidade entre passado e futuro, ou seja, desconstruam a ideia de tempo e de história vertical (que iria do arcaísmo em direção ao futuro) a fim de horizontalizar essa perspectiva". Assim, vemos que também o já mencionado amazofuturismo pode se configurar na forma de cenários especulativos que promovem essa conexão de passado ancestral e futuros preferíveis. Borges (2019, p.24) aponta que

> A incompatibilidade entre o futuro apresentado pela modernidade e o futuro verificável na contemporaneidade têm servido de palco para as mais variadas especulações, desde o campo econômico até o filosófico, desde o campo científico até o metafísico, e nessa conjuntura, o tecnoxamanismo[66] se apresenta como mais uma rede de especulação, que tal como inúmeros outros movimentos sociais implicados nesse dilema, produz conjecturas, constrói narrativas e desenvolve práticas que endossam a provocação contra a ordem das relações ainda vigentes entre cultura e natureza, e ainda propõe alternativas enquanto experimenta processos novos e mixados, sendo um deles o ancestrofuturismo com suas cosmogonias livres [...].

---

[66] Tecnoxamanismo é um conceito amplo, também conhecido por tecnomagia ou ciberxamanismo, diz respeito à união desses dois mundos, da técnica, ou da tecnologia, de um lado, e das dimensões negadas pela modernidade do outro, das sabedorias indígenas. É uma corrente de pensamento geralmente associada às formas de resistência cultural indígenas. Para saber mais, acesse a publicação do festival Tecnoxamanismo ocorrido em 2014. Disponível em <https://bit.ly/3UjtUjy> Acesso em: out. 2022.

Design regenerativo

Vejo o Design Regenerativo como um braço de um grande polvo chamado *movimento regenerativo*, que inclui propostas de outros campos do conhecimento para além do campo projetual. Para citar alguns outros tentáculos, temos a *agricultura regenerativa*, que prega a regeneração da natureza por meio de práticas circulares e orgânicas que usam a lógica cíclica da vida na produção alimentar; o *turismo regenerativo*, vertente do Turismo que busca impactar positivamente as comunidades e os ambientes naturais, levando a responsabilidade da preservação dos locais visitados para o próprio turista; e a *liderança regenerativa* que surge no contexto empresarial como treinamento para pessoas que queiram liderar as organizações nos caminhos de transição para futuros regenerados. Além disso, o próprio Design Regenerativo é, na verdade, um conjunto de diferentes propostas que surgiram em momentos próximos. Natali Garcia (2022, p.30) fez sua pesquisa de mestrado em cima deste tema e tem a mesma visão: "Ao falar de Design Regenerativo, não podemos generalizar, há neste campo diferentes autores e abordagens propostas, que carregam as suas especificidades, mas que, sem dúvida, partilham de um propósito e referências muito similares". O Design Regenerativo ficou mais conhecido sobretudo por meio de dois livros: *Regenerative Development and Design*, de Pamela Mang e Ben Haggard (2016), do Regenesis Group; e *Design de Culturas Regenerativas*, de Daniel Wahl (lançado primeiramente em 2016 em inglês) – apesar de haver uma vertente pioneira, o *Regenerative Design for Sustainable Development*, de John Lyle (1994). O Design Ecossistêmico não deixa de ser uma abordagem regenerativa.

Lyle foi quem propôs o conceito de "design regenerativo", em 1994, como um método para o desenvolvimento urbano sustentável (BLANCO et al., 2021). O autor criticava a linearidade dos sistemas urbanos, buscando inspiração nos ecossistemas naturais para defender o planejamento de espaços urbanos que incorporassem a lógica circular. Segundo Blanco et al. (2021, p.3): "Para abordar a degeneração dos ecossistemas naturais, Lyle propôs doze estratégias centrais para promover a regeneração de espaços urbanos, tomando principalmente as funções e processos do ecossistema como modelos para exploração e emulação". De certa forma, o trabalho de Mang e Haggard (2016) e dos demais participantes do Regenesis Group dá continuidade e profundidade ao legado de Lyle. Entendo o Design Ecossistêmico como mais uma contribuição para esse conjunto de práticas, uma vez que todas elas buscam a regeneração da natureza em alguma extensão. Contudo, todos temos nossas diferenças. Lyle foi o pioneiro, com uma proposta focada no aprimoramento de ambientes humanos, definindo o design regenerativo como "a substituição dos atuais sistemas de fluxos lineares para fluxos cíclicos" (GARCIA, 2022, p.33), em que processos naturais seriam "operacionalizados" para "propósitos humanos". Sua abordagem mantém um claro viés antropocêntrico.

A abordagem de Wahl (2020) é bastante teórica e inspiracional, visando a criação de uma "cultura" voltada para a regeneração a partir de inúmeras perguntas que serviriam para direcionar pessoas e projetos para um mundo mais harmônico e equilibrado. Mang e Haggard (2016) são tanto teóricos quanto práticos, trazendo uma série de casos que ilustram o que enxergam para esse desenvolvimento de cunho regenerativo, que toma forma de um urbanismo socioecológico, potencializando culturas e naturezas locais. Uma vez que a visão de Lyle (1994) se mantém no antropocentrismo, apresento apenas as ideias de Wahl (2020) e Mang e Haggard (2016), começando pelo primeiro.

DESIGN DE CULTURAS REGENERATIVAS

O livro de Wahl, *Design de Culturas Regenerativas*, é fruto de sua tese de doutorado e foi publicado no Brasil pela primeira vez em 2019. O autor se filia ao pensamento sistêmico e propõe uma abordagem condizente com a visão eco-sistêmica apresentada – inclusive, temos muitas referências em comum como Maturana, László, Lovelock, Tarnas, Leopold, Capra, Manzini e Irwin, entre outros. Para a criação dessa cultura regenerativa, Wahl propõe uma abordagem de transição (entendida dentro do escopo do Design Transicional) que visa provocar uma transformação abrangente e profunda, que começa pelo questionamento dos nossos valores e modo de pensar. Ele literalmente sugere, ao longo do livro, diversos questionamentos que servem para conduzir tal mudança, dizendo que o "por que" fazemos o que fazemos direcionará "o que" precisa ser feito e "como" fazê-lo. A abordagem por meio de questionamentos se justifica, segundo Wahl (2020, p.157), por ser mais condizente com a realidade complexa e incerta em que todos vivemos:

> Se aceitarmos que perguntas em vez de respostas e experimentação contínua em vez de soluções impostas são formas mais seguras de guiar-nos através desses tempos turbulentos e na direção de um futuro imprevisível, então também precisamos aceitar que há um limite em relação ao que podemos planejar do nosso futuro mediante a complexidade e as incertezas.

A consequência que surge a partir da ação questionadora é a reflexão crítica: fazemos aflorar as motivações, as origens, as limitações, os dogmas, as heranças, os traumas e tudo mais que carregamos em nossos campos subjetivos e energéticos. Vamos lembrar do quadro com os cinco estágios do processo regenerativo proposto lá atrás, no primeiro capítulo, e como ele está pensado para funcionar por meio de perguntas norteadoras. Perguntas são chave nesse processo: ao nos questionarmos o porquê das coisas serem como são, o porquê fazemos o que fazemos, etc., estamos abrindo as portas para que a mudança comece a ocorrer. Estamos nos tornando permeáveis. Vejamos algumas questões propostas por Wahl (2020) ao longo do livro, com alguns comentários:

Como podemos nutrir a saúde humana e planetária redesenhando a presença humana na Terra?

E se escolhermos a regeneração no lugar da exploração?

Que tipo de mundo queremos deixar para nossos filhos e para os filhos de nossos filhos?
Lembro de uma tradição ancestral que requeria que o conselho do povo pensasse sete gerações à frente antes de tomar uma decisão que afetaria a todos na aldeia.

O que aprendemos deixando de lado o mito do controle?
Veja mais um mito de nossa cosmologia cerebrocêntrica aqui: realmente cremos que temos controle das coisas e das situações, não temos?

É sensato implementar em larga escala todas as tecnologias viáveis, ou devemos escolher com mais cuidado como e para o que empregamos nossas capacidades tecnológicas?
Tendemos a fetichizar a tecnologia e crer na possibilidade de nossa "salvação" pelo emprego de toda tecnologia disponível, mas falhamos miseravelmente em perceber como as tecnologias que empregamos estão alterando – frequentemente para pior, haja visto o sério problema da depressão em adolescentes relacionado ao uso de redes sociais digitais – nossa psique, nossa cognição e nossa capacidade de nos relacionarmos uns com os outros.

Como podemos reinventar nosso sistema econômico para curar sua atual disfuncionalidade estrutural e criar uma economia que esteja a serviço de todas as pessoas e do planeta?
Enxergo aqui um apego euroantropocêntrico, na medida em que cita "pessoas" e "planeta", como se fossem duas entidades apartadas. Observe como é difícil desfazer-nos de nossos modelos mentais.

Os questionamentos permitem que façamos a transformação das narrativas vigentes e, consequentemente, de nossa visão de mundo. Segundo Wahl, se mudarmos nossas crenças, teremos novas razões e propósitos para projetarmos soluções condizentes com uma visão de mundo regenerada. Se entendermos a lógica por trás da vida, veremos que essa mudança de perspectiva não é difícil: "Cuidar da terra e do futuro comum da vida não requer qualquer forma de altruísmo motivado espiritualmente, uma vez que estamos conscientes das interdependências sistêmicas da qual depende nossa sobrevivência" (WAHL, 2020, p.39). Ou seja, se compreendermos que estamos todos interconectados na teia da vida e que não há fenômeno independente na existência, a busca pela saúde do planeta como um todo é um caminho lógico. A visão da interdependência mencionada por Wahl é a mesma de Capra, que é aquela explicada pelas filosofias orientais há milhares de anos e é uma das origens da visão para projetar ecossistemicamente: não há fenômeno ou matéria na existência que seja independente. A existência é interdependente: a flor só é flor porque houve terra, sol, água, nutrientes e condições propícias. Assim, somos todos *interseres*. Aqueles que compreendem a interdependência da vida, quando cuidam de Nhandecy, estão agindo simplesmente de forma lógica e para o bem de todos, segundo a perspectiva de todos nós. Quando conseguimos sintonizar nessa perspectiva, vemos que o paradigma dominante da vida, ao contrário do que as teorias econômicas nos fizeram crer ao pregarem a gestão da escassez, é a abundância: abundância é diversidade e não há nada mais diverso que a natureza com suas infinitas criações.

    O Design de Culturas Regenerativas parte do mesmo princípio que o Design Ecossistêmico, que enxerga a ação projetual inerente ao humano: "*Todos temos necessidades reais e perceptíveis e planejamos nossas próprias estratégias para satisfazer as nossas necessidades. Todos temos intenções sobre o que gostaríamos de fazer e que tipo de mudança gostaríamos de ver no mundo. As maneiras como agimos (ou não) em consonância com essas intenções são práticas de design*" (WAHL, 2020, p.158). Todos, humanos e além-humanos, somos cocriadores do mundo em que vivemos. Mas é interessante a perspectiva mais holística que Wahl traz para o design: "Compreendi que a finalidade prática da visão de mundo emergente que estávamos explorando na ciência holística [...], era na verdade *o design*". A "finalidade prática" que une todas essas correntes de pensamento é o fazer projetual, e um que, de preferência, tenha como objetivo o aumento da diversidade da vida em Gaia. Como o design é definido, por Wahl, em sentido amplo, "como a intenção humana expressa através de interações e relações", as transformações nas visões de mundo terão como consequência a alteração nas intenções humanas e, portanto, em todo cenário projetual posterior a essas mudanças.

Wahl se filia fortemente ao Design Transicional, então ele também acredita no papel do design como facilitador dos caminhos da transição. Wahl (2020, p.55) acredita que a sustentabilidade (ele usa esse termo atrelado à uma ótica holística) é um percurso evolutivo: "Jamais chegaremos à 'estação sustentabilidade'. Em vez disso, é melhor nos prepararmos para a longa – e, em algum momento, surpreendente – jornada de aprendizagem que nos permitirá traçar nosso caminho para um futuro incerto". Duas atitudes humanas são propícias, para ele, para encarar essa jornada, a "atitude de peregrino" que, em sua passagem, expressa respeito por todos fenômenos da vida e gratidão pela abundância que encontra no caminho; e a "atitude de aprendiz", sempre disposto a aprender com a natureza e sua infinita sabedoria. A dimensão do aprendizado é extremamente relevante nesse processo.

Um ponto para uma possível evolução do Design de Culturas Regenerativas diz respeito à sua descolonização. De acordo com Quijano (2005, p.122), os únicos que receberam, perante os europeus, a dignidade de serem percebidos como o "Outro" foram os povos do Oriente. Os demais povos de Gaia-Pachamama-Nhandecy não eram (e ainda não são) vistos como humanos: os indígenas das Américas e os negros da África são simplesmente primitivos. A filosofia usada por Wahl para romper com a mentalidade que reconhecemos como euroantropocêntrica é aquela vinda justamente do Oriente.[67] Embora o autor cite o pensamento indígena como uma fonte de conhecimento para a regeneração, ele não o faz de modo mais detido e, apesar de propor a transformação da visão de mundo, não relaciona isso com um processo decolonial. O que quero, com essa observação, não é invalidar qualquer uma dessas abordagens, e sim apontar para o exercício crítico que estivemos fazendo desde a primeira página deste livro, em um processo de necessária descolonização de nossa subjetivida-

---

[67] Não podemos esquecer da adoção que Wahl faz das idéias de Capra – e isso certamente inclui a relação que o segundo faz com as filosofias orientais, a partir de O Tao da Física.

de. Quero mostrar como é árdua essa tarefa, e como todos nós – eu inclusive, claro – precisamos fazer um esforço de fazer emergirem nossos padrões e crenças limitantes. Do mesmo modo, essa crítica não invalida as muitas convergências entre a proposta de Wahl e a do Design Ecossistêmico. Vejamos mais uma, antes de partirmos para o Desenvolvimento e Design Regenerativo, quando Wahl (2020, p. 197) sugere que façamos projetos inspirados na natureza:

> Aprender a projetar melhor, como natureza, é um dos desafios criativos mais empolgantes na transição em direção a culturas regenerativas, da química verde, do design de produtos biomiméticos, dos sistemas de energia renováveis e arquitetura biomimética, até cidades e indústrias que funcionam como ecossistemas. [...] Isso significa atender as necessidades humanas dentro dos limites planetários e, ao mesmo tempo, atuar como uma espécie essencial que mantém e regenera a capacidade da vida de criar condições favoráveis para sua sobrevivência.

"Projetar como natureza" significa fazer design com vistas à saúde de todo o sistema, às conexões e à rede de relações de determinados contextos e essa é uma perspectiva extremamente pertinente para projetos ecossistêmicos. Essa ótica está presente, até certo ponto, na proposta do *cosmopolitan localism*, alongando-a e levando-a além de suas fronteiras: o "local" adquire uma importância maior, quando percebido pelo viés da natureza, pois afloram as relações ecológicas além-humanas que envolvem biota e abiota, do clima, da flora e da fauna dos territórios. Reduz-se, assim, o peso cosmopolita e tecnológico dessa localidade, para que emerjam suas qualidades naturais, terrenas e matrísticas. A frase "se realmente acreditamos no fato de que somos vida, somos natureza..." (WAHL, 2020, p. 197) corrobora com essa percepção e expressa aquilo que podemos levar para a formulação de experimentos ecossistêmicos, uma vez que "a inovação transformadora e o design para uma cultura regenerativa consistem em permitir que as pessoas vivenciem e vivam a 'narrativa do interser' como uma realidade pessoal e social" (WAHL, 2020, p.169); ou seja, que vivenciem a experiência da comunhão com a natureza e o cosmos.

DESENVOLVIMENTO E DESIGN REGENERATIVO

Segundo Mang e Haggard (2016), o grupo Regenesis – do qual fazem parte Bill Reed, Pamela Mang, Ben Haggard, Tim Murphy, Nicholas Mang, entre outros – propôs o termo "desenvolvimento regenerativo" em 1995. Os fundadores acreditam – assim como Wahl (2020), Guattari (2012b), Maffesoli (2021), Boff (2015) etc. – que a causa dos problemas ambientais está na relação fraturada Homem|Natureza e, por esse motivo, a abordagem por eles criada é primeiramente cultural e psicológica, e somente secundariamente tecnológica, bebendo, como os demais, da fonte da ecologia e do pensamento sistêmico. Também Mang e Haggard entendem que todos somos designers, uma vez que projetar é uma habilidade universalmente humana e que, por isso, pelo seu entendimento, princípios do design podem ser aplicados por todos aqueles que quiserem aprimorar a saúde e bem-estar das suas comunidades. Conforme os autores, o desenvolvimento regenerativo se apresenta como uma moldura de trabalho integrativo para entender e articular diferentes abordagens do campo da sustentabilidade (como a permacultura, a biomimética e o *cradle-to-cradle*, entre outros) para a prática da regeneração.

Mang e Haggard (2016) também vêem a sustentabilidade como um conceito em evolução, dizendo que este passou por uma fase que significava a busca do equilíbrio; posteriormente, outra fase em que indicava a busca da resiliência de sistemas que se articulam não pelo equilíbrio, mas pelo desequilíbrio; encontrando-se agora na terceira fase, na qual é visto como uma coevolução entre humano e não-humano. Para ilustrar a última etapa, mencionam a relação que as comunidades indígenas costumavam ter com seu ambiente, "antes do contato com a industrialização" (deveriam ter dito "antes da colonização", se quisessem ser mais corretos). Dizem eles que "a parceria para a coevolução requer uma reorientação de sistemas inteiros que conecte as atividades humanas com a evolução dos sistemas naturais" (MANG e HAGGARD, 2016, p.27), o que significa projetar a capacidade do mundo construído de suportar a coevolução positiva entre humanos e sistemas naturais. É importante notarmos que, embora os autores apresentem esforços reais de reconexão Homem-Natureza, a forma como eles expõem seus pensamentos, e as palavras que usam para fazê-lo não deixam de transparecer algum resquício de uma dualidade ontológica. Por outro lado, é bem interessante a maneira como Mang e Haggard (2016) conseguem propor e trabalhar com princípios ecológicos, em busca da regeneração e da coevolução que caracterizam essa terceira fase da sustentabilidade – isso porque o Regenesis entende o desenvolvimento regenerativo como uma abordagem que fortalece a capacidade dos sistemas sociais e naturais de territórios locais, fomentando a coevolução de ambos.

O Regenesis traz um diagrama que chamam de *three lines of work* (figura 11) que ilustra a interação das relações entre os três atores que são requeridos para dar suporte e sustentar o trabalho regenerativo, e que explicam da seguinte forma (MANG e HAGGARD, 2016, p.33):

> **O third-line work concentra-se no que se está tentando criar para melhorar a saúde e o valor de um sistema (o produto). O trabalho de segunda linha busca aumentar a capacidade de uma comunidade ou equipe de trabalhar em conjunto para servir ao seu objetivo compartilhado de terceira linha (o processo). O trabalho de primeira linha aborda o crescimento necessário dentro do designer individual que é necessário para fazer uma diferença real nos outros dois níveis. Um praticante regenerativo se envolve em todas as três linhas de trabalho e procura entendê-las, desenvolvê-las e integrá-las, tornando-as mais conscientes e alinhadas.**

Quando dizem que o trabalho regenerativo serve para desenvolver capacidades tanto no praticante quanto na comunidade de prática, eles se aproximam do design defendido pela rede DESIS, que estimula

Figura 11: Three Lines of Work. Copyright ©Regenesis Group.
Fonte: Mang e Haggard, 2016. Ilustração de Kronosphere Design.

a cocriação das soluções de inovação social envolvendo e capacitando o grupo social. A abordagem proposta pelo Regenesis tem um claro direcionamento para o território, trabalhando o espaço urbano no nível de comunidades, bairros ou cidades inteiras. É, de certa forma, uma proposta que se liga ao urbanismo e, nesse sentido, se aproxima do Design Ecopositivo de Birkeland (2021), pensando nas estruturas arquitetônicas e paisagísticas dos territórios em regeneração. Outro aspecto forte no desenvolvimento regenerativo proposto é seu caráter comunitário: esse território é sempre o espaço de uma comunidade humana em primeiro lugar, que tem nele suas raízes, suas histórias, e com ele se relaciona afetivamente. Os exemplos que Mang e Haggard (2016) trazem no livro sempre estabelecem conexões afetivas entre *socius* e *locus*, em que a regeneração é tanto um processo de fazer aflorar os afetos e as memórias das pessoas para com o local quanto de tornar exuberante o que há ali de flora e fauna em potencial, sendo o segundo uma consequência do primeiro. Nesse sentido, a regeneração do ecossistema além-humano parece ser secundária ou dependente da regeneração humana, quer no seu aspecto coletivo ou individual. Selecionei um projeto que eles trazem no livro e que, na minha visão, ilustra bem essa conexão *socius* e *locus*.

O caso do bairro Dunbar/Spring em Tucson, no Arizona, mostra a mudança na paisagem de um território árido e desértico, empreendida pela comunidade de moradores do local. O Arizona é um estado com alguns biomas, sendo o desértico o maior de todos, justamente onde fica a cidade de Tucson. Embora a paisagem urbana tenha alterado significativamente os contornos do deserto, na sua periferia as feições desérticas são facilmente distinguíveis. O bairro de Dunbar/Spring é um dos mais antigos da cidade e seu nome é em homenagem a um dos primeiros professores de Tucson, John Spring, e a um poeta afro-estadunidense, Paul Lawrence Dunbar. Além disso, o bairro foi o primeiro afro-estadunidense da cidade e foi lar de muitas famílias afro-descendentes – o que significa que foi um local segregado da cidade. Como muitos locais de uma cidade no deserto, Dunbar/Spring também se caracterizava pela paisagem árida. Brad Lancaster, um residente local, iniciou um movimento de modificação das calçadas e ruas, criando valas e canteiros plantados com espécies nativas e comestíveis, que serviam para coletar e armazenar água da chuva. Seu exemplo inspirou os vizinhos, que se engajaram ao redor de um propósito comum e um senso de pertencimento, com reuniões e eventos para plantar árvores nativas e frutíferas e criar mecanismos de coleta de água. O bairro chegou a ganhar um financiamento de meio milhão de dólares para fazer melhorias locais, que foram usadas para melhor coletar água, reduzir o trânsito, plantar árvores e contar a história local por meio de arte pública.

Mang e Haggard (2016) propõem uma série de premissas e princípios do DDR, os quais se dividem em três grupos: (1) *maneiras para se pensar na criação de um produto regenerativo*; (2) *o processo de design regenerativo*; e (3) *atitudes do designer que deseja praticar a regeneração*. Apresento as premissas e os princípios nas caixas de texto a seguir, resumidamente. Vale destacar que o caminho pavimentado pelo Regenesis e seus princípios fornecem pistas bastante concretas para a atuação dentro de uma moldura de trabalho de desenvolvimento regenerativo. Das abordagens vistas até aqui, é o mais aprofundado nesse ângulo.

MANEIRAS PARA SE PENSAR NA CRIAÇÃO DE UM PRODUTO REGENERATIVO

1. PREMISSA: Todo sistema vivo tem inerentemente a possibilidade de passar para novos níveis de ordem, diferenciação e organização.
PRINCÍPIO: Design para a evolução

2. PREMISSA: A coevolução entre humanos e sistemas naturais só pode ser realizada em locais específicos, usando abordagens que são precisamente ajustadas a eles.
PRINCÍPIO: Faça parceria com o lugar

3. PREMISSA: A sustentabilidade de um sistema vivo está diretamente ligada à sua integração benéfica em um sistema maior.
PRINCÍPIO: Invoque uma vocação coletiva.

4. PREMISSA: Os projetos devem ser veículos para catalisar os empreendimentos cooperativos necessários para permitir a evolução.
PRINCÍPIO: Atualize os sistemas das partes interessadas em direção ao mutualismo coevolutivo

O PROCESSO DE DESIGN REGENERATIVO

5. PREMISSA: O potencial vem da evolução da capacidade de geração de valor de um sistema para fazer contribuições únicas para a evolução de sistemas maiores.
PRINCÍPIO: Trabalhe a partir do potencial, não dos problemas.

6. PREMISSA: A saúde contínua dos sistemas vivos depende de cada membro viver seu papel distinto.
PRINCÍPIO: Encontre sua função distinta e de valor agregado.

7. PREMISSA: Pequenas intervenções conscientes e conscienciosas no lugar certo podem criar efeitos benéficos em todo o sistema.
PRINCÍPIO: Alavancar a regeneração sistêmica fazendo intervenções nodais.

8. PREMISSA: Um projeto só pode criar benefícios sistêmicos dentro de um campo de cuidado, cocriatividade e corresponsabilidade.
PRINCÍPIO: Projetar o processo de design para ser de desenvolvimento.

ATITUDES DO DESIGNER QUE DESEJA PRATICAR A REGENERAÇÃO

9. PREMISSA: A atualização de um Self requer o desenvolvimento simultâneo dos sistemas dos quais ele faz parte.
PRINCÍPIO: Torne-se um atualizador de sistemas.

Segundo Blanco et al. (2021), podemos dizer que o Desenvolvimento e Design Regenerativo coloca o funcionamento do ecossistema local no centro do processo projetual, com objetivo de criar soluções benéficas de coevolução entre sistemas sociais e sistemas ecológicos. Os autores identificam uma abordagem emergente, que, de certa forma, é uma evolução do desenvolvimento regenerativo do Regenesis, chamada *biomimética em nível de ecossistema para design urbano regenerativo (ecosystem-level biomimicry for regenerative urban design)*, que propõe a regeneração de ambientes urbanos, emulando o funcionamento dos sistemas vivos e dos ecossistemas naturais. Blanco et al. (2021, p.2) explicam que:

> A biomimética no nível do ecossistema tem o potencial de facilitar o design regenerativo na escala urbana. Pode ter um papel significativo na fase de concepção do projeto, orientando as equipes de design para conceber projetos que possam funcionar em simbiose com os ecossistemas locais, permitindo resultados líquidos positivos, tanto

ecológica quanto socialmente, juntamente com a reconexão e coevolução dos sistemas urbanos e ecológicos.

Dentro dessa proposta, existe uma moldura de trabalho que analisa os serviços do ecossistema local e tenta traduzir esse conhecimento em premissas de design para o espaço urbano em questão. Essa moldura é composta de quatro passos: (1) análise dos serviços ecossistêmicos gerados pelo ecossistema original que existia no espaço urbano; (2) avaliação dos serviços ecossistêmicos atualmente gerados no local; (3) uma comparação entre 1 e 2, o que leva aos objetivos desejados para o projeto em termos da regeneração ecossistêmica; e (4) busca e implementação de design, tecnologia e mudança comportamental necessários para atingir os objetivos desejados. Descobri essa abordagem apenas em 2022, depois de ter colocado em prática a primeira versão do percurso metodológico ecossistêmico, experimentado em sala de aula no primeiro semestre de 2021. Coincidentemente, no percurso, sigo um princípio semelhante aos passos dessa moldura de trabalho.

Para finalizar, reforço que não faço uma distinção excludente entre Design Regenerativo e Design Ecossistêmico, pois, de fato, creio que o Design Ecossistêmico é uma proposta dentro do universo regenerativo. Apesar disso, vejo duas diferenças no Design Ecossistêmico: a primeira é a escolha de trabalhar conscientemente e de modo mais aprofundado com o pensamento decolonial e as ontologias ameríndias de Pindorama; a segunda, foi a preocupação de experimentar com a ideia da regeneração em diferentes âmbitos projetuais, e não necessariamente no nível macro socionatural do território-comunidade urbano.

Uma síntese dos aprendizados

As diferentes práticas, abordagens e disciplinas do design recém vistas apontam possíveis linhas de fuga dos domínios do Design Maiúsculo, tecendo possibilidades de futuros melhores – mais sustentáveis ou regenerados – e ensaiando visões de mundo relacionais. Todas elas aportam princípios, práticas, fundamentos, conceitos ou métodos relevantes para uma abordagem projetual eco-decolonial e ecossistêmica. O Design Transicional traz fortemente a perspectiva da transição, extremamente relevante no contexto atual, trabalha com o pensamento e a escala sistêmica e enfatiza a dimensão local para uma possível "restauração" sistêmica. Além disso, o Design Transicional fala sobre a postura e a mentalidade do designer, algo para o qual o Design Ecossistêmico também atenta, preferindo chamá-las de visão de mundo e subjetividade. Outro ponto de destaque é sua natureza educativa: a abordagem nasceu em sala de aula, e é nela que faz seus experimentos e exercícios. Já o Design Especulativo nos ajuda a projetar *utopias* selvagens, ao propor uma prática projetual que reflete acerca dos possíveis futuros que podemos criar, quando chacoalhamos e questionamos o presente vivido. Buscamos, nessa disciplina, a possibilidade de especular criticamente, criar possibilidades sem se restringir às constrições mercadológicas, tendo a prática artística como inspiração. Noto o papel relevante que a sala de aula também tem no desenvolvimento do Design Especulativo, por meio do trabalho de Dunne e Raby no RCA. Por fim, no escopo do Design Regenerativo podemos localizar o Design Ecossistêmico, uma vez que todos buscamos a regeneração como meta. Contudo, embora estejamos localizados nos domínios regenerativos, a abordagem que proponho também tem suas particularidades, como recém mencionado.

Muitas janelas, abas e repertórios foram abertos no percurso até aqui, então, creio caber uma breve síntese dos aprendizados com toda essa caminhada. Assim, decantamos o que foi visto e organizamos melhor o pensamento para o que vem adiante, separando os aprendizados em: (1) contexto, é o que é dado da realidade presente e constitui o contexto no qual trabalhamos; (2) premissas, são aquelas que assumimos como verdades a partir das quais constituir novas visões/ontologias; (3) princípios, com os quais podemos conceber formas de projetar em acordo com as premissas.

CONTEXTO

- Estamos passando por um período de transição, uma mudança de paradigmas, que tem a crise ambiental como um de seus principais detonadores;
- A visão de mundo (subjetividade ou ontologia) ainda dominante é a euroantropocêntrica caracterizada pelo androcentrismo, racionalismo, logocentrismo, dualismo dicotômico, etc.;
- Essa transição requer a mudança das visões de mundo/subjetividades humanas, para além do paradigma euroantropocêntrico;
- O movimento pendular de regresso ao passado nos leva a olhar para a ancestralidade pré-moderna, para um tempo em que Homem e Natureza não se apresentavam como polos opostos;
- Existem visões de mundos Outros sendo exercitadas, como o Bem Viver incorporado aos governos do Equador e da Bolívia – ou como as visões ancestrofuturistas e amazofuturistas nas artes e na literatura;
- Existem práticas e abordagens do design trabalhando na direção da transição e da regeneração, de modo ainda incipiente, incompleto ou ocidentalocêntrico.

PREMISSAS

- Toda existência é interdependente e coemergente e a realidade é formada por uma tessitura hipercomplexa de relações entre biota e abiota;

- Tudo é natureza – somos todos uma mesma vida;
- Seres vivos criam o meio como o meio cria os seres vivos – a mente cria a matéria ou as visões de mundo criam mundos e vice-versa;
- O design está imbricado nessa premissa, uma vez que "Somos projetados pelo que projetamos, pois o projetado exerce uma ação projetual sobre as pessoas";
- Pela perspectiva evolutiva, diferentes seres vivos têm mente, subjetividade e agência, não apenas os humanos;
- A vida humana é feita de narrativas – e tanto narrativas quanto palavras têm poder na atualização da realidade ao nosso redor;
- Todos os seres cumprem um papel no equilíbrio do ecossistema;
- O cérebro humano é "programável" por meio de artefatos;
- Repertórios eco-decoloniais fomentam um linguajear humano voltado para a regeneração e os pluriversos;
- Uma ecologia para a regeneração considera os três registros ecológicos (mental, social, ambiental) e inclui uma dimensão além-racional (espiritual);
- É preciso pensar em caminhos para conduzir a transição.

PRINCÍPIOS

- Desenhar *utupias* como visões de futuros alternativos e pluriversais;
- Projetar para o *Nhandereko*/Bem Viver, levando em consideração a Pacha, a não dualidade (multipolaridade), o equilíbrio, a diversidade e a descolonização;
- Reconectar com o princípio feminino, a Mãe Terra, Nhandecy-Pachamama;
- Considerar o equilíbrio dos ecossistemas locais como objetivo projetual, estudando as conexões biota-abiota e humano-não

humano do local, atentando para as relações e os sistemas aninhados;

• Focar no processo projetual e na evolução coemergente do artefato projetado;

• Fomentar a inclusão e a participação da diversidade além-humana;

• Desenvolver projetos radicalmente contextuais, considerando o ecossistema natural local em suas dimensões social, subjetiva e cultural;

• Projetar ecopositivamente, ou seja, contribuindo para a homeostase e o aumento da diversidade dos ecossistemas locais.

5
design ecossistêmico

... somos projetados pelo que projetamos, então o projetado exerce uma ação de design sobre as pessoas[67]
BORRERO, 2022

Chegamos finalmente no momento de apresentar em seus detalhes o Design Ecossistêmico, essa abordagem projetual cujas bases e fundamentos expliquei nas páginas que aqui desembocam. O Design Ecossistêmico se origina em um artigo incipiente, nunca publicado, que escrevi para uma disciplina do mestrado em 2016, em que eu propunha "uma abordagem ecossistêmica para o Design Estratégico"[69]. Então, o que eu buscava era organizar as características de uma abordagem de Design Estratégico que estivesse embasada no pensamento sistêmico e na complexidade, como um "design para/na complexidade" que levasse em consideração a saúde dos ecossistemas no projeto. Já fazia parte desse embrião a sua relação com as filosofias orientais e com a Ecosofia de Guattari (2012b), mas não com a decolonialidade e as ontologias relacionais dos Suis. Eu tentava elencar as bases conceituais que, a partir da complexidade, dariam orientação à prática projetual. Para isso, formulei um diagrama (figura 12), ilustrando três pilares – interdependência, coemergência e impermanência – que surgem a partir de quatro características-chave do pensamento sistêmico elencados por Capra e Luisi (2014): das partes para o todo; dos objetos para as relações; da objetividade para a subjetividade; da certeza para o aproximado. Embora, naquele momento, todo meu pensamento ainda fosse embrionário e imaturo, eu já tinha alguns indicativos do que constituiria essa abordagem. O percurso de doutoramento serviu para criar bases teóricas mais maduras para o Design Ecossistêmico, além de permitir uma gama de experimentações autorais em cima desses construtos, testando-os, validando-os ou aprimorando-os. Ainda assim, o que apresento é uma construção incompleta, que evoluirá pela mão de todos aqueles que a adotarem e a escolherem como possibilidade para refletir sobre suas ações projetuais. Lembrando que, para o Design Ecossistêmico, assim como para as disciplinas citadas no capítulo anterior, todos nós somos designers, todos temos agência

---

[68] Frase por Alfredo Borrero (2022, p.145), com base em Tony Fry.
[69] Deixei o artigo na íntegra no Anexo C da tese do doutorado, como foi escrito à época.

construtiva do mundo ao nosso redor, inclusive os seres não-humanos com os quais intersomos em Gaia. Portanto, os princípios da abordagem ecossistêmica aqui apresentados servem para qualquer pessoa que queira exercitar um caminho eco-decolonial para a regeneração.

Figura 12: Bases conceituais para o Design Ecossistêmico
Fonte: Elaborado pela autora, 2016

E então, como apresentar o Design Ecossistêmico hoje? Sucintamente, o Design Ecossistêmico é uma abordagem de design relacionada ao Design Regenerativo, voltada para a regeneração de ecossistemas naturais que, para fazê-lo, estimula o descentramento do *anthropos* e a descolonização da visão de mundo euroantropocêntrica dos sujeitos-projetistas – essa segunda parte também entendida como uma "regeneração subjetiva". Dito de outra maneira, é um modo de encarar o ato de projetar e seus objetivos, que articula aquilo que chamo de Três Dimensões Ecossistêmicas, a fim de direcionar os resultados projetuais para o bem viver, isto é, para o benefício dos humanos e da alteridade além-humana dos ecossistemas locais. Esse movimento regenerativo parte de um sujeito-projetista regenerado. Pois, como poderia conceber uma regeneração verdadeiramente ecossistêmica se esse sujeito estiver cindido pela mentalidade antropo-ego-falo-logocêntrica?

O foco do design passa a ser a transformação da visão de mundo do sujeito-projetista, estimulada *por meio da ação projetual*, a fim de romper com o paradigma euroantropocêntrico que a restringe, tornando-a apta a conceber a restauração positiva do ecossistema. Ou seja, o objetivo final é a *regeneração ecossistêmica*, que inclui (1) a restauração ambiental, (2) a reconfiguração dos modos-de-ser coletivos e (3) a regeneração subjetiva. Para desencadear (1), o (3) é pressuposto e o (2) pode surgir naturalmente como consequência do processo projetual ou da intencionalidade metodológica.

A lógica que opera na base do Design Ecossistêmico pode ser representada por um diagrama de círculos concêntricos, ilustrado na figura 13 a seguir. A imagem mostra as Três Dimensões Ecossistêmicas, que são:

(1) **subjetiva / individual**;

(2) **coletiva / social**; e

(3) **ecossistêmica / ambiental**,

cuja origem remonta às Três Ecologias de Guattari. Essa lógica diz que todo artefato criado a partir do Design Ecossistêmico deve necessariamente articular as Três Dimensões para chegar ao seu propósito regenerativo. Toda ação projetual parte de um sujeito-projetista, que deve trabalhar colaborativamente, coletivamente, transdisciplinarmente, a fim de alcançar o objetivo máximo de regenerar o ecossistema do território projetual. Existe, nisso, uma tração que parte do sujeito e aterrissa no ecossistema, que não se configura como um movimento unidirecional, e sim como um fluxo atencional: o sujeito se desloca de sua subjetividade antropocêntrica para ser natureza e se integrar no ecossistema, em relação dialógica com o todo. Tudo retroage no sujeito, uma vez que este sempre se encontra acoplado ao seu meio, portanto, quão mais sensível este estiver em relação à sua pertença ao mundo, mais permeável e sensível seu organismo estará para as necessidades do coletivo e do ambiente. O coletivo surge como uma comunidade de apoio e prática, como corpo social que possibilitará a criação do artefato vislumbrado. Sujeito, coletivo e ecossistema são redes dentro de redes – tudo é relação e conexão.

Figura 13: As Três Dimensões Ecossistêmicas
Fonte: Elaborado pela autora, 2020

Na representação gráfica das três dimensões, estas parecem isoladas umas das outras, como se compostas de fronteiras rígidas ou impermeáveis. Este não é o caso, contudo. Tentei, a fim de dirimir essa percepção errônea, conceber um diagrama diferente, em forma de espiral (figura 14), porém este leva à impressão de que as esferas sejam a evolução contínua uma da outra, o que tampouco é correto. Revisitando o ensaio de 2016, encontrei ainda outra tentativa (figura 15), em que procurei "dissolver" cada esfera na outra, mostrando que elas permeiam umas às outras, porém, o resultado visual fica confuso. Assim, resolvi assumir a limitação da primeira representação gráfica, preferindo os círculos concêntricos, por terem sido encontrados em outras propostas e por acreditar que assim está melhor ilustrado o princípio hologramático dos sistemas aninhados. Efetivamente, um sujeito está contido em um coletivo social, que está, por sua vez, contido em um ecossistema natural; e cada um deles tem suas fronteiras, por mais abertas que estas possam ser. Assumi a representação espiralada como identidade visual gráfica do Design Ecossistêmico,

Figura 14: Tentativa de representação das Três Dimensões em forma de espiral
Fonte: Elaborado pela autora, 2020

Figura 15: Tentativa de representação permeável das Três Dimensões
Fonte: Elaborado pela autora, 2020

nas ocasiões em que fiz chamadas abertas para o público usando o nome "Design Ecossistêmico".

Preferi usar duas palavras para cada dimensão, por encontrar reforços ou complementos de significado nos pares colocados. "Indivíduo" é visto, aqui, como uma unidade viva da espécie humana, mas pela ótica complexa: por meio do acoplamento estrutural e da coemergência, sabemos que cada indivíduo de qualquer espécie tem capacidade de cocriar a realidade que o cerca, sempre em relação dialógica, em conexão com o todo, nunca isolado, o que difere da visão antropocêntrica de "indivíduo". "Sujeito" reforça a dimensão processual da subjetividade que o indivíduo carrega em si e que é um composto heterogêneo de valores, crenças, visões de mundo etc. "Social" e "coletivo" se complementam: enquanto o primeiro é o conjunto de pessoas com características culturais semelhantes o suficiente para que formem um sistema social, o segundo se refere ao grupo que faz parte do, ou se liga ao, projeto e seu território. Coletivo e social fazem parte de um *locus* ecossistêmico; apenas que o "coletivo" está mais diretamente ligado ao projeto, ao discurso do coletivo da prática. Por fim, a Dimensão Ecossistêmica é aquela que mostra as relações ecológicas do ambiente, no qual estão todos os seres vivos e suas condições de vida – biota e biocenose. "Ambiente" é simplesmente um termo mais abstrato e abrangente, como geralmente é usado "meio ambiente" e àquilo ao qual todo organismo se acopla, enquanto "ecossistema" faz alusão mais diretamente ao entendimento ecológico do território, onde são consideradas as características do ecossistema local: fauna e flora específicas, topografia, hidrografia e condições climáticas. Entre sujeito/indivíduo, coletivo/social e ambiente/ecossistema não existem fronteiras impermeáveis; as relações dialógicas do existir de cada ser formam, concomitantemente e recursivamente, os sujeitos, o coletivo e o ecossistema.

Agora, vejamos novamente o diagrama do Desenvolvimento e Design Regenerativo (figura 11 anterior) em diálogo com as Três Dimensões Ecossistêmicas. De modo equivalente, Mang e Haggard (2016) delimitam três esferas concêntricas que começam com "si mesmo" ("*oneself*"), ou seja, com o indivíduo designer; passam para a "comunidade" ou "time"; e chegam no "Sistema", que também trata da regeneração de ecossistemas locais. A diferença que vejo, nesta última esfera, entre Desenvolvimento e Design Regenerativo e Design Ecossistêmico, é que a regeneração ecossistêmica parece ser uma condição secundária à dimensão social no Desenvolvimento e Design Regenerativo. Há diferença também no tratamento da primeira esfera: para o Design Ecossistêmico o sujeito é a chave para desencadear a regeneração, enquanto o Desenvolvimento e Design Regenerativo dá uma atenção mais marginal para o papel da subjetividade no processo regenerativo.

O Regenesis chama esse diagrama de "três linhas de trabalho": (1) O trabalho *do designer*; (2) O trabalho do *processo* de design; e (3) O trabalho do *produto* desenhado. Equitativamente, em minhas elucubrações acerca das Três Dimensões Ecossistêmicas, também busquei relacioná-las com as três dimensões do design, a saber: (1) design como significado; (2) design como processo; e (3) design como produto. A relação da esfera ecossistêmica/ambiental com a dimensão do produto é bastante direta: é o *produto*, enquanto *resultado* da ação projetual, que vai ajudar na regeneração do ecossistema; o resultado do projeto objetiva a restauração ambiental, a saúde e a homeostase do ecossistema como um todo. As demais relações são menos óbvias. Vinculei, assim como o Regenesis, a esfera coletiva/social à dimensão processual do design, pois o ato de projetar raramente se dá sem envolver um grupo de diferentes atores, estando mais para um codesign, um movimento coletivo que envolve diferentes expertises em ação conjunta. O processo projetual é colaborativo, como o processo do nosso *linguajear* enquanto mamíferos sociais. Contudo, a evolução coemergente que ocorre após a implementação de um projeto também tem sua evidente dimensão processual; a evolução é um processo que se dá no decorrer da flecha do tempo. Destarte, vemos que o resultado de um projeto também pode ter sua dimensão processual, ou seja, "design como processo" pode ser aproximado com a dimensão social e também com a dimensão ambiental, mas, concordo com Mang e Haggard quando estes correlacionam com o social, pois está aí a relação mais forte para o âmbito projetual.

Quando pensei no "design como significado", tive a tendência de considerá-lo na esfera subjetiva, pois, afinal, é o sujeito com seu aparato cognitivo, seu organismo, sua Cosmologia Cerebrocêntrica etc., que dá significado ao mundo ao seu redor. Contudo, significados também são coletivamente atribuídos, por exemplo, por meio de discursos e narrativas, ainda que incorporados no indivíduo. Vamos considerar o funcionamento do cérebro: um órgão que consome uma quantidade significativa de energia e que sempre busca otimizar seu funcionamento a fim de reduzir esse consumo (não consigo não fazer uma correlação com os selos de eficiência energética dos eletrodomésticos). Pois bem, uma forma do cérebro aumentar sua eficiência é adotando determinados parâmetros como "verdadeiros" e, assim, automáticos: "o céu é azul". Não é, mas percebemos como sendo e temos isso como verdade, então, nosso cérebro vai acessar a resposta automática "azul" e não vai tentar elaborar uma explicação diferente cada vez que uma criança nos perguntar "que cor o céu tem". Quando estamos dentro de um coletivo social, uma "tribo" qualquer ou uma comunidade de prática (como a comunidade dos designers), o mecanismo se repete e adota como respostas automáticas aquelas premissas adotadas nesses contextos, desde que, claro, o indivíduo esteja disposto a aceitar essas premissas como suas verdades: "a forma segue a função".[70] Deste modo, perceba que o significado das coisas pode, sim, ter uma construção social, mas ele precisa encontrar abertura na subjetividade de cada indivíduo.

Cardoso (2012, p.61) explica a dimensão simbólica dos artefatos, em que podemos também observar sua natureza ao mesmo tempo material e perceptiva, individual e coletiva: "*[...] seis fatores que condicionam o significado do artefato, possuindo a capacidade de modificar a suposta imobilidade ou fixidez de sua natureza essencial (o que os filósofos chamariam de sua 'ontologia'). Três desses fatores estão ligados à situação material do objeto e três outros estão ligados à percepção que se faz dele. Os da primeira categoria são: uso, entorno e duração. Os da segunda categoria são: ponto de vista, discurso e experiência*". Apesar de haver uma construção coletiva de um repertório que nos permite transitar pelo mundo, é na experiência individual que, ao fim e ao cabo, ocorre a introjeção do mundo e seus sentidos, como evidenciado em Rolnik (2018, p.52): "[...] quando vemos, escutamos, farejamos ou tocamos algo, nossa percepção e nossos sentimentos já vêm associados aos códigos e representações de que dispomos, os quais projetamos sobre esse algo, o que nos permite atribuir-lhe um sentido". Por meio dessa capacidade, que Rolnik chama de "pessoal-sensorial-sentimental-cognitiva", é produzida a experiência subjetiva, surge o sujeito capaz de transitar na experiência social, capaz de "[...] decifrar suas formas, seus códigos e suas dinâmicas por meio da percepção, da

---

[70] *"Form follows function"*, uma máxima do Design Maiúsculo, originada em um texto de 1896, do arquiteto estadunidense Louis Sullivan, em que ele diz: "*It is the pervading law of all things organic and inorganic, of all things physical and metaphysical, of all things human and all things super-human, of all true manifestations of the head, of the heart, of the soul, that the life is recognizable in its expression, that form ever follows function. This is the law.*", disponível em <https://bit.ly/3AdhdAP>. Essa máxima foi incorporada aos ensinamentos da Bauhaus e de Ulm, anos depois.

cognição e da informação, estabelecer relações com os outros por meio da comunicação e senti-las segundo nossa dinâmica psicológica".

Desse modo, apesar de sabermos que os pareamentos de cada esfera não são fechados em si mesmos, vamos assumir a seguinte aproximação entre as Três Dimensões Ecossistêmicas e as três dimensões do design, tendo em vista as ressalvas feitas: subjetiva/individual → design como significado; coletiva/social → design como processo; ecossistêmica/ambiental → design como produto.

Além deste entrecruzamento dimensional, há um outro possível, entre as Três Dimensões Ecossistêmicas e os três tempos: passado, presente e futuro (figura 16). A correlação estabelecida é esta: (1) o sujeito é o *presente*, na medida em que são seus pensamentos e ações concretas, no aqui e agora, que configuram a realidade. Em outras palavras, a interdependência simbiótica entre toda matéria é o que constitui o presente, a cada instante (lembrando que toda essa matéria é dotada de uma mesma *anima matter*, um mesmo espírito, segundo o pensamento indígena). É dos sujeitos que parte a ação de criação do mundo. Segundo o Budismo, há três instâncias de geração de karma: o pensamento, a fala e o gesto (a ação), pois cada uma delas têm consequências, cada uma interfere na existência. (2) O coletivo é o *passado*, pois é na coletividade que residem as estórias, a história, a memória e as narrativas; é do coletivo que herdamos as informações genéticas, biológicas e culturais que dão forma aos nossos organismos e ao mundo ao nosso redor. A ancestralidade é coletiva: a vida que herdamos se metamorfoseia, desde os primórdios, na pluralidade e na diversidade. E, por fim, (3) o ecossistema é o *futuro*, pois, como já indicado, regenerar é uma ação que visa pôr em marcha a construção de um futuro visualizado; é a concretização do objetivo projetual, que se desenrola no longo prazo. Os diferentes autores que dão base para o Design Ecossistêmico também contribuem com essa correlação. Por exemplo, Maffesoli (2021, p.129), diz que "[...] a realidade do tempo é um triplo presente. A memória como presença do passado. A atenção como presença no presente. A expectativa como presença no futuro".

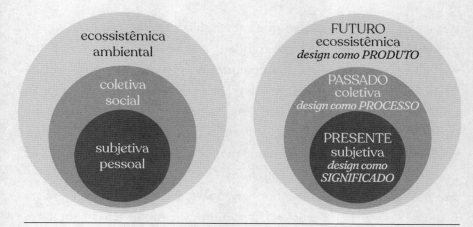

Figura 16: As Três Dimensões Ecossistêmicas, as três dimensões do design e os três tempos **Fonte**: Elaborado pela autora, 2020

Maturana e Varela (2001, p.138) nos lembram que "[...] com ou sem sistema nervoso, o ser vivo funciona sempre em seu presente estrutural".

É importante, ressalto, atentarmos para o fato de não estarmos lidando com uma lógica linear do tempo. Existe, certamente, a irreversibilidade da flecha do tempo que conta a história da evolução do cosmos, desde o Big Bang até hoje: não podemos voltar no tempo (ou ao menos, não que saibamos ainda), mas, mesmo assim, o passado está presente em cada átomo existente – como memória, como informação, como conexão e aumento de complexidade. Os futuros estão no passado, na medida em que foram as suas diferentes visões que guiaram nossos ancestrais na existência (então) presente. Ao mesmo tempo, a cadeia do tempo sobre a qual fala Maffesoli (2021, p.11) tem a potência de nos projetar para o além-humano: "*A intensidade (in tendere) vivida agora tem origem naquilo que é anterior e que permite que se desenvolva uma energia futura. Cadeia do tempo. Enraizamento dinâmico. Aquilo que, ao contrário do antropocentrismo, chama atenção para o que, no homem, atravessa o homem*". Para o pensamento ancestral mesoamericano, "O tempo não é feito de uma sucessão de passado, presente e futuro, mas de um eterno presente e às vezes também de um eterno retorno, de eternidade e de circularidade" (PAVÓN-CUÉLLAR, 2022, p.55), pois o passado é algo que nunca deixa de ser, em um "eterno presente do outrora", da ancestralidade que se mantém como chama acesa. O presente está constantemente se projetando para o futuro a partir de um passado sempre vivo. Esse enraizamento dinâmico, ao meu ver, aterra-nos no presente, no Terrestre de Latour (2020b), na simpoiese[71] de Haraway (2019): "Tenho mais interesse em repensar nosso conceito de tempo. Mais que pensar questões futuristas, fazer de nossa concepção do presente algo mais denso, para que não apenas se fixe no instante atual, como também abarque nossa memória e nossa história"[72]. *Ficar com o problema*,[73] no presente, na dimensão subjetiva de onde emerge toda ação-no-mundo. Portanto, aumento um grau de complexidade no diagrama ecossistêmico, agregando nele, além das dimensões do design, também as três dimensões temporais.

Ainda sobre esse diagrama de círculos concêntricos, podemos ver que a representação é também encontrada em outros estudos que têm alguma relação com o *corpus* teórico e referencial aqui usado. Como, por exemplo, a imagem (figura 17) proposta por Livia Humaire (2022), que representa as três escalas da perspectiva multinível dentro da Teoria das Transições, a qual a autora estuda. Humaire vem, há alguns anos, trabalhando com o que chama de "negócios eco-lógicos", que são empreendimentos que, de alguma forma, fomentam mudanças sustentáveis; que desenvolvem práticas e processos que ajudam na transição do sistema vigente e estabelecem uma relação mais próxima do ser humano com a sociedade e a Terra. Vemos que a autora se interessa pela Teoria das Transições, em cima da qual desenvolveu sua pesquisa de mestrado e a proposta do diagrama. As três escalas identificadas

---

[71] "*Simpoiese* é uma palavra simples, que significa 'fazer com'. Nada se faz por si só; nada é realmente autopoiético ou auto-organizado" (HARAWAY, 2023, p.111). Haraway complementa o pensamento de Maturana, Varela e Morin ao dizer que "nada é realmente autopoiético ou auto-organizado", apontando para a evidente interdependência de toda a vida.
[72] Donna Haraway, em entrevista traduzida para o Instituto Humanitas Unisinos (IHU). Publicada em 2019. Disponível em <http://bit.ly/3GvHuuC>. Acesso em mar. 2021.
[73] Nome do livro de Haraway (2023) traduzido para o português.

por Humaire são: (1) micro (nicho) – que são redes, organismos, movimentos sociais e outros, que desenvolvem ideias, práticas e artefatos "às margens" do sistema vigente; (2) meso (sistema vigente) – identifica o sistema vigente e o quê, nele, o nicho "luta contra", é o "fluxo da maré ao qual o nicho se opõe; e (3) macro (paisagem) – diz respeito às questões ambientais e estruturais.

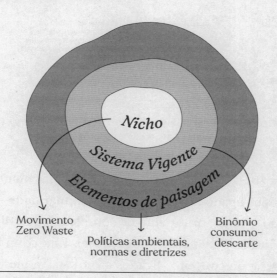

Figura 17: Três escalas da perspectiva multinível
Fonte: Redesenhada a partir de Humaire, 2022, p.23.

Outro exemplo é visto em Garcia e Franzato (2021), um diagrama (figura 18) que representa os três sentidos que eles identificam e propõem para o conceito de regeneração. Para os autores, a regeneração surge da combinação de três níveis direcionados a: (a) restabelecer a homeostase de um sistema; (b) assegurar ou potencializar a recursividade do sistema; e (c) habilitar a coevolução "que serve, ao mesmo tempo, a essência do sistema e o seu potencial (potencial de surgimento de novas significações e expressões da essência e agregação de valor aos sub e supra sistemas)" (GARCIA e FRANZATO, 2021, p.54). Assim, temos os três sentidos da regeneração que, segundo eles são: (1) *restabelecimento*, que significa devolver um sistema degradado a seu estado

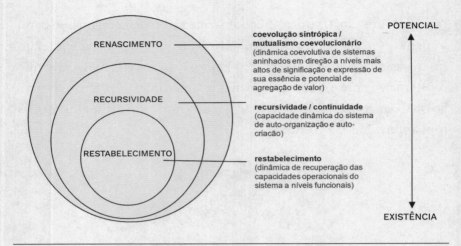

Figura 18: Três sentidos para o conceito de regeneração
Fonte: Garcia e Franzato, 2021

pré-degeneração; (2) *recursividade*, que é fomentar a autopoiese[74] do sistema, também ligado a uma noção de circularidade; e (3) *renascimento*, que diz respeito ao aumento de complexidade e diversidade do sistema, dando-lhe "nova vida" (*re-generare*). Está contida nesse diagrama uma série de conceitos ligados à ecologia, à biologia, ao pensamento complexo, à sociologia e ao design, e que resumem o pensamento que Garcia (2022) desenvolveu em sua pesquisa de mestrado. Além dessa figura, a autora também propõe outra (figura 19), ilustrando a "processualidade da regeneração nos três registros ecológicos", em que faz justamente a aproximação entre a Ecosofia de Guattari e o processo regenerativo.

Garcia (2022, p.82) defende um design regenerativo com "[...] processos regenerativos que trabalhem a autotransformação dos sujeitos concomitantemente às transformações sistêmicas". Ou seja, a autora

---

[74] Autopoiese é um conceito formulado por Humberto Maturana e Francisco Varela em 1972, na obra *De Maquinas y Seres Vivos: Una Teoría Sobre la Organización Biológica*. O termo refere-se à capacidade de um organismo vivo de produzir e regenerar continuamente seus próprios componentes e, assim, manter sua organização estrutural e funcional. Em outras palavras, um sistema autopoiético é autossustentável e auto-organizado, sendo capaz de se reproduzir e se manter em constante renovação.

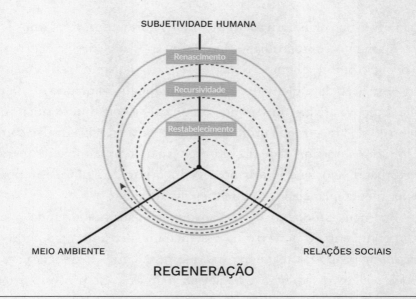

Figura 19: Processualidade da regeneração nos três registros ecológicos
Fonte: Garcia, 2022

também dá ênfase à subjetividade e sua "regeneração" (naturalmente, como outra filiada ao pensamento de Guattari). Pude participar de um dos três métodos investigativos que constituíram a pesquisa de Garcia, que foi a "Imersão e experimentação na Serra da Cantareira-SP". Nela, eu e um grupo de pessoas convidadas vivemos uma experiência, em meio à uma reserva natural da Mata Atlântica, cujo objetivo estava em experimentar com os princípios e processos que Garcia propunha para o seu DR. Segundo a autora (2022, p.81): "Esta imersão pretendeu, sobretudo, experimentar novos processos que explorassem a produção de subjetividades através do conceito de Regeneração e das três ecologias", além de coletar *insights* que contribuíssem para o aprimoramento dos processos propostos ali. Durante a vivência, tomei o cuidado de contribuir com a pesquisa da colega, buscando não influenciá-la com a minha própria investigação em curso. Mesmo assim, estou segura de que existiu uma excelente polinização cruzada naquela ocasião. Vivemos diferentes momentos de conversa, troca, construção coletiva e convivência colaborativa, em que todos nós, juntos, cocriamos um entendimento compartilhado do que "é" e "não é" design regenerativo, entre outros assuntos. Nisso, ficou claro o quanto há de coletivo na construção da subjetividade de cada indivíduo, o quanto a experiência coletiva afeta – no sentido dos afetos – e constitui os sujeitos, e vice-versa. Para a minha própria pesquisa, a experiência trouxe como inspiração a possibilidade do retiro em meio a um ambiente menos perturbado pelo cenário urbano, algo incorporado à última proposta experimental planejada durante meu doutorado.

Em meus estudos em design, ao longo dos anos e sobretudo quando mergulhada no universo da sustentabilidade, sinto incômodo ao encontrar propostas regenerativas que ressaltam o benefício para o *ser humano*, o aspecto *social* e a relevância do *socius* no processo projetual, em detrimento do benefício ambiental/ecossistêmico. Salvo algumas exceções, pouca explicação é dada ao processo da restauração ambiental no contexto do design, como se esse conhecimento fosse dado *a priori*, fizesse parte do senso comum, ou não fosse relevante o suficiente para merecer uma explicação mais detalhada. Como se não fosse absolutamente determinante dos resultados projetuais e dos próprios requisitos do projeto. Geralmente, é mencionada a necessidade da restauração ambiental, assim como é dito que a mudança da visão de mundo ou da mentalidade do participante, mas quem se detém em explicar *como*, dentro do campo do design? *Como* ocorre a restauração ambiental? *Como* é possível provocar a ressubjetivação das pessoas envolvidas no processo regenerativo?

Igualmente, me incomoda perceber a predominância da visão antropocêntrica até mesmo em projetos cujos vieses deveriam ser mais sistêmicos ou holísticos. E, por fim, fui percebendo que até mesmo as propostas mais bem intencionadas, quando ainda circunscritas pela mentalidade euroantropocêntrica, falham em dar a devida atenção ao processo fundamental da reconfiguração da nossa visão de mundo segundo parâmetros relacionais. Inclusive – ressoando com o ativista John Seed (citado por Roszak, 1995), que diz que as florestas logo desaparecerão sem uma revolução na consciência humana –, acredito que sem uma profunda transformação na nossa visão de mundo, logo faremos desaparecer tudo que não seja humano do planeta: as florestas, as montanhas, os rios e nossos parentes mais-que-humanos. Por tudo isso, escolhi focar minha atenção nas dimensões ecossistêmica/ambiental e subjetiva/individual e seus respectivos processos regenerativos, deixando em segundo plano a dimensão coletiva/social. Fica aqui um caminho para desenvolvimentos futuros do Design Ecossistêmico.

Regeneração subjetiva

> *"O abalo do nosso mundo e o abalo de nossa consciência são uma e a mesma coisa"*
> JUNG

Vimos que na Ecologia existem três níveis de interesse de estudo: do organismo, da população e da comunidade. Na camada do *organismo*, o ecólogo trata do "modo como os indivíduos são afetados pelo seu ambiente (e como eles o afetam)" (BEGON, TOWNSEND e HARPER, 2007, p.xix), ou seja, esse é o nível do indivíduo em sua interdependência ambiental. A regeneração subjetiva se dá na Dimensão Subjetiva/Individual e, embora possamos demonstrar a interdependência da vida em níveis mais microscópicos da existência – como nas células vivas, por exemplo –, é na dimensão individual onde podemos evidenciá-la mais conscientemente, e podemos trabalhar a *visão de mundo* em seu domínio mais interno, no domínio das subjetividades. Embora a Ecologia trate geralmente de indivíduos de espécies não-humanas, aqui, no caso do Design Ecossistêmico, estamos trabalhando os indivíduos da espécie *Homo sapiens*, por serem eles os agentes a configurar o Antropo-Capitalo-Plantation-Necroceno e eles a carecerem de um processo de regeneração de suas subjetividades euroantropocêntricas. O sujeito a precisar de regeneração é aquele herdeiro do projeto civilizatório ocidentalocêntrico, evidentemente, pois povos Outros carregam diferentes entendimentos para o que é um "indivíduo" e como se dá sua pertença no mundo, fundamentada por ontologias Outras.

Podemos entender um sujeito como aquele que expressa, em pensamento, fala e gesto, a sua subjetividade, única e pessoal. Sujeito é aquele que age a partir dos princípios, valores, regras de conduta e das milhares de influências que carrega dentro de si. Se movimenta em ação política, no sentido de estar sempre em negociação com um complexo tecido social que entrecruza bilhões de outros seres. Se descermos mais algumas camadas e mirarmos sob um aspecto mais primordial, sujeito é qualidade de todo ser que "computa/atua de modo egoautocêntrico e autoegorreferente" (MORIN, 2015). Assim, veja, o primeiro ato que circunscreve um sujeito é o imunológico: aquele que diferencia o organismo que se reconhece como "Eu" (Si), do "Outro" (não-Si), para defender sua integridade perante o que não é "Eu". Esse ato de distinção ontológica separa a existência em duas esferas, ensina Morin (2015): uma central, onde o Si se autoafirma como unidade, totalidade e finalidade e outra exterior e periférica, onde está o incerto, o perigo e o desconhecido. De um ponto de vista cognitivo, o sujeito se circunscreve em uma ideia de "Si" e se diferencia do "não-Si", com vistas a proteger a integridade do seu organismo, ou seja, a partir de uma operação de defesa imunológica. O autor explica que esse movimento de distinção "Si / não Si" independe de um cérebro, partindo de todo organismo, das interações de suas células entre si (reconhecendo-se) e com o entorno (protegendo-se). Assim, afirma Morin (2015, p.186) que: "*A definição do sujeito que se nos impõe não se baseia nem na consciência nem na afetividade, mas no egoautocentrismo e na egoautorreferência, ou seja, na lógica de organização e de natureza própria do indivíduo vivo: é, portanto, uma definição literalmente bio-lógica*". Definição essa que contém uma clara dimensão processual, da constante negociação do sujeito com o meio com o qual se acopla. Na perspectiva biológica, o sujeito não constitui uma substância ou uma essência, o que existe é um organismo resultante das interações com o exterior e com o interior, ao mesmo tempo substância material e atividade mental (ou "atividade computante" como diz Morin). Isso aponta para o fato de que todo ser vivo, biologicamente falando, é um sujeito e possui algum grau de subjetividade: *"Por isso, a subjetividade dos seres e a subjetividade humana não é de princípio, mas de grau. Todos estão interconectados (princípio), porém cada um exerce essa interconexão a seu modo (grau). Em nós a subjetividade é altamente complexa e consciente, e nos demais seres está presente em sua maneira singular e menos complexa"*, explica Boff (2015, p.256).

Essa origem tão basal de distinção e contraposição Si/não-Si é a raiz primordial da dicotomia que, até hoje, faz nosso pensamento ser disjuntivo e nos torna, literalmente, egoístas em construção e funcionamento. A partir dessa base, o sujeito se complexifica e adquire características psicológicas, humanísticas, computantes, entre outras, tornando o conceito de "sujeito" ao mesmo tempo lógico, organizacional, ontológico e existencial (MORIN, 2015). Então, se na operação mais fundamental de construção de cada sujeito, há um princípio de egoautocentrismo, existe, por assim dizer, uma "desculpa" para nosso comportamento cego e egoísta na contemporaneidade? Pois, creio que não, uma vez que há muito mais camadas sobrepostas naquilo que, afinal de contas, vai constituir nossa subjetividade humana, aquilo que habita o corpo biológico de cada sujeito, e esconder-se atrás de um princípio egoísta da formação do Si/Eu, é uma simplificação estéril.

Os sujeitos são *agentes* na medida em que negociam a própria existência na rede de relações da vida; em que constituem coletivamente a tessitura da realidade a partir dos infinitos movimentos de distinção imunológica "Si / não Si". Segundo Deleuze (2012, p. 99), "O sujeito se define por e como um movimento, movimento de desenvolver-se a si mesmo", de barganhar sua existência relacional com criatividade e artifícios. Tal movimento se dá na relação dialógica entre desenvolver-se a Si mesmo e devir Outro; na relação de distinção Si/Eu <> não-Si/

Outro. O sujeito, organismo computante que apreende o mundo ao seu redor com movimentos dialógicos entre ser e distinguir-se, age e responde de acordo com a interpretação que faz dessa vivência e com os recursos que lhe cabem. Para Deleuze (2012) e Guattari (2012a), a subjetividade tem um sentido de criatividade processual, por ser uma construção heterogênea e mutável, fruto de agenciamentos e universos referenciais, de crenças, culturas, valores e etc. Ao movimentar-se entre a afirmação de Si – sua autoegorreferenciação – e todos seus possíveis devires, o sujeito inventa a si próprio e ao mundo ao seu redor. É, portanto, um ser criativo, um ser de artifícios. O sujeito, ao existir, concebe as condições da própria existência e a modifica conforme o que vê, absorve, computa, presume ou compreende: para distinguir-se, cria a distinção. É esse movimento, essa negociação, que constitui a dimensão da *existência*, o presente. O sujeito, *encarnado como organismo biológico*, existe apenas nessa dimensão; é a partir da ação dele que o mundo toma forma. Essa é a dimensão mais importante, no sentido de determinar, efetivamente, o que vai ser do mundo, em qualquer escopo temporal futuro – um futuro sempre carregado de passados.

Essa noção de sujeito, contudo, é uma que dialoga mais diretamente conosco, seres antropocêntricos, pois diferentes povos do mundo, com suas diferentes ontologias e cosmogonias, têm diferentes concepções de "subjetividade". Por exemplo, Limulja (2022, p.61) explica que a pessoa yanomae (da etnia Yanomami) é um corpo físico e metafísico complexo composto de um invólucro externo, sua pele (*pei siki*), um corpo imaterial interior (*pei uuxi*) e o *pei miami*, o centro da pessoa. Diz Limulja que "*Pei uuxi* corresponde a uma interioridade metafísica, um conjunto de quatro elementos espirituais cuja integração constitui a pessoa humana", que são: o *pei pihi*, o rosto, como é expresso pelo olhar do indivíduo – "Metaforicamente, o *pei pihi* corresponde ao pensamento consciente subjetivo e ao princípio das emoções" —; o *pei a në porepë* que é, de certa forma análogo ao espírito contido pelo corpo dos seres vivos; o *pei utupë*, a imagem vital interna dos seres; e o *rixi*, que "designa um alter ego animal ao qual todo yanomami se considera ligado (p.63). A esse conjunto de componentes que formam o *pei uuxi* Bruce Albert aproxima a ideia de *psique* da psicologia. A explicação para essa subjetividade Yanomami é muito mais complexa que isso, portanto deixo aqui apenas um gostinho dela, para dar uma noção de outras perspectivas existentes.

Assim, tendo como raiz sua própria ontologia, cada sujeito expressa uma subjetividade única que não é uma estrutura hermética genética ou social determinada previamente à sua existência. A subjetividade é ela mesma processual: é o que aflora como resultado do choque de inúmeras placas tectônicas que flutuam no magma subterrâneo da mente. Essas "placas", esses componentes são constituídos por sistemas de signos manifestados através da família, da religião, da arte, da educação, etc.; por elementos fabricados pelas indústrias midiáticas e informacionais, como a televisão, o cinema, etc.; mas também pelas *Brainets* às quais nos conectamos; e por todo um repertório de experiências de acoplamento que vão informando e delimitando uma noção de Si-no-mundo. Certamente, a expressão da nossa subjetividade também está, até certo ponto, condicionada pela configuração biológica e química do nosso organismo e pela informação genética e social que herdamos de nossa linhagem genealógica. Adicionalmente, no mundo moderno, que apartou o sujeito da sua própria natureza, as interfaces mediadoras da sua experiência enquanto ser vivente são componentes produtores da sua subjetividade: a roupa, o sapato, o óculos, o carro, o apartamento de 40m2 no 15° andar de um condomínio com 420 unidades apartadas da rua por um alto muro e um jardim heterotópico[75] cuidadosamente planejado, de onde vemos um mar de concreto: tudo concorre para a circunscrição de um Eu enquanto sujeito *neste* mundo.

---

75 Heterotopia é um conceito proposto por Foucault, designando locais (*topos*) que divergem dos espaços normativos da sociedade, como lugares que invertem, distorcem, contestam e/ou espelham a ordem social. Ele traz algumas categorias como, por exemplo, as heterotopias de desvio, que são as prisões e os manicômios e as heterotopias temporais, representadas pelos museus e bibliotecas.

Existe um grande "porém", na formação da subjetividade latinoamericana, que diz respeito às suas duas metades e, sobretudo, àquela que evitamos reconhecer como sendo componente de nossa constituição: é como se carregássemos uma subjetividade dupla. Como vimos nos capítulos um e dois, nós, latinoamericanos, somos herdeiros de uma subjetividade cindida em duas partes, resultantes do processo colonial perpetuado por séculos em nosso território. Essa "dupla consciência" que perdura e que nos leva a negar nossa metade-Outra, evidencia que não houve, como alguns gostam de acreditar, uma miscigenação da nossa subjetividade, uma alquimia das diferentes "psiques" confrontadas nesse processo: "O que de fato ocorreu foi a sobreposição de um estilo cognitivo e afetivo sobre outro, que ficou como que fossilizado" (GAMBINI, 2020a, p.29). Gonçalves (2019) nos lembra que a mestiçagem que ocorreu foi sob pretexto de embranquecer os povos dominados e supostamente torn-a-los melhores pois mais próximos da "raça branca" superior. E Viveiros de Castro (2016, p.11) explica que o *mestiço*, como narrativa que cria um ideal pós-colonial, "[...] é o ente antropológico que não é *nem* índio *nem* branco – *mas é branco*, porque a colônia tornada Estado-nação é um efeito da invasão europeia". O que se mistura resulta forçosamente no Branco, já que o não-Branco é um não-Ser perante a colonialidade.

A negação e a repressão reiteradas dos elementos Outros que constituem nossa visão de mundo e nossa identidade geraram uma incapacidade de percebermos o indígena "como parte nossa e do povo brasileiro, como uma de nossas raízes, elemento fundante da alma brasileira", diz Caribé (2020, p.35), quer dizer, como componente enterrado que constitui a nossa subjetividade. Muitos de nós, autodeclarados "brancos" nos formulários de candidatura a empregos e afins, temos ainda mais dificuldade de reconhecer nossas metades enterradas. Porém, ainda que sejamos descendentes diretos de povos europeus, somos nascidos nas terras de Abya Yala e, assim, somos também esse mosaico cacofônico de subjetividades Outras, pois não é apenas a cor da nossa pele que concorre para a produção da nossa subjetividade, nem é apenas nossa cultura, nem nosso DNA, nem a cosmologia nem os símbolos que adotamos como nossos – é tudo isso e mais. É a encruzilhada e a muvuca, da Amazônia ao Sertão, do funk ao jazz, da seda ao fuxico, do samba à valsa, da moqueca ao *steak au poivre*.

Até aqui tenho montado uma colcha de retalhos – e seguirei fazendo – do pensamento e de conceitos indígenas de diferentes etnias, mas não gostaria de dar a falsa impressão de estar romantizando a experiência ou o conhecimento dos povos tradicionais. Certamente não podemos romantizar nem o passado nem o presente indígena: não houve e não há sociedade ideal, nem ocidental nem não-ocidental. Não há raça ou sabedoria puras, é tudo aprendizado e adaptação ao longo da linha do tempo das mutações da vida. Tudo é, em maior ou menor grau, mistura (ainda que com metades cindidas!). Os povos autóctones que ainda resistem na América Latina, após mais de 500 anos de conquista e colonialidade, são uma mistura de culturas, crenças e hábitos. Exemplificando: recentemente recebi, no grupo de colegas de trabalho, um vídeo de mulheres indígenas performando um canto e empunhando maracás, como forma de agradecer um curso de coleta de sementes nativas que havia sido ofertado e realizado para sua aldeia, pela empresa: o canto era um *Pai Nosso* recitado na sua língua nativa – é este o sincretismo contemporâneo do devir-Branco que resiste em um Si indígena. Por outro lado, concomitantemente a esse devir-Branco, acontece hoje um movimento de redescoberta do sujeito indígena, uma retomada de sua metade apagada, um devir-Indígena, como explica Viveiros de Castro (2016, p.11):

> Os índios que 'ainda' são índios são aqueles que não cessaram de preservar seu devir-índio durante todos esses séculos de conquista. Os índios que agora 'voltam a ser' índios que reconquistam seu devir-índio, que aceitam redivergir da maioria, que reaprendem aquilo que não lhes era mais ensinado por seus ancestrais. Que lembram do que foi apagado da história, ligando os pontos tenuamente subsistentes na memória familiar, local, coletiva, através

de trajetórias novas, preenchendo o rastro em tracejado do passado com uma nova linha cheia.

Esse "índio" que reaprende a "ser índio" o faz após "descobrir-se índio", pois, após séculos de imposição do projeto euroantropocêntrico e sua forçada miscigenação, em um ato de buscar reconhecer-se, faz emergir das profundezas do seu Eu aquilo de selvagem que em tão grande parte o constitui, o "índio" encontra a Si. Kaká Werá Jecupé é uma dessas pessoas: descendente de pais tapuias, Werá reafirmou-se indígena e passou a pesquisar, estudar e escrever sobre sua cultura ancestral, nesse movimento contra-colonial, de recusa da homogeneização e totalização moderna. Explicado pelas palavras de Viveiros de Castro (2016, p.11): "[...] o antimestiço como ideal dos povos indígenas que se confrontam com a pressão modernizadora eurocêntrica é o ente antropológico que é índio *e* branco ao mesmo tempo – *mas é índio*, pois a teoria da transformação que está operando aqui é uma teoria indígena". Importante frisar que nem o devir-Branco do indígena nem sua redescoberta em movimento de devir-Indígena invalidam a contribuição do pensamento selvagem para inventarmos novas e melhores subjetividades e desenharmos as linhas de fuga da crise e do colapso.

O termo *krísis*, que tenho usado desde o primeiro capítulo, é obviamente deliberado: crise, aquilo que marca a cisão de duas possibilidades, duas metades de uma mesma moeda. Em sua raiz latina, designa o momento em que uma doença pode evoluir tanto para a cura quanto para a morte. No contexto atual, a palavra serve para caracterizar tanto a emergência climática vivida, quanto a enfermidade que traduz, no domínio molecular das nossas subjetividades, o eminente ponto de colapso dos sistemas de Gaia. "Produzimos um sistema doente porque estamos doentes e, por estarmos doentes, adoecemos o sistema", afirma Sanchez (2020, p.217), com a lógica recursiva que já compreendemos a partir do entendimento que "visões de mundo criam mundos". Nossa visão de mundo nos levou à separação da natureza; e tudo que é apartado da natureza, sendo ela a própria vida, morre. Estamos doentes, pessoas e planeta. E precisamos urgentemente de uma cura, se quisermos reverter o quadro que se apresenta com uma nitidez cada vez mais dura, dia após dia.

Caribé (2020) nos traz um fio condutor para um processo de cura, ensinado por Jung, que trata do mecanismo de projeção psicológica que ocorre diante do confronto com o desconhecido: "Tudo o que é desconhecido e vazio é preenchido com projeções psicológicas; é como se o próprio pano de fundo do investigador se espelhasse na escuridão. O que vê no escuro, ou acredita poder ver, é, principalmente, um dado de seu próprio inconsciente que aí projeta" (JUNG apud Caribé, 2020, p.39). O que se projeta é a *sombra* de quem encara o desconhecido. Pensemos no episódio da colonização: isso significa que, no embate do invasor com o invadido, o primeiro projetou no segundo, a partir do assombro de seu total desconhecimento da realidade indígena, a sua própria sombra, a sua própria selvageria, seu pecado, sua falta de alma, sua preguiça. Projetou no Outro o que trazia de sombra em si. Pois é justamente ao buscarmos acolher, e não negar nosso passado, com o carinho de quem sabe que somos todos seres imperfeitos, que estaremos aptos a perdoar a sombra do conquistador em nós projetada, e passaremos a curar essa ferida que diz de nós o que não somos. Veja, do encontro com o desconhecido (o indígena) surgiu a sombra (do colonizador) projetada em forma de narrativa – quantas cartas não foram escritas, quantos mitos não foram criados sobre nossos povos nativos – e, com o passar do tempo e a repetição de estórias marteladas à exaustão, o indígena passou a carregar essa sombra. E nós, portadores de nossa dupla consciência, também a carregamos, ainda que enterradas nas profundezas do nosso magma interno. Precisamos lançar luzes sobre as sombras. Para Gambini (2020b, p.25), somente "a reconexão com a natureza, com a ética e com a solidariedade humana poderá nos trazer a luz que tanta falta nos faz nesta agonia".

A partir daqui surge a primeira cura, e talvez a mais importante de todas. Se elencarmos as principais dicotomias euroantropocêntricas – Homem|Natureza, Razão|Emoção, Objetivo|Subjetivo, Mente|Espírito,

Masculino|Feminino, Branco|Não-Branco, Civilizado|Selvagem – e formarmos grupos com cada metade, teremos dois conjuntos: (1) Homem, Razão, Objetivo, Mente, Masculino, Branco e Civilizado de um lado; e (2) Natureza, Emoção, Subjetivo, Espírito, Feminino, Não-Branco e Selvagem do outro. Proponho resumirmos o primeiro conjunto como "Eu" e o segundo como "Outro". Eu|Outro como síntese de toda dualidade ontológica, sendo o Outro a sombra do Eu, tudo que projeto no Outro, pois nego reconhecer em mim mesmo minha metade reprimida e apagada, minha própria Alteridade. Está aqui o princípio regenerativo da subjetividade euroantropocêntrica: o reconhecimento de toda Alteridade, como espelho – e não sombra – de Si. E não apenas o reconhecimento, como também a aceitação amorosa e o acolhimento como quem encontra partes de si muito importantes e há muito perdidas. Segundo Sanchez (2022, p.233), "A consciência de que o outro também sou eu é uma espécie de chave que abre a percepção para outros modelos de ser e estar na vida com o outro e com um outro dinamismo de consciência". E o processo de cura passa por deixarmos aflorar o que há de natureza, de feminino, de emocional, espiritual e selvagem em cada um de nós. Nisso, o amor e a amorosidade surgem como condição *sine qua non* da cura, pois é pelo caminho da "função sentimento" que seremos capazes de iluminar a jornada, como coloca Gambini (2020b, p.24):

> Considero que nossa grande tarefa é o resgate da Função Sentimento, aquela que permite o discernimento do valor relativo das coisas e engendra a compaixão. O novo momento civilizatório deverá basear-se nesse pilar cordial de compreender o páthos do planeta. Isso significa levar ao limite nossa capacidade de sentir junto com a Terra seu sofrimento, junto com as árvores em chamas sua tortura, junto com as águas poluídas sua tristeza, junto com esse ar que respiramos sua perda de oxigênio, e sintamos o que sentem esses pobres animais escorraçados dos poucos espaços habitáveis que lhes restam num planeta que também é seu.

Voltemos à ancestralidade para pensar uma noção diferente de Alteridade. Neste ponto, tomo a liberdade de misturar origens sul- e mesoamericanas, pois o estudo que apresento vai muito mais na direção de trazer inspirações diversas a quem me lê, do que seguir uma única linha antropológica, para que diferentes pessoas tenham a oportunidade de se identificar aqui ou acolá e, assim, possam iniciar seus próprios mergulhos de transformação subjetiva. David Pavón-Cuéllar, no livro *Além da psicologia indígena*, nos brinda com uma profunda pesquisa acerca da subjetividade *mesoamericana* dos povos ancestrais que habitavam a parte central de Abya Yala. Para os povos originários mesoamericanos, a subjetividade é variável: um sujeito pode ser ele mesmo ao ser muitos outros, como o pajé que assume a perspectiva de outros seres durante o transe xamânico ou durante a experiência onírica. A transcendência da experiência do Eu faz com que o sujeito mesoamericano não esteja preso em uma única identidade: "O que alguém tem sido não limita o que esse alguém pode ser. Cada um pode ser outro. Ninguém está capturado pelo que é, como nós ocidentais estamos, por mais que tentemos às vezes nos libertar do que somos" (PAVÓN-CUÉLLAR, 2022, p.37), como se o sujeito fosse sempre múltiplo. Talvez seja certo dizer que o sujeito dessas culturas é, a cada momento, a atualização de um virtual em potencial. O sujeito pode se apresentar como anciã que cura, como um jaguar mensageiro, como árvore que conecta o mundo dos vivos com o mundo dos mortos ou como a rocha que se abre para que o inframundo se manifeste; e *ele é* cada uma dessas emanações, sem deixar se ser Ele mesmo. Ele é o Outro e é o Mesmo. Uma pessoa que tem uma existência aberta ao mundo, como um ser que possui uma "paisagem interna" feita com "fragmentos do exterior", acolhendo a totalidade da existência que "abarca a natureza animal vegetal e até mineral", segundo Pavón-Cuéllar (2022, p.43).

Para os nahuas, grupo indígena originário do território onde hoje se localiza o México, o indivíduo se apresenta "como uma subjetivação da sociedade, como uma alma que é a presença mesma da comunidade, como uma ramificação do ramo comunitário" que, por sua vez, "brota do tronco da humanidade, que faz parte da árvore de tudo que existe no universo de mineral, vegetal, animal e cultural" (PAVÓN-CUÉLLAR, 2022, p.41). O sujeito, assim, é uma continuidade comunitária de uma mesma árvore de onde todas formas de vida se originam. Lembro de um vídeo com Ailton Krenak, em que ele explica que, quando a criança indígena que pega o beijú na mão diz "é meu", aquela ideia de "meu" é muito diferente da ideia que os brancos têm sobre a posse de algo. Existe uma proximidade entre as culturas ancestrais meso- e sul-americanas, no que tange esse sujeito coletivo. O "meu" ancestral se apresenta a partir de uma dimensão coletiva que é radicalmente diferente de quando o ocidental diz "o que é meu, é seu". A integridade do indivíduo indígena mesoamericano só existe na integração com a totalidade comunitária, a tal ponto que ele "se deve" à comunidade e só existe ao doar-se para eles. O sujeito é singularizado na comunidade de acordo com a posição que ocupa e a função que desempenha a cada momento – ele não é "reduzido" a um sujeito coletivo, mas é relativizado a partir de sua pertença comunitária. Alargando essa noção de pertencimento e doação comunitária, chegamos ao entendimento de que o sujeito existe como uma forma de empréstimo da vida, e que esse empréstimo, como elucida Pavón-Cuéllar (2022, p.89), "nem mesmo é para ele, mas para os demais"; "Sua existência não pertence a ele, mas aos outros, *a todo o demais*, à totalidade e a uma mãe terra que se associa com a totalidade". O Eu torna-se sua Alteridade, em um jogo de subjetividades fluidas que só adquirem sentido perante a coletividade, e como pertencimento a toda vida.

Nunca é demais reforçar, uma vez que estamos na árdua missão de descolonizar nossas subjetividades, que essa Alteridade indígena vai muito além do Outro humano, é mais-que-humana e pode assumir qualquer forma de existência, de um pássaro a um maracá, no espaço da vigília, do transe ou dos sonhos. E todas essas dimensões são igualmente válidas e são todas manifestações do espírito que a tudo permeia. Regressando à perspectiva ancestral brasileira, vale trazer aqui a visão

Yanomami. Os Yanomami são um povo diverso, com diferentes idiomas, que habitam a bacia amazônica nos países onde esta se espalha. Para a família Yanomami de Kopenawa (2023, p.30), a floresta viva é sua riqueza: "O que vocês chamam de 'natureza' na nossa língua é *urihi a*, a terra-floresta e também sua imagem vista pelos xamãs, *Urihinari a*. É porque essa imagem existe que as árvores estão vivas". *Urihinari a* é o espírito da floresta, que permeia desde as folhas aos cipós da mata, e *"në rope a"* é o "valor de fertilidade" dela, que é sua riqueza. "Para os Yanomami, a 'terra-floresta' *urihi a* não é de nenhuma maneira um espaço exterior à sociedade, cenário mudo e inerte das atividades humanas e simples campo de recursos cujo domínio se deveria controlar", explica Albert (2023, p.42), ela é uma entidade composta, como todas demais coisas vivas, de uma imagem-essência, de uma pele exterior e de seu sopro vital e, por isso, a terra-floresta sente e sofre, como sofrem os humanos e demais seres – visíveis ou invisíveis – da morada-mata. Nisso tudo, fica o convite de Gambini (2020a, p.30):

> Se nos abrimos à recepção não preconceituosa do modo de ser indígena, e de tudo que representa neste momento de crise de valores ditos modernos, estaremos trabalhando para introduzir em nossa consciência de hoje um padrão radical de alteridade, ao lado de uma lógica que nos é desconhecida, uma estética nova, uma espiritualidade muito superior à nossa, e uma sensibilidade, um modo de ser que ignoramos. Essa é a grande tarefa utópica para o século XXI brasileiro, esse nosso desafio alquímico, que parte da fusão inicial e percorre todas as etapas da transmutação dos elementos até chegar à quintessência, à última depuração da mistura, de onde brota a qualidade mais criativa e mais profunda de nossa alma brasileira. [...] E somente algo dessa envergadura poderá nos tornar inteiros psíquica e historicamente, quando então descobriríamos a plenitude, a verdade e a beleza de nossa identidade.

Se fossemos realmente sujeitos racionais, o deslocamento de Si para a Alteridade não seria muito difícil de ser realizado, pois entenderíamos que nós mesmos, na dimensão mais primordial da nossa constituição enquanto seres vivos, somos mais-que-humanos. Margulis, cujas formulações deram respaldo à Teoria de Gaia de Lovelock, comprova a simbiogênese da vida: "Somos simbiontes em um planeta simbiótico e, se prestarmos atenção, podemos encontrar simbiose em todos os lugares" (MARGULIS, 2022, p.21). Nossas células, os tijolos mais fundamentais do corpo que nos sustenta, são resultado da relação simbiótica de organismos pré-históricos que se uniram há milhares de anos. Para Margulis, a simbiose gera inovação na dança da vida, pois consegue juntar dois indivíduos diferentes para gerar uma nova forma que não aconteceria pela união de "pais improváveis". São diversos os exemplos de seres que surgem desses encontros simbióticos, desde o *kefir* que usamos na culinária até, de fato, nossas próprias células. Estas últimas contêm organelas fechadas por membranas (como as mitocôndrias) que foram, no passado, bactérias parcialmente devoradas e incorporadas dentro dos corpos de outras. Inclusive, as bactérias deixam sinais de seu passado independente, mesmo após fundem-se em simbiose: as organelas "não só proliferam dentro das células, mas se reproduzem diferentemente e em momentos diferentes do resto da célula na qual residem", explica Margulis (2022, p.65), atentando para o fato de que muitas organelas, mesmo bilhões de anos após a simbiose inicial, ainda mantêm genes (DNA) "notavelmente semelhantes aos das bactérias respiradoras de oxigênio que vivem por si sós atualmente". O livro de Myers (2012) traz uma figura que eu uso frequentemente em sala de aula, de uma silhueta humana rodeada por gráficos de pizza mostrando a quantidade de seres não-humanos que habitam ou compõem nosso corpo. Nós somos a própria Alteridade, desde o componente vivo mais micro, a célula, até o mais macro, o espírito. Pense nisso. E se a nossa noção de Si for expandida para incluir toda essa alteridade que é Nhandecy-Pachamama, que é a vida ela mesma, os comportamentos que levam à destruição de Gaia serão finalmente percebidos como auto-destruição.

A regeneração subjetiva pode começar com o descentramento do Humano de seu antropocentrismo; com seu deslocamento rumo à Alteridade, ao quê de Mulher, Selvagem, não-Branco e de Natureza que nos constitui. Na abordagem ecossistêmica, regenerar a visão de mundo significa que estaremos provocando novas ideias, crenças, valores e formas de ver, apreender e viver o mundo, com base nas ontologias relacionais e no caminho eco-decolonial. Estaremos "provocando novas subjetividades". Por meio de agenciamentos projetados para esse fim; projetados, sobretudo, para que o sujeito se veja como Outros – humanos e além-humanos. Isto, claro, cientes de que não somos responsáveis por *formar* ou *criar* qualquer subjetividade, apenas provocar nessas formações heterogêneas outros universos referenciais. Nesse exercício de provocar o sujeito para além de sua humanidade, busco estimular o que Rolnik (2018, p.56) chama de inconsciente pulsional: "Ele é o motor dos processos de subjetivação: a pulsação do novo problema dispara um sinal de alarme que convoca o desejo a agir, de modo a recobrar um equilíbrio vital, existencial e emocional". O alarme está dado, é a *krísis*, é o colapso anunciado. E o equilíbrio, proponho que seja uma negociação interna-externa entre o que se é e o que se pode ser, tensionada pela ruptura do antropocentrismo. Adiante, na parte dos "Experimentos projetuais", trago alguns exemplos de práticas conduzidas que podem servir de base para aqueles que quiserem expandir suas possibilidades ou que quiserem investigar mais a fundo seus resultados, dentro do campo do design. Antes, contudo, acho relevante trazer o que vejo como "dispositivos de produção de subjetividade", segundo o entendimento que faço de Guattari (2012b, p.15, grifo meu):

> Se não se trata mais – como nos períodos anteriores de luta de classe ou de defesa da "pátria do socialismo" – de fazer funcionar uma ideologia de maneira unívoca, é concebível em compensação que a nova referência ecosófica indique linhas *de recomposição das práxis humanas nos mais variados domínios.* Em todas as escalas individuais

e coletivas, naquilo que concerne tanto à vida cotidiana quanto à reinvenção da democracia – no registro do *urbanismo*, da *criação artística*, do esporte, etc. – trata-se, a cada vez, de se debruçar sobre o que poderiam ser os dispositivos de produção de subjetividade, indo no sentido de uma ressingularização individual e/ou coletiva, ao invés de ir no sentido de uma usinagem pela mídia, sinônimo de desolação e desespero.

A DANÇA E O CANTO

Em culturas orais, o uso de cânticos e formas poéticas são artifícios muito usados para a transmissão do saber de geração em geração. O Dhammapada[76] foi compilado algo como 200 anos após o parinirvana[77] do Buda Shakyamuni, sendo composto de versos reforçados por prosas, por exemplo. Dentro da tradição do budismo mahayana e do vajrayana, que correspondem à segunda e à terceira volta do *dharma*[78], respectivamente[79], existe a prática da recitação de mantras, como forma de treinamento da mente. Os mantras são frases curtas, geralmente escritas em sânscrito, pali (idioma arcaico da região onde fica a Índia hoje) ou tibetano, entoados repetidamente por longos minutos, ou até por horas. Segundo Powers (2007, p.265), "Mantras são invocações aos budas, feitiços mágicos, orações ou uma combinação de todos" que servem para que o praticante "internalize os atributos divinos que o mantra representa". Isto pois as frases que compõem os mantras são cheias de intenção e

---

[76] Dhammapada é o nome de um um texto sagrado pertencente ao cânone pali do Budismo Theravada, que contém um conjunto de ensinamentos atribuídos ao próprio Buda.
[77] Paranirvana é um termo utilizado no budismo para se referir ao estado final de iluminação e libertação, que é alcançado pelo Buda na sua morte.
[78] Dhama é o conjunto dos ensinamentos budistas, tendo sido ou não transmitidos pelo Buda histórico, Shakyamuni, reunindo todos os textos sagrados (conhecidos como *sadhana*), transmissões orais e livros já publicados pelos mestres das diferentes tradições e ramos budistas.
[79] Isto é, às duas fases posteriores ao budismo Theravada, que é a primeira forma da prática budista, vinda diretamente dos ensinamentos do Buda.

significado, e a repetição deles faz com que estejamos introjetando seus significados em nossa mente, de algum modo como uma reprogramação subjetiva. Um dos mantras mais conhecidos do universo budista é o mantra do Buda da Compaixão Avalokitesvara, *"om mani padme hum"*. Dalai Lama o explica (POWERS, 2007, p.265):

> *mani* simboliza os fatores do método – a intenção altruísta de se tornar iluminado, a compaixão e o amor. [...] *padme* simboliza a sabedoria [...]. Pureza deve ser alcançada pela unidade indivisível de método e sabedoria, simbolizado pela sílaba final *hum*, que indica indivisibilidade. Então, as seis sílabas *om mani padme hum*, significa que, em dependência com um caminho que é uma união indivisível de método e sabedoria, você pode transformar seu corpo, sua fala e sua mente impuras no corpo, na fala e na mente exaltadas do Buda.

A repetição ininterrupta do mantra causa uma espécie de transe na mente, pela vibração do som ecoando no corpo, trazendo efeitos benéficos para o praticante. Nunca vou esquecer uma vez que, já tendo voltado do Nepal e tendo aprendido algumas práticas com meu mestre e nossa *sangha*[80], eu estava em frente ao meu altar recitando um mantra e, lá pelas tantas, senti uma realização: eu me senti genuinamente e completamente conectada com toda existência, uma conexão tão profunda que entendi, em cada átomo do meu corpo, que é impossível fazer mal ao Outro – humano e mais-que-humano – sem fazer mal a mim mesma. Lembro de ter chorado, com um misto de gratidão pela realização e grande tristeza pela dor que a Alteridade tem sentido atualmente. O sofrimento da terra é também meu sofrimento.

---

[80] *Sangha* é o nome da comunidade de prática budista. O Buda Shakyamuni ensinou que todo praticante deve tomar refúgio nas três jóias: no Buda (sinônimo da mente iluminada), no Dharma (o conjunto de ensinamentos budistas) e da Sangha (a comunidade do praticante).

Nossos ancestrais tupi-guarani[81] tinham o costume de entoar cânticos para honrar Nhandecy, louvar as estrelas, celebrar as chuvas, a colheita, o "sagrado caminho da vida" e a passagem desta para a morte. Segundo Werá Jecupé (2016), todos esses eram motivos para justificar os ritos e os encontros comunitários. Jecupé escreve sobre os cânticos milenares da tradição tupi, mostrando o profundo cunho espiritual encontrado no conteúdo das rezas e dos seus rituais: o *Ayvu-rapyta* ("Fundamentos do Ser") dos guaranis é um conjunto de cânticos em forma de pequenas estrofes sobre a cultura e a sabedoria tradicional do pensamento de matriz tupi. "Eles estruturam o modo de ser e de pensar dessa filosofia antiga", diz Jecupé (2016, p.23), explicando que o poder dos cânticos era capaz de amansar a mente a alma e, "Quanto mais formosas as canções, mais elas purificavam e tornavam leves os seres humanos" (2016, p.35). Além disso, com a recitação dos cantos e dedicação, as pessoas poderiam chegar à libertação do ciclo do tempo-espaço, passando para a ou obtendo o *"araguijé kandire"*, que é a ressurreição. A cosmogonia tupi-guarani explicada por Werá é de uma beleza ímpar. Sua cosmogonia traz o som, o trovão e o silêncio como princípios formadores do universo: "O Ser é um Som. Esse som vestiu-se das forças naturais (terra, água, fogo e ar) e corporificou-se" (2016, p.55). A partir de *Tupã*, que é o mistério criador, o Absoluto Incomensurável, vibra *Nhamandú*, o Inominável, que cria mundos *cantando* – para a tradição guarani, rezar, ou seja, cantar, entoar os cânticos, significa estar integrado entre o Céu e a Terra. E dançar é afinar os *angás-mirins*, os quatro espíritos pequenos que habitam nosso corpo que são os quatro elementos: "Para que cante sua música no ritmo do coração da Mãe Terra, que dança no ritmo do coração do Pai Sol, que, por sua vez, dança no ritmo do *Mboray*, o amor incondicional, abençoando todas as estrelas" (JECUPÉ, 2020, p.29).

---

[81] Tupi-guarani designa uma família linguística que derivou em inúmeras línguas de vários povos originários que existiram e existem ainda no Brasil, sendo o Tupi (incluindo os dialetos Tupinambá e Tupiniquim) e o Guarani duas línguas pertencentes à essa família. Para uma visão aprofundada, ver Antropologia e Linguística, de Sebástian Drude. Disponível em <https://bit.ly/3ZUT9Kj> Acesso em set. 2022.

Podemos nós criarmos nossos próprios mantras e cânticos, as frases que queremos repetir e repetir até que, pelo som e pela vibração, amansem e alterem nossas constituições internas, nossas subjetividades. Assim, está aqui um dispositivo de produção de subjetividades Outras. Aproveite-o. Deixo aqui um mantra meu, de presente para quem o quiser adotar: "*Somos seres de luz e amor. Somos muitos. Estamos presentes. Somos uma rede de luz e amor envolvendo a Mãe Terra*". Estamos aqui, neste momento, juntos, vivendo a transição e transformando nossos modos de ser e estar em Pachamama-Nhandecy-Gaia; estamos nessa jornada regenerativa, tentando, experimentando e aprendendo. Somos luz, o espírito do mundo que a tudo permeia, somos amor, fundamento da vida que, em sua recursividade e teimosia, vence a morte. Somos uma rede de apoio e criação de futuros pluriversais. Recitar esse mantra todas as manhãs me ajuda a encontrar base nos momentos mais difíceis, e dá foco para o que preciso fazer, diante dessas situações.

Os cantos rítmicos e mântricos, o uso de psicoativos (plantas e raízes alteradores de consciência) e as danças foram, e são, recursos usados pelo *Homo sapiens-demens* em busca de estabelecer canais de comunicação com as entidades da natureza, com os espíritos ou com o Grande Mistério. São recursos muito usados pelos pajés, pessoas treinadas para fazer a tradução das mensagens entre os diferentes seres e universos: animais, espirituais, espectrais. Explica Jecupé (2016, p.45) que o pajé passa por um processo de "purificação e entendimento dos seus enredos interiores", para que possa estabelecer a comunicação com os outros mundos e outros seres – purificação essa possibilitada pelo ritual, pela dança e pelo canto. Conta Krenak (2023, p.36) que "O canto do pajé Yanawaná, guiado pelas plantas, chama nossos ancestrais. Não são ancestrais de 100 ou 500 anos, mas de muito mais tempo atrás"; e esse canto entoado "É também a porta de entrada para o outro mundo, onde perdemos a identidade como indivíduo e nos conectamos com toda existência da natureza". O canto é a entrada do pajé em seus ritos espirituais de cura, de estudo ou de comunicação com os outros espíritos: rituais de cura são iniciados com canções, acompanhadas do maracá e marcadas pela batida forte do pé no chão. Faz parte da ritualística do pajé o instrumento sagrado: "A maracá do pajé ou do benzedor é um atributo inalienável de sua função" (DAVID, 2016, p.218). O pajé é aquele que contribui para o equilíbrio espiritual do seu povo, através de seus cantos, curas e traduções. Além disso, segundo Kambeba (2020, p.86), as músicas do cotidiano e os rituais das aldeias são percebidas e sentidas como "música-alma", transmitindo os valores e as crenças ensinados pelos anciões:

> Canto da sábia anciã
> Sentada na beira do rio
> Sem música a aldeia não trabalha
> O canto é cobertor para o frio.
> Música é espaço de luta
> De força e cosmovisão
> A natureza é orquestra afinada
> O tambor traz a voz do trovão.

Temos na dança um importante elemento ritualístico ancestral, a dança como celebração, como marca-passo de conexão com a terra, como movimento xamânico de indução ao transe, como parte de cerimônias as mais diversas, como corporificação do Trovão e do Vento (da Alma e da Mente) na pessoa que dança. Para o indígena, a dança é parte inseparável da vida: dançam para pescar, para plantar o milho, para a colheita da mandioca, para os rituais de passagem, "Assim nos mantemos conectados com a energia vital, em um fluxo não interrompido, e preservamos a saúde", diz Krenak (COHN, 2015, p.171). Segundo Catib (2010, p.28), "a dança é considerada a expressão mais antiga das artes, sendo que, desde a pré-história, ela se fazia presente em todas as manifestações culturais, como uma conexão do ser humano com a natureza e com os Deuses". Como coloca Krenak (2023, p.74), "A vida é uma dança, e uma dança cósmica". Intimamente relacionado ao momento da dança e do canto está o tambor, cujo toque demonstra a profunda conexão dos povos selvagens com a Mãe Terra e [...], nos faz entrar nessa sintonia onde o coração do homem se conecta ao da Terra" (KAMBEBA, 2020, p.97). As mãos no tambor e a batida dos pés na terra evocam a ancestralidade dos povos originários. De acordo com Krenak (2019, p.32), ao dançarmos e cantarmos, estamos expandindo nossas subjetividades e segurando o céu sobre nós: "Suspender o céu é ampliar o nosso horizonte; não o horizonte prospectivo, mas um existencial. É enriquecer as nossas subjetividades, que é a matéria que este tempo que nós vivemos quer consumir"; é, "[...] uma herança cultural do tempo em que nossos ancestrais estavam tão harmonizados com o ritmo da natureza que só precisavam trabalhar algumas horas do dia para proverem tudo que era preciso para viver. Em todo resto do tempo, você podia cantar, dançar, sonhar: o cotidiano era uma extensão do sonho" (KRENAK, 2020a, p.46).

Por meio da dança podemos entrar no ritmo da terra, na vibração que têm as coisas vivas, podemos entrar em sintonia com a respiração ou com as batidas do coração. Estamos, assim, entrando em conexão com nosso próprio corpo, matéria terrena, metamorfose do corpo de Gaia Terra que exprime no seu movimento a celebração diante da vida. Podemos sentir, efetivamente, o ar energizar nossas células, o sangue correr em nossas veias, o fogo fazer arder nossos músculos e a terra ranger nossos ossos. Sentimos a vida pulsando sem interfaces mediadoras, em uma experiência de total comunhão com tudo que também pulsa e vibra ao nosso redor. Sentirmos o corpo nesse tipo de movimento é muito diferente de sentirmos o corpo em uma academia, malhando, é menos sobre a estética – do movimento ou do corpo em si – e mais sobre perdermos as fronteiras do que distingue o nosso corpo e o corpo de Nhandecy-Pachamama; é mais sobre a entrega e menos sobre a expectativa. Quantos de nós não passam dias e dias no piloto automático dentro do sistema devorador de gente, produzindo capital em troca de horas de vida, sem sentirmos o corpo em que habitamos, sem notarmos as tensões, as pernas, as dores, as inflexibilidades que vão se somando, sem sentirmos o ar que entra pelas narinas e mal e mal enche os pulmões? Que corpo é esse que nos abriga nessa experiência terrena e que é feito da mesma matéria, das mesmas moléculas que todo cosmo? Dançar é reconectar os corpos, de Si e da Terra.

O convite aqui, então, é para que você dance. Não para o *TikTok*, não para uma câmera, para uma platéia ou uma competição, mas para Si, para celebrar a vida que habita cada célula sua, para que você possa se reconectar com o corpo da terra. Sinta esse corpo que transcende. Sei que a mentalidade de algumas pessoas é tão aferrada em seus modelos euroantropocêntricos, que a mera sugestão para que dancem dessa forma livre pode suscitar uma imediata recusa jocosa, um "isso não é para mim", contudo, não seria justamente esse o exercício, romper com os padrões limitantes? O movimento corporal é usado em técnicas de meditação dinâmica, na biodança, no empoderamento de pessoas com deficiência e outras circunstâncias que demonstram a capacidade curativa da dança, para além de sua dimensão estética e técnica. Deixar-se levar pelo som, pelo ritmo, pelo ar, conectar-se às batidas do tambor, dos passos, das veias da terra, soltar o corpo sem regras, nem amarras ou expectativas. A dança, assim, se configura como um veículo meditativo que reconecta o humano à natureza, ao espiritual e ao sagrado da vida. Permita-se.

RITOS E RITORNELOS

Diferentes povos têm diferentes rituais – as danças e os cantos/mantras recém apresentados não deixam de trazer suas dimensões ritualísticas. Em se tratando das tradições indígenas, existem diversos rituais que conectam o humano à Pachamama-Nhandecy, à natureza. Os anciões Krenak, por exemplo, colocavam bebês de poucos dias de vida dentro do rio-avô Watu, como chamam o que é hoje conhecido por Rio Doce, entoando o mantra *"Rakandu, nakandu, nakandu, racandu"* e isso protegia as crianças contra doenças e males (KRENAK, 2022a, p.13).

Watu, rio-parente que é também um rio-música, cujas corredeiras descem rumorosas em direção ao mar, dando suas bênçãos. Quando uma criança da etnia Kuna, do Panamá, nasce, seu cordão umbilical é enterrado no ato de plantar uma nova árvore, de modo que "[...] todos os bosques de Kunayala são formados por pessoas, têm nome, porque cada planta coincide com alguém que nasceu ali" (KRENAK, 2022, p.39). Rituais servem para expressar e reforçar crenças e valores; também para transmitir uma cultura e sua história no passar do tempo. No contexto indígena, os rituais têm uma relação profunda com a espiritualidade dos povos, com a finalidade de unir o universo físico e o espiritual, conforme explica Kambeba (2020, p.77): "A espiritualidade indígena é marcada por rituais que instrumentalizam situações em que a pessoa trabalha em si um saber simbólico e imaterial que cada um carrega consigo e territorializa onde for; por isso, o território do Sagrado indígena também é memorial".

Em um curso que atendi em 2022, chamado *Design de Rituais*, aprendi que os rituais são compostos por quatro princípios, a saber[82]: (1) rituais têm um "fator mágico"; (2) eles são feitos com intencionalidade, isto é, com a pessoa sabendo estar em um momento especial; (3) possuem um valor simbólico que dão um senso de propósito; e (4) eles evoluem como o tempo, para melhor se adequarem às pessoas e às situações. Rituais assumem as mais diferentes formas, como orações, danças, cerimônias ou até simples gestos. A sociedade ocidentalizada tem seus próprios rituais, como o funeral e a cerimônia de casamento, por exemplo. Vejo duas funções no ritual: por um lado, serve para marcar um acontecimento, uma passagem no tempo, imbuindo-a de significado e marcando-a na memória; por outro, pode ser orientado a organizar e sistematizar a vida, quando executado com repetição. Os rituais carregam algo de recorrência em si – a cada

---

[82] A referência para esses princípios, fornecida pela facilitadora do curso, é: *Rituals for Work: 50 Ways to Create Engagement, Shared Purpose, and a Culture that Can Adapt to Change* (OZENC e HAGAN, 2019).

lua cheia; na primeira menstruação de cada moça; todas as manhãs; a cada nova estação –, o que me remete, de certa forma, ao conceito de ritornelo de Guattari e Deleuze.

Ritornelo vem da música, sendo o refrão ou um pedaço da composição que se repete e, por isso, é usado metaforicamente como "repetição". Guattari e Deleuze identificam o ritornelo como um dispositivo de territorialização, de criação e de demarcação de um espaço de existência, uma vez que a repetição desencadeia processos de subjetivação – já diz o ditado, "água mole em pedra dura tanto bate até que fura". Também são mecanismos de organização que dão um senso de ordem à vivência diária, justamente assumindo um quê de ritual recursivo, como a rotina marcada pelo suco de limão em jejum seguido da meditação nas manhãs diárias. Vejo no ritornelo e no ritual um dispositivo de produção de subjetividade bastante relevante, que pode provocar, por meio da repetição imbuída de intenção, processos de ressubjetivação. Pense em mecanismos simples como, por exemplo, recitar palavras de agradecimento antes de uma refeição e fazê-la em silêncio, com a finalidade de reduzir o ritmo imposto pela vida em uma metrópole e de atentar para a própria saúde e sensações corporais resultantes da alimentação. Um pequeno ritual de autocuidado que pode desencadear uma transformação na relação da pessoa com seu próprio corpo e sua rotina.

Existe um ponto que eu gostaria de trazer, que não se refere diretamente aos rituais, mas que são, ao menos até certo ponto, ritornelos do cotidiano. Falo do uso exagerado de estrangeirismos, sobretudo anglicismos, no nosso vocabulário. Ainda que qualquer língua seja um organismo vivo que vai se alterando conforme altera-se o *linguajear* dos seres, e que seja natural adicionarmos ao nosso idioma alguns termos, expressões e palavras importadas (inclusive o próprio português do Brasil é uma fusão de diversas línguas), acredito que estejamos cedendo à colonialidade do saber no que tange nosso vocabulário. O número de vezes que falarmos *"invite"* ao invés de "convite" é igual ao número de repetições que diz, para nossa psique, que somos inferiores aos estadunidenses ou aos ingleses, que nossas palavras não são boas o suficiente para traduzir o que precisamos dizer, independentemente do contexto em que estejamos, desde o íntimo de nossas vidas pessoais, até a conformidade de nossa experiência laboral. O repeteco incansável (o ritornelo, portanto) do *kickoff*, do *overview*, do *DIY*, da *planning*, da *daily* e do *story*[83] serve apenas para atestarmos nossa submissão ao Homem euroantropocêntrico e seu projeto civilizatório homogeneizante. Proponho cessarmos de imediato com a adesão acrítica aos idiomas colonizadores e usarmos vocabulários Outros que possam expressar a riqueza e a diversidade que nos constitui.

Vejo a sociedade contemporânea urbana demasiadamente afastada do sagrado da vida, consumidos que estamos pelo sistema de produzir capital para a meia dúzia de detentores do poder de comandar os fluxos econômicos do mundo. Uma sociedade seduzida pelo império que a controla. Dessacralizamos o milagre que é estarmos vivos, o amor, a família, os vínculos afetivos entre Eus e Outros. Acredito que a ritualização do nosso cotidiano e das nossas passagens pode ajudar-nos na árdua missão de nossa regeneração enquanto indivíduos e enquanto coletivo social. Desse jeito, fica posto mais um convite, para que você devolva à vida seus sagrados: ritualize o que lhe ajudar na reconexão de Si com seu corpo, seu espírito, com o tempo que escorre veloz pelos dias, com as estações, com os ciclos, enfim, com a vida.

Existem muitos outros mecanismos agenciadores de subjetividades que conseguiríamos elencar, para além do canto, da dança, dos ritos e dos ritornelos. Penso sobre dispositivos que poderiam ajudar a romper com a estrutura patriarcal e machista de nossas sociedades, ao propor novas formas de fazer aflorar o feminino que há em todos nós, como as

---

[83] *Kickoff* (pontapé), usado para designar um reunião inicial de um projeto; *overview* (panorama), para dar um olhar geral acerca de um assunto; DIY é acrônimo para *Do It Yourself*, faça você mesmo; *planning* (planejamento) e *daily* (diária) são dois momentos de reunião que ocorrem no âmbito do Movimento Ágil, a reunião de planejamento e a reunião diária; *story* é a estória visual temporária criada para redes sociais (TikTok e Instagram), que fica até 24 horas no ar.

diferentes formas de maternar aquilo que é vivo, desde uma minhoca até um filho biológico. Penso sobre artefatos capazes de nos fazer perceber e viver um tempo menos acelerado e mais contemplativo, como a meditação em suas variadas formas; ou sobre jornadas que, por meio da experiência, têm a capacidade de conduzir o sujeito por um processo de despertar. Deixo a abertura para que cada um reflita sobre os diferentes instrumentos e mecanismos que podemos usar (e projetar) com a finalidade de dissolver nossa subjetividade no Outro, na Alteridade.

Regeneração ambiental

> *A morte é mais forte do que a vida na irreversibilidade. A vida é mais forte do que a morte na recorrência.*
> MORIN, 2015

Todo artefato resultante de um design ecossistêmico visa a regeneração do ecossistema natural onde se insere o projeto, o sujeito-projetista ou o coletivo ligado ao projeto. Esse é o objetivo maior do produto ecossistêmico, a regeneração do ambiente natural. Para empreendê-la, parto da premissa de que é necessária uma visão de mundo igualmente regenerada, com a qual o sujeito tenha capacidade de ver-se *como* natureza, para pensar e agir *como* natureza. Sendo capaz de interser com a natureza, o sujeito-projetista conseguirá conceber caminhos para regenerar os ecossistemas degradados de Gaia, começando por aqueles ao seu redor. Promover a restauração de territórios requer um conjunto considerável de conhecimentos multidisciplinares, requer muita pesquisa e muitos anos de dedicação: uma floresta, por exemplo, tarda trinta anos ou mais para se desenvolver e atingir um estágio de equilíbrio. E este é um livro de design, não de restauração ecológica, portanto, o que trago aqui é apenas uma fagulha do que significa a regeneração de ecossistemas. Faço isso com o intuito de (1) preencher uma lacuna deixada por outras abordagens regenerativas e (2) atiçar a curiosidade de todo sujeito-projetista que se sentir convocado aos processos regenerativos, pois acredito verdadeiramente que nós, designers, podemos e devemos incorporar em nosso fazer projetual uma lógica que contribua com a criação de nossas *utupias* selvagens.

"Restauração" é, no âmbito da engenharia florestal, um termo mais recorrente do que "regeneração" e surge a partir da consciência da degradação[84] dos biomas terrestres, que é provocada, atualmente, sobretudo por ação antrópica. De acordo com Sampaio et al. (2021, p.6), a "restauração ecológica é o processo de auxiliar o restabelecimento de um ecossistema após uma perturbação ou degradação" e engloba conceitos análogos como reabilitação, recuperação e reflorestamento – embora cada termo contenha suas diferenças. Visa, portanto, recompor um ambiente, com suas particularidades e especificidades, depois que este teve sua capacidade geradora de vida e sua capacidade homeostática interrompidas. Embora existam diferentes técnicas consolidadas de restauro de um ecossistema degradado, o resultado exato a ser obtido pela sua recuperação jamais será previsível, devido às interações complexas que ocorrem no viver relacional dos seres que interagirão no processo restaurativo. Por esse motivo, dificilmente (quiçá jamais) um ambiente degradado voltará a ser exatamente o que era antes de sua deterioração, e, assim, muitos – como eu – preferem chamar esse processo de "regeneração", com

---

[84] Segundo Aronson, Durigan e Brancalion (2011, p.8), degradação é a "simplificação ou modificação do ecossistema, causada por um distúrbio natural ou antrópico, cuja severidade ou frequência ultrapassa o limiar a partir do qual a recuperação natural do ecossistema não é possível em um período de tempo razoável". Independentemente da sua causa, a degradação acarreta alterações severas que reduzem a biodiversidade e as interações ecossistêmicas do local.

base em uma ideia de "dar nova vida" ao lugar, assumindo o caráter criativo das interações ecossistêmicas da vida.

É importante retomarmos brevemente o pensamento de Ferdinand (2022, p.112), pois este pontua que "as políticas de reflorestamento fazem da plantação de árvores, e não da instauração de mundo, seu objetivo", em um "reflorestamento sem o mundo". O que o autor alerta é que a simples restauração como um processo de "plantar árvores", simplesmente, não é suficiente para devolver a Mãe Terra aos seus seres, ou restabelecer a relação destes com a terra. É preciso todo um trabalho regenerativo, no sentido que este foi exposto anteriormente e que condiz com a visão de revivificar, de lançar luz à história, ao passado, a fim de curar as chagas que mancham nossa pele e nossas relações – entre nós e de nossa humanidade com toda vida além-humana que a nós é irmanada. Vista sem o devido processo curativo, a restauração não passa de uma ação euroantropocêntrica que busca nada além da proteção da própria espécie humana e ainda pode querer lucrar com isso, mantendo o mesmo *status quo*, o mesmo sistema, o mesmo paradigma vigente. Regenerar, no seu mais amplo significado, é o caminho. Contudo, uma vez que estou aqui trazendo conceitos da Ecologia da restauração (ARONSON, DURIGAN e BRANCALION, 2011; SAMPAIO et al., 2021), vou usar os termos casados: "restauração-regeneração" ao me referir ao processo regenerativo que ocorre na Dimensão Ecossistêmica/Ambiental.

Existem diversos tipos e estratégias de restauração-regeneração, que variam enormemente em função do bioma[85], da degrada-

---

[85] Há muita confusão, no Brasil, no emprego da palavra "bioma", que é frequentemente substituída por "ecossistema" ou se referindo às regiões bioclimáticas do país. Biomas são regiões de grande extensão nas quais se desenvolvem tipos de vida com características específicas. São compostos pela interação entre solo, clima e vegetação, sendo altamente influenciados pela latitude em que ocorrem – uma vez que o clima varia de acordo com a latitude do planeta. De acordo com Aronson, Durigan e Brancalion (2011, p.6), bioma é o "grupo extenso de ecossistemas que ocorrem em diferentes regiões do mundo, caracterizados por formas de vida dominantes (plantas e animais) que se desenvolveram em resposta a condições climáticas relativamente uniformes (distribuição das chuvas e temperatura média anual)".

ção, dos objetivos, dos recursos disponíveis, das possibilidades de regeneração natural, etc. Inclusive, há a possibilidade da própria natureza se encarregar do processo regenerativo sem necessitar de intervenção humana, processos conhecidos como "regeneração natural" e "restauração passiva". Isso ocorre quando um território não foi degradado ao ponto de não-retorno, quando este preserva alguma capacidade de recompor-se naturalmente depois de um impacto. Também pode haver regeneração natural quando o território é deixado "quieto" – sem novos impactos –, estando próximo de fragmentos preservados, pois assim o ecossistema remanescente vai pouco a pouco se "espalhando" por cima do seu vizinho degradado. Assim sendo, vamos chamar de restauração-regeneração o processo *intencional* do humano sobre o território, que nele introduz diferentes espécies nativas de modo que o ecossistema possa restabelecer suas interações ecológicas e sua homeostase. É um processo lento e imprevisível, que depende de acompanhamento e bastante investimento, em sementes, mudas, manejo, monitoramento, mão de obra e equipamento. É muito mais fácil e barato degradar do que restaurar, infelizmente. O processo de restauração-regeneração começa com o mapeamento do bioma ou ecossistema local, o estudo de suas espécies nativas de flora e fauna, o entendimento do grau de degradação em que se encontra e o levantamento de suas condições topográficas, edáficas e climáticas. Além disso, deve ser averiguado o potencial de regeneração do local, pois frequentemente o dano causado não é tão grave – ou o ecossistema é suficientemente resiliente – a ponto de necessitar de interferência humana. O estágio da degradação vai determinar as espécies (de modo geral, restritas à flora) a serem recrutadas para sua restauração-regeneração.

Um conceito importante aqui é o de sucessão ecológica, que indica a "trajetória da restauração", isto é, o percurso de modificação de um ecossistema ao longo do seu tempo de desenvolvimento, no qual ocorre o crescimento sucessivo de espécies características de diferentes estágios de maturidade ecológica do local. Ou seja, um território em restauração-regeneração passa por diferentes estágios, aumentando a complexidade sistêmica, até atingir o equilíbrio dinâmico. A sucessão ecológica segue uma sequência com três estágios mais claramente marcados. O primeiro é dominado por uma comunidade pioneira, cujas espécies são de rápido crescimento e fácil dispersão, e são muito resistentes à luz solar – um território altamente degradado perdeu sua cobertura vegetal, não tem árvores ou arbustos que dêem sombra à terra, portanto as espécies pioneiras precisam aguentar a luz solar direta. Muitas gramíneas, líquens e fungos são característicos dessa etapa. Quando um solo está extremamente deteriorado, por exemplo, são necessárias algumas espécies pioneiras cujas raízes servem para descompactar a terra, assim permitindo que outras espécies consigam fincar suas próprias raízes. O segundo estágio é composto por organismos de maior porte, que conseguem se instalar depois que a comunidade pioneira, bem literalmente, "preparou o terreno". A comunidade intermediária é caracterizada por vegetação um pouco mais complexa, como plantas arbustivas, cujas raízes conseguem ir mais profundamente no solo, levando mais nutrientes e descompactando-o ainda mais. Embora ainda restrita, a altura desses arbustos já é suficiente para criar sombra para o broto de outras espécies, mais complexas, maiores e menos resistentes ao sol direto, que vão pouco a pouco dominando a paisagem e aumentando sua diversidade. A última fase é chamada de clímax, com a maior biodiversidade que o ecossistema consegue comportar, segundo suas características, em que a comunidade está em equilíbrio dinâmico. É apenas no momento em que o ecossistema apresenta uma boa diversidade e interações ecológicas saudáveis que a fauna se faz mais presente. Polinizadores como insetos e aves são fundamentais para a sucessão ecológica e costumam ser mais facilmente encontrados em todos os estágios, mas os grandes mamíferos e os primatas costumam aparecer apenas em comunidades clímax.

Assim, na trajetória da restauração temos o aumento da biomassa[86] de um território, da complexidade das interações e da diversidade das espécies em interação.

A sucessão ecológica ocorre ao longo de muitos anos, e pode variar enormemente de um bioma para o outro. Quão mais complexo um bioma, como uma floresta ombrófila, por exemplo, mais complexa é a sua restauração, pois centenas de espécies são necessárias no processo. Somamos a isso a dificuldade atualmente enfrentada com as mudanças climáticas: não sabemos mais quando ou quanto vai chover, ou se fará seca, ou se teremos mais incêndios naturais decorrentes da seca, ou se os incêndios criminosos se espalharão dez vezes mais em função de um vento forte sem umidade. Sementes corretas, isto é, de espécies nativas do bioma, são lançadas em um solo preparado, no tempo correto do plantio e, mesmo assim, não germinam. Mudas selecionadas com todo cuidado e critério são inseridas no solo com o tamanho certo e pelo instrumento ideal e, mesmo assim, não vingam. Insetos se proliferam fora de controle, pela falta do inimigo natural inexistente em um território degradado e matam todos indivíduos jovens de uma espécie que seria necessária para promover a restauração do modo mais eficaz e equilibrado... na dança da vida, tudo pode acontecer.

Projetos governamentais ou empresariais de restauração-regeneração ainda são poucos, mas estão crescendo nos últimos anos, devido à compreensão de que restaurar os ecossistemas é a saída mais rápida que temos para fora do colapso climático total. Tanto que a ONU (Organização das Nações Unidas) declarou ser, o período entre 2021 e 2030, a "década da restauração de ecossistemas" no planeta. A ONU pode falhar em muitos pontos, no que toca suas tentativas de influenciar e "organizar" a política mundial (afinal, ela é uma organização que atende aos interesses do Norte Global), mas ela é excelente na produção

---

[86] Biomassa é a massa dos organismos vivos em um ecossistema. Assim, a biomassa de uma árvore inclui suas folhas, caules, troncos e raízes, por exemplo.

de conteúdo e conhecimento climático. A COP15 da Biodiversidade[87] foi um marco na luta ambiental, pois estipulou metas para a conservação e a manutenção de pelo menos 30% dos ecossistemas terrestres e aquáticos do planeta; a restauração de 30% dos ecossistemas marinhos e terrestres; a construção de um fluxo financeiro dos países do Norte Global (ditos "desenvolvidos") para os do Sul Global (chamados por eles de "em desenvolvimento"); e para o reconhecimento do papel das comunidades tradicionais na preservação ambiental e no combate às mudanças climáticas. Claro, o tempo dirá quanto disso passará do discurso. De todo modo, o que quero é ressaltar, no âmbito das discussões geopolíticas globais, a relevância dada à restauração-regeneração de ecossistemas degradados. No Brasil, esses "ex-ecossistemas" vêm em algumas formas: em forma de pasto para gado; de monocultivo extensivo; de aterro sanitário; de garimpos abandonados; daquilo que sobrou após a grilagem ou após a lama de Mariana e de Brumadinho; do pouco mangue que sobreviveu às toneladas de esgoto jogado diretamente e por décadas nas águas da Baía da Guanabara... São situações complicadas, causadas por ação antrópica, que envolvem diferentes camadas da esfera social.

Então, embora eu não dedique a mesma atenção à Dimensão Coletiva/Social como dou às outras duas, não posso não mencionar a enorme conexão existente entre a esfera ambiental e a social, inclusive no que tange projetos de restauração-regeneração. Esse social é uma tessitura composta das comunidades locais de produtores agrícolas; das comunidades tradicionais (indígenas, quilombolas, ribeirinhas); das autarquias e dos órgãos públicos municipais, estaduais, federais e globais; dos corpos educacionais de qualquer esfera acadêmica, das mais às menos formais; dos entes privados

---

[87] A Conferência das Partes (COP) é o órgão de decisão da Convenção-Quadro das Nações Unidas sobre Mudança do Clima (UNFCCC), composta por representantes dos países signatários. Anualmente os representantes se reúnem para avaliar os progressos de seus acordos e suas atividades de mitigação às mudanças climáticas. A COP 15 da Biodiversidade ocorreu em 2022, no Canadá.

(empresas, profissionais, famílias); dos entes comunitários (associações de bairro, cooperativas e afins); entre outros atores que, com suas plurais ontologias e em seus mais diversos *linguajeares*, negociam a existência de Si e dos Outros, para o bem ou para o mal. Para conduzirmos a transição por meio da regeneração ambiental, precisamos demonstrar o valor dos ecossistemas, o "valor da floresta em pé" para o maior número desses atores, para convencer uma parte a parar de degradar e outra parte a pagar pela restauração-regeneração. É um balanço delicado, regido sobretudo pela visão de mundo euroantropocêntrica ainda prevalente. Por esse motivo, reitero, o primeiro passo da regeneração ecossistêmica é por meio da regeneração de Si, de *todos esses Si*, de todos nós. E é fundamental entendermos o papel que designers têm, nessa conjuntura: podemos desenhar os cenários que farão o coletivo social enxergar as possibilidades existentes em uma visão de futuros *utópicos*; podemos criar as narrativas que nos ajudarão a comunicar o valor e o legado da transição e da regeneração; e também podemos criar os artefatos que auxiliarão nos processos de restauração-regeneração, quer sejam oficinas colaborativas entre produtores rurais e entes governamentais ou produtos para aumentar o potencial de germinação das sementes nativas usadas nas restaurações. E podemos projetar os mecanismos de ressubjetivação de nossas subjetividades euroantropocêntricas.

No mundo contemporâneo, boa parte da Dimensão Coletiva/Social se encontra em um ecossistema urbano. Muitos podem pensar que o espaço urbano não é mais um ecossistema, no sentido de "parte de um bioma", mas ele é. Um ecossistema muito degradado, mas é. Portanto, claro, há uma diferença quando falamos sobre regeneração de ecossistemas no ambiente urbano. A começar pela característica inerentemente não homeostática dos ecossistemas urbanos. Neles, há uma entrada constante de energia, materiais, nutrientes e recursos os mais variados, que provêm de outros ecossistemas adjacentes, e que são devolvidos em forma de lixo e poluição, não cumprindo papéis regulatórios em cadeias tróficas locais. Enquanto os ecossistemas naturais se caracterizam pela alta reciclagem de seus componentes, os ecossistemas urbanos, ou "artificiais", têm baixa reciclagem, gerando uma quantidade enorme de resíduos não tratáveis. A tal ponto que "A magnitude de entrada e saída e a modificação rápida do habitat apresentam aos organismos urbanos novos desafios que excedem muito as dificuldades típicas de sistemas não urbanos" (ADLER e TANNER, 2015, p.45). Assim, a vida além-humana que persiste (e até prospera) nos ecossistemas urbanos precisa estar pré-adaptada "à presença humana" e ser capaz "de ajustar o comportamento ou a fisiologia ou evoluir com rapidez suficiente para se reproduzir".

Quão mais alterados são os ecossistemas habitados pelo *Homo sapiens-demens*, menos serviços ecossistêmicos encontramos em seus territórios: sombra, abrigo, filtragem de ar, absorção de ruídos e até mesmo bem-estar psicológico são "serviços" ecossistêmicos facilmente encontrados em ambientes naturais que são escassos nos urbanos. Daí que podemos, então, fazer uma pergunta aos moldes especulativos: e se os ecossistemas urbanos pudessem ser regenerados para que as cidades não se apresentassem mais como "parasitas" ecológicos tão severos? E se pudéssemos reincorporar ao ambiente construído interações ecológicas locais, fomentando uma sucessão ecológica secundária em meio ao concreto e ao asfalto? Como proposto por Blanco et al. (2021), é preciso que seja identificado o *ecossistema existente no local* antes da alteração urbana, a fim de regenerar os serviços ecossistêmicos originais. Por exemplo, uma cidade pode ter corredores ecológicos[88], ainda que balizados por calçadas e edifícios, por onde diferentes espécies de polinizadores circularão, se estiverem ali plantadas as flores e os frutos que lhe são alimento.

---

[88] São áreas de habitat natural que conectam territórios conservados, permitindo o trânsito seguro e a dispersão de espécies de fauna e flora entre áreas maiores isoladas. Esses corredores facilitam a migração de animais, a troca genética entre populações e a restauração passiva de habitats degradados, contribuindo para a conservação da biodiversidade dos ecossistemas interconectados.

A empresa estadunidense *Biohabitats* mostra dezenas de projetos que ilustram essa possibilidade de regeneração do espaço urbano, no seu site[89], que servem de inspiração para um design regenerativo e ecossistêmico, que vão desde projetos de restauração de florestas urbanas ao planejamento e design de infraestruturas "verdes" (espaços de conservação do ecossistema local) para o ambiente urbano. Cito apenas um, de seu extenso portfólio que mostra projetos conceituais e projetos implementados. O Campus Chapel Hill da Universidade da Carolina do Norte, tinha um riacho chamado Battle Branch correndo canalizado e escondido embaixo de um largo gramado, por mais de 75 anos: o fato do riacho estar canalizado e soterrado causava inundações do gramado após chuvas fortes. Um plano de revitalização local sugeriu emergir o riacho e o projeto foi executado pela Biohabitats, que "aplicou uma abordagem de *Condução regenerativa de águas pluviais*, que reconecta um córrego à sua planície de inundação e restaura sua capacidade de desacelerar e filtrar a água poluída naturalmente, além de prover habitat"[90]. O projeto expôs mais de 85 metros de canal e adicionou outros 36 metros de canais naturais, formando uma rede de piscinas, vertedouros e berços de infiltração que devolveram ao local o ciclo natural da água de suas chuvas, que agora passa por um sistema natural de filtragem antes de percolar o solo.

Acredito que tenha ficado óbvio o papel do design na regeneração ecossistêmica, nas suas Três Dimensões, individual, social e ambiental. Todavia, talvez não tenha ficado tão notória, até aqui, a relevância da *experimentação* para a transição e para a regeneração e, por essa razão, eu faço questão de explicitá-la. Quando estamos vivendo um período transicional como o atual, em que desde as dimensões mais micro às mais macro, tudo está sendo posto em cheque e questionado, e não conseguimos enxergar uma imagem nítida para o "amanhã",

---

[89] Disponível em <https://www.biohabitats.com/>. Acesso em jul. 2024.
[90] Disponível em <https://bit.ly/3AanugP>. Acesso em jul. 2024.

é que precisamos usar toda nossa criatividade. Criatividade esta que é propriedade inerente da vida, é sua capacidade de reinventar-se, de metamorfosear-se, de atualizar-se a partir de um espírito, um virtual, infinito em suas possibilidades e pluralidades. Muito bem, é precisamente neste momento, da *krísis*, que a criatividade deve ser empregada para que possamos *experimentar*, justamente isto, tentar, brincar novos arranjos, novos modos, novos sistemas e tudo mais que estivermos precisando reinventar nessa transição. A experimentação destrava nossa capacidade criativa, enquanto apresenta possibilidades do que pode vir a ser, devires de futuros. Nesse sentido, o Design Ecossistêmico é uma experimentação: que subjetividades podemos cocriar para conceber mundos mais diversos, inclusivos, plurais, relacionais e amorosos? E que instrumentos podem nos ajudar nessa cocriação? Como podemos regenerar nossas cidades e nossos territórios degradados, para que sejam morada saudável para todos os Seres que nelas quiserem habitar? Experimentar é preciso!

6
experimentos projetuais

Só nos integramos e nos sentimos em casa quando nos associamos a essa sinfonia e disfonia [fascinosum/ tremendum do sagrado], quando usamos nossa criatividade para agirmos com a natureza e nunca contra ela ou à revelia dela.
BOFF, 2015

Ao longo do doutorado e para além dele, no âmbito acadêmico e no mercado, desenvolvi uma série de experimentações que localizo como práticas de Design Ecossistêmico, no sentido de tentarem provocar a regeneração, tanto dos sujeitos-projetistas quanto dos ecossistemas projetuais. Dos experimentos citados a seguir, alguns estão detalhados na tese e estão resumidos aqui, outros estão lá e não estão aqui, e outros, ainda, são novidade nos registros textuais. Seja onde estiverem descritos, qualquer um deles serve como inspiração de práticas que podem ser adotadas, transformadas ou questionadas por quem quiser delas fazer uso – um tanto como a dança e os ritos sugeridos anteriormente. É evidente que, com tudo que foi exposto até aqui, qualquer um pode inventar seus próprios processos e projetos ecossistêmicos: no final do livro, inclusive, deixo alguns princípios que podem nortear as novas experimentações. Assim, o Design Ecossistêmico não deve se restringir a estas páginas, bem como não se restringe a ele mesmo, pois existem alguns exemplos de projetos já propostos ao redor do mundo que vão na direção da regeneração ecossistêmica, os quais cito antes de chegar nos experimentos.

O primeiro é um projeto especulativo de Alberto Roncelli, um arquiteto italiano, chamado simplesmente de Regenera[91]. Regenera é um arranha-céu que se decompõe ao longo do tempo, de modo a restaurar, com sua própria estrutura feita de nutrientes e sementes, uma floresta queimada de volta ao clímax. Roncelli propõe que a torre abrigue, nos estágios iniciais da sucessão e nos seus "andares" inferiores, um laboratório para monitorar, experimentar e pesquisar o progresso do ecossistema. Esse laboratório, posteriormente, daria lugar para o povoamento de pequenos mamíferos e plantas, uma vez que a floresta estivesse chegando ao clímax. Vejo que esse exemplo consegue se apropriar muito bem da lógica da sucessão ecológica, de modo a propor uma solução cujo benefício se dá primeira e primordialmente para seres não-humanos. Nesse sentido, entendo que

---

[91] Disponível em <http://bit.ly/3zLpRD2> Acesso em: fev. 2022.

houve um deslocamento do sujeito-projetista para além da sua realidade antropocêntrica: foi realizado um exercício especulativo cujo cenário futuro aponta para um ecossistema regenerado, ou seja, o sujeito-projetista se fez natureza, pensou como natureza e concebeu um projeto para e com a natureza. Esse projeto de Roncelli se mostra muito ligado à visão do Desenvolvimento e Design Regenerativo de Mang e Haggard (2016, p.1): "Praticantes regenerativos não pensam sobre o que estão projetando como um produto final. Eles pensam nisso como o início de um processo. Uma vez que eles o liberam, ele inicia seu próprio processo, continuando a projetar o mundo ao seu redor muito depois de deixá-lo ir".

O segundo caso não é especulativo, é um produto existente e comercializado, produzido no Reino Unido pela empresa do casal Kate e Gavin Christman. Os Christman fundaram, em 2005, a companhia Green&Blue, na qual buscam desenvolver produtos que "ajudam a vida selvagem"[92]. Eles têm alguns motes que seguem com aparente afinco – "Projete da maneira que a natureza planejou", "Dê um lar à natureza" e "Negócio com propósito" –, que nos dão uma ideia da visão de mundo por trás de suas criações. Entendo que esse caso consegue, realmente, articular as Três Dimensões Ecossistêmicas, mas antes de explicar meu raciocínio, apresento o produto em questão. O casal criou um tijolo, intitulado *BeeBrick*, que pode ser usado em qualquer construção tradicional, cuja estrutura serve de casa para abelhas, que são seres importantes para a polinização e a manutenção dos mais diversos ecossistemas. Esse produto endereça uma necessidade humana – construir casas, abrigos e afins –, porém o faz tendo a saúde do ecossistema como objetivo projetual. É exatamente essa a lógica que eu imagino fomentar com uma abordagem ecossistêmica para o design: é para o humano, assim como o é para todo ecossistema do qual este faz parte. Então, aqui também vemos o deslocamento do *anthropos* para o

---

[92] O casal conta um pouco da sua história no site da companhia, em <https://bit.ly/3L-TwWaY> Acesso em ago. 2022.

ecossistema, a sua reconexão com o todo, como no exemplo anterior. A diferença, contudo, está no discurso, na narrativa, isto é, no coletivo social. Ao buscarem uma certificação do Sistema B[93], os Christman se filiaram a uma comunidade de prática que compartilha de uma narrativa e um discurso em comum: eles são parte do movimento de organizações que procuram reinventar o mercado por meio de propósitos, produtos e serviços que têm a sustentabilidade (no amplo e positivo senso desta) como condição inegociável de sua existência. Além disso, ao explicarem a importância e a função do *BeeBrick* e de outros produtos que produzem e que são destinados à proteção de outras espécies, como morcegos e aves, a Green&Blue está fomentando uma comunidade de designers e consumidores ligados aos mesmos valores e que se traduzem na frase estampada pelo site: "*Reconnecting people with nature*"[94]. Novamente, aqui há uma relação com o Regenesis, para quem os projetos regenerativos buscam transformar as comunidades humanas em facilitadoras de sistemas vivos, auxiliando na evolução dos sistemas naturais e sociais, potencializando sua vitalidade e saúde (MANG e HAGGARD, 2016, p.20).

Com esse segundo exemplo, retorno à Maffesoli (2021, p.23, grifo do autor), para quem a conexão do sujeito humano com o seu ambiente natural faz com que ele reate os laços com o social: "Por meio dessas 'ligações', a pessoa, vivendo por meio da sua comunidade e graças a ela, retorna, com a mente aberta, à ampla morada da vida, a vida do mundo. E não por meio da ação política, mas por meio de uma comunhão secreta com a terra-mãe". Para o autor (2021, p.22), a harmonia natural anda junta com a harmonia social: "[...] o retorno ao Real evoca a relação íntima que existe entre o território e a comunidade que o habita. Esquecemos com muita frequência que o lugar

---

[93] A Green&Blue possui, desde 2018, uma certificação como empresa do Sistema B, que atribui o selo de "Empresa B" (B Corp) às organizações que estão reinventando a forma de fazer negócios, tendo a sustentabilidade e o impacto positivo como premissas.
[94] "Reconectando pessoas com a natureza", frase no final da página disponível em <http://bit.ly/3MpxhUh>. Acesso em ago. 2022.

cria o elo". Essa relacionalidade profunda e íntima talvez seja melhor vista, imaginada ou percebida em ecossistemas não severamente alterados pela presença humana, onde a terra se faz mais visível. Por isso mesmo que é imprescindível pensarmos em modos de reconstituir tais relações comunais e terrenas justamente nos ambientes urbanos e nos espaços mais marcados pelo individualismo moderno, como proposto por Escobar (2014).

Um terceiro e último exemplo pode ser visto na cápsula funerária *Capsula Mundi*, criada pelos Designers Anna Citelli e Raoul Bretzel para a exposição *Broken Nature: design takes on human survival*, parte integrante da XXII Triennale di Milano de 2019 e com curadoria de Paola Antonelli. Citelli e Bretzel propõem um container funerário biodegradável em formato de ovo, em cima do qual planta-se uma árvore que, ao crescer, alimenta-se da decomposição do organismo dentro do ovo. Em matéria da revista digital Dezeen (2019), os designers dizem que "em uma cultura distante da natureza, sobrecarregada de objetos e voltada para a juventude, a morte costuma ser tratada como um tabu". A *Capsula Mundi* é uma especulação de alternativa ao tabu, onde a morte passa a ser aceita como parte intrínseca e natural da vida, onde o humano é húmus[95], é matéria terrena. Vejo esse como um projeto ecossistêmico: reconecta o Homem à Natureza e, ao mesmo tempo, devolve vida ao ecossistema, enchendo-o de nutrientes. Se quisesse dar um último passo para a correta restauração-regeneração, proporia explicitamente espécies-chave do ecossistema local para serem as árvores plantadas por sobre a cápsula. Uma solução semelhante pode ser vista na Na Dutch Design Week de 2020, chamado de *Loop living cocoon*, um caixão feito inteiramente de materiais naturais compostáveis pela empresa Loop Biotech.

Se fugirmos um pouco dos domínios do design, adentrando o universo das artes, podemos encontrar algumas obras que se relacionam com a ideia de regeneração ecossistêmica aqui proposta. É o

---

[95] Haraway (2016) faz essa belíssima aproximação de Homo e húmus, em uma concepção de *humunidade*, uma humanidade orgânica, terrena, simpoiética.

caso do trabalho do artista visual e paisagista Fernando Limberger[96]. Gaúcho radicado em São Paulo, Limberger trabalha com multimeios, destacando-se pelos projetos com elementos botânicos em instalações dentro de espaços privados ou em espaços públicos. As obras de Fernando, para mim, representam o espírito ecossistêmico, da natureza que retoma seu espaço perante o cinza do concreto, que se impõe, que mostra a força incansável da vida se multiplicando, apesar da violência, apesar do calor, apesar do humano. Na instalação *Retomada*, o artista fez uma interferência no jardim da casa que abrigava a exposição, plantando espécies nativas – a partir de sementes de espécies herbáceas existentes na paisagem local antes da fundação da cidade de São Paulo – e registrando o crescimento das mesmas ao longo do tempo da exibição, e a forma como a natureza reivindicava seu espaço e devolvia ao lugar todo um universo de insetos que não o frequentavam antes da *Retomada*. Essa reivindicação do espaço por meio da regeneração da natureza viva – em oposição à natureza inerte das edificações ao redor – é o que entendo por design ecossistêmico; é colocar o benefício da alteridade não-humana como objetivo projetual. Diz o curador Guilherme Wisnik, no site de Limberberger:

> O que é original em São Paulo? O que resta de memória numa cidade que já se reconstruiu pelo menos três vezes sobre si mesma? Até mesmo o Colégio dos Jesuítas, instalação inicial da antiga vila, foi demolido e reconstruído. Nossa cidade-palimpsesto, portanto, recusa a noção de original. Tudo é acúmulo, sobreposição, assemblage material e histórica.[...] Em Retomada, o tempo é tratado de forma concreta: sobre a área do jardim da Casa da Imagem, em seu canteiro de terra, espécies vegetais são semeadas, e irão germinar por um período longo de cinco anos. [...] A escolha das espécies é fruto de estudos

---

[96] O texto curatorial de Wisnik e as imagens aqui mostradas foram retirados do site do artista, disponível em <https://cargocollective.com/fernandolimberger/> Acesso em: dez. 2022.

> históricos e científicos, e busca reproduzir o que se entende como sendo, possivelmente, a vegetação autóctone do lugar, isto é, do seu ambiente no momento da fundação da cidade, em torno de 1554. Essas espécies vegetais de encosta, de banhado, de cerrado e de mata atlântica foram coletadas em expedições a locais onde hoje ainda há remanescentes daquele período.

Outro artista que se destaca nesse campo é Emerson Pontes, artista indígena travesti brasileira mais conhecida por sua persona *Uýra Sodoma*: "um ser híbrido, cruzamento de conhecimentos científicos com os saberes ancestrais, que, de forma simplificada, define como 'a árvore que anda', uma drag amazônica e 'entidade em carne de bicho e planta'"[97]. Dentro da persona Uýra, Emerson se transveste de floresta, de resíduo, de bicho e de composto em composições fotográficas que se mesclam com a natureza, ora exuberante e ora devastada pela ação humana. A arte *drag* é usada justamente para transformar Emerson nessa entidade-natureza, que surge como denúncia poética da violação da vida, da exploração de Nhandecy.

Muito bem, após essa série de exemplos, vamos às experiências autorais. Estas foram conduzidas mais intensamente durante três anos, dos quatro do doutorado, de 2020 a 2022, quando realizei uma série de experimentos que buscavam colocar em prática ideias, premissas e princípios que estavam emergindo do levantamento bibliográfico da pesquisa. Tais experimentos se configuraram como práticas autorais e exercícios em diferentes contextos da sala de aula e em propostas abertas ao público, por meio das quais eu pude testar e aprimorar diferentes métodos e processos de viés ecossistêmico. Tudo que foi feito então, deixou as bases para o que segue sendo feito hoje, em diferentes contextos de atuação, do Mercado à Academia. Gostaria de deixar aqui como sugestões de métodos e experimentos: o *Cenário Futuro Ecossistêmico*,

---

[97] Texto da revista Select sobre Emerson e Uýra, disponível em <https://bit.ly/4cdeFjw>. Acesso em jun. 2024.

incluindo os *Personagens Ecossistêmicos*; o *Planejamento Anual de Vida* e a *Godofreda*, com explicações sucintas de suas lógicas e operações.

Cenário futuro ecossistêmico

A construção de cenários é um recurso usado frequentemente nas mais diferentes áreas e situações, da academia ao mercado, sendo uma ferramenta muito usada no âmbito do Design Estratégico e do Design Especulativo. A origem dos cenários remonta à Antiguidade, na tradição teatral, servindo para fornecer um pano de fundo, uma cena a partir da qual se desenrolam as mais diferentes narrativas, das mais fictícias e impossíveis às mais verossímeis e críveis. No caso do Design Estratégico e do Design Especulativo, servem muitas vezes para fomentar visões de futuros alternativos, desejáveis ou preferíveis, o que ajuda a direcionar esforços projetuais e ações no presente. A vontade de propor um método de construção de "cenário futuro ecossistêmico" surgiu com o início da pandemia. Quando foi decretado o fechamento dos lares e estabelecimentos em todas partes do mundo, de repente olhamos para os lados e nos vimos imersos em um mundo efetivamente distópico, e nos tornamos cientes do fracasso da narrativa moderna: o futuro prometido – do progresso e do crescimento infinitos e do bem-estar material universal – jamais se concretizaria, pois é ele impossível, dentro dos parâmetros de Gaia. Ora, se não temos mais uma visão de futuro que guie nossas ações (a narrativa modernista) e se estamos dentro de um pesadelo, precisamos de uma nova e melhor cena para um futuro que consiga direcionar nossas ações presentes. Essa foi, então, a inspiração para a proposição do método de construção de cenário ecossistêmico: que pudéssemos *sonhar*! Sonhar, visualizar e comunicar novos futuros, preferencialmente remetendo a *utopias* selvagens.

No âmbito dos cenários, uso o sonho como metáfora que podemos aproximar da *utopia*. Para os povos originários, o sonho é uma dimensão de enorme relevância e significado. O sonho indígena não é uma experiência onírica apenas, mas funciona como uma dimensão de aprendizado, de formação de cosmovisões, de autoconhecimento e de interação com outros planos na existência (KRENAK, 2019). Para a tradição tupi, "o mundo material é feito da energia dos sonhos" (JECUPÉ, 2016, p.58). Krenak (2020a, p.37) diz que experiencia o sonho "como instituição que prepara as pessoas para se relacionarem com o cotidiano", como um farol que indica a direção e prenuncia coisas por vir. Limulja (2022, p.60) explica, a partir de seu estudo com os Yanomamis, que, para eles, "tudo o que ocorre no sonho é considerado como algo que aconteceu ou que poderá acontecer. E a depender do conteúdo onírico, isso pode afetar a vida de quem sonhou ou mesmo de toda a comunidade ". Atrelado ao sonho está também uma prática comunal, em que os integrantes da comunidade dividem uns com os outros seus sonhos, como uma partilha de afetos, em como eles afetam o mundo sensível. Coccia (2020) faz uma relação do sonho com a metamorfose da vida em Gaia, dizendo que o presente é o sonho do passado; nós, humanos, somos o que nossos antepassados primatas sonharam para eles. Claro que, no contexto do nosso experimento, o "sonho" é mais figurativo do que literal. Ainda assim, o intuito foi de buscar algo próximo com o que propõe Krenak (2020a, p.47):

> **Quando pensamos um tempo além deste, estamos sonhando com um mundo onde nós, humanos, teremos que estar reconfigurados para podermos circular. Vamos ter que produzir outros corpos, outros afetos, sonhar outros sonhos para sermos acolhidos por esse mundo e nele podermos habitar. Se encararmos as coisas dessa forma, isso que estamos vivendo hoje não será apenas uma crise, mas uma esperança fantástica, promissora.**

O método proposto aqui foi testado em diferentes versões e diferentes contextos, ao longo dos anos. Não existe uma maneira única de usá-lo, então fica o aceno para novas formas de colocá-lo em prática. Seus objetivos consistem em: (1) criar uma visão de futuro positivo, regenerado, utópico; (2) provocar, por meio do exercício de construção do mesmo, o deslocamento dos sujeitos-projetistas de seus antropocentrismos, colocando-os no lugar do Outro, da Alteridade. Esse Outro é sempre territorial, no sentido de ser o não-Eu existente no território específico onde o projeto (ou o método) se desenvolve, que pode ser entendido no seu escopo mais amplo (país) ou mais micro (território). Além disso, a Alteridade engloba sujeitos humanos e mais-que-humanos, sendo esses últimos as espécies encontradas no bioma ou ecossistema que corresponde ao território em questão. E, por fim, o último objetivo é (3) concretizar a visão de futuro de modo que o cenário seja comunicável ao coletivo social envolvido no território ou no projeto. Observe que há uma intencionalidade posta no segundo objetivo, que é a condicionante no uso do método e que é, justamente, o diferencial dessa ferramenta.

Escolhi direcionar cenários em um horizonte temporal de 100 anos à frente, por acreditar ser um espaço-tempo ideal para estimular a fantasia e deixar mais solta a imaginação. Em 2012, Michio Kaku, físico e futurista norte-americano, publicou um livro intitulado *A física do futuro: como a ciência moldará o destino humano e nosso cotidiano em 2100*, em que imagina e propõe uma série de insights do futuro, inspirado pelas obras de Júlio Verne e Leonardo da Vinci. Kaku, comparando diferentes épocas, mostra como 100 anos pode ser um período de intensas e imprevisíveis transformações, um horizonte temporal difícil de ser visualizado. Precisamente essa dificuldade, a nebulosidade de um futuro tão distante em termos humanos, no meu entendimento, é chave para que a imaginação dos projetistas dos cenários possa correr mais livremente, por isso a sugestão é que os cenários ecossistêmicos levem um escopo de 100 anos em consideração. Além disso, Meadows (2006, p.234) traz uma importante reflexão que corrobora com a escolha feita:

> **O horizonte oficial de tempo da sociedade industrial não vai além do que vai acontecer depois das próximas eleições ou além do período de retorno dos investimentos atuais.**

O horizonte de tempo da maioria das famílias vai mais além – abrange a vida dos filhos e netos. Muitas culturas indígenas norte-americanas defenderam ativamente e consideram em suas decisões os efeitos que elas teriam até a sétima geração à frente. Quanto maior o horizonte de tempo operante, maiores são as chances de sobrevivência.

Assim sendo, o horizonte temporal de 100 anos é o primeiro parâmetro do método. A segunda chave para a construção dos cenários é a preparação do terreno, quer dizer, das subjetividades a serem trabalhadas por meio da ferramenta. O deslocamento de nossa imaginação para um escopo temporal tão alargado não é fácil: em geral, estamos ferrenhamente agarrados aos fenômenos conhecidos no nosso presente, e temos dificuldade de imaginar possibilidades radicalmente diferentes. Por esse motivo, é preciso haver uma preparação do terreno para a construção do cenário. Esta preparação pode se dar de muitas formas: com o uso de música, de imagens especialmente selecionadas, de técnicas meditativas ou de visualização, entre outras. Eu gosto de usar práticas meditativas que incluem a visualização a partir de uma narrativa dada. Faço um exercício de relaxamento do corpo, peço que fechem os olhos, ao som de alguma música tranquilizante, e convido o grupo a imaginar uma cena no futuro, 50 anos à frente, em primeira pessoa (50 anos é proposital, como um estágio até chegarem a 100). Vou narrando um percurso que cada um deve imaginar na sua mente, transitando por uma calçada, observando a rua e as coisas que acontecem ao redor . Em seguida, distribuo a cada pessoa uma carta que corresponde ao que chamei de *Personagem Ecossistêmico*, o qual explico em maior detalhes mais adiante. Cada participante recebe uma carta com um Personagem Ecossistêmico Ambiental, contendo uma descrição desse Ser (espécie, características, hábitos, etc.); e escolhe aleatoriamente um conjunto de atributos que vai formar um Personagem Ecossistêmico Social. Cada um deve ler cuidadosamente o que diz a ficha do PE Ambiental, buscando integrar-se com aquele Outro, que é sua Alteridade não-humana; e deve criar, a partir do conjunto selecionados de atributos, uma mini biografia de uma pessoa que corresponde à sua Alteridade humana.

A partir daqui, é dada uma instrução para guiar a imaginação do grupo: *Você é esse personagem, esse Ser. Você interpreta a realidade a partir da sua vivência, sua cognição e de seus sentidos. Ou seja, seus sentidos captam o que seu sistema biológico permite. Entregue-se a esse ser. Estamos em _____ (ano corrente, ex.: 2024). Você está vivendo sua vida o mais normalmente possível nesse contexto atual, quando uma tempestade inesperada começa, com a força de um universo inteiro vindo abaixo. A ventania se soma a raios e relâmpagos em velocidade crescente e volume ensurdecedor, tudo parece que vai desmoronar, árvores parecem envergar, o chão treme, os telhados voam, até que um clarão imenso toma o domo celeste, tão forte que lhe cega! Nesse instante, tudo cessa. Silêncio. Quando você volta a perceber o seu entorno, você não reconhece muito bem onde está. Aos poucos, você vai juntando as peças e consegue entender que você está exatamente no mesmo lugar, porém na versão mais maravilhosa que você poderia imaginar para esse lugar! É _____ (100 anos, ex.: 2124), tudo é igual e tudo é diferente, e todos seus sonhos são realidade. Aqui, você sabe que vai poder viver seu melhor momento, sua vida mais incrível. Tudo de bom que você poderia querer no universo é realidade. Você, Ser que está agora em 2124, vai escrever para os Seres que ficaram no passado, para contar quão maravilhoso é esse futuro. Pois você sabe que 2024 foi um ano muito difícil e você quer levar esperança e dizer para o passado que "vai ficar tudo bem, acredite", e que o mundo será melhor.*

As cartas podem ser escritas apenas com essa instrução, de forma mais solta e livre, ou podem respeitar comandos extra, como: *Essa carta terá no mínimo 250 e, no máximo, 450 palavras, vai contar, da forma mais concreta possível, quais sonhos que se tornaram realidade, no futuro, em termos de: sucesso, progresso, riqueza e desenvolvimento; bem-estar, felicidade, comunidade e morte; trabalho, educação, família e governo; alimento, vestimenta, moradia e recursos.* Comandos a mais costumam balizar e restringir mais o que vem de resposta. Mas pode ser necessário, dependendo do contexto de criação do cenário. Podem ser instruções que conectem, por exemplo, o futuro ao campo de atuação de uma empresa que estiver aplicando o método. Quanto mais tempo as pessoas têm para redigir as cartas, mais elaboradas elas costumam ser, pois mais atenção é dada às instruções, como colocar-se no lugar do Personagem Ecossistêmico Ambiental ou Social recebido. Já dei desde minutos até dias para essa etapa. O mesmo exercício de redação é feito para cada Personagem, portanto, se um integrante receber um Personagem Ecossistêmico Ambiental e um Personagem Ecossistêmico Social, este deve escrever duas cartas. Em seguida, cada participante é convidado a ler, para seu grupo, em voz alta, a carta escrita – são feitas duas rodadas entre todos, uma para lerem sobre o Personagem Ecossistêmico Ambiental e outra para o Personagem Ecossistêmico Social. Aqueles que escutam devem anotar, em post-its ou papéis, as palavras-chave que identificam nas cartas lidas dos colegas.

As cartas e as palavras-chave formam a base do cenário. Os post--its são transferidos para uma cartolina ou semelhante (isso tudo vale no online ou no offline), e então cada pessoa deve buscar imagens (na internet ou em revistas) que traduzam ou concretizem as palavras trazidas. Assim, o cenário se materializa com uma colagem feita de imagens e palavras. Adicionalmente, o grupo pode ser requisitado a redigir uma carta final, que consolide em uma única narrativa as visões de cada integrante, contando como o futuro se apresenta. Se o exercício estiver sendo feito com mais de um grupo, estes devem apresentar uns aos outros seus resultados. Invariavelmente, os cenários obtidos, por conta das instruções e dos Personagens Ecossistêmicos, mostram um futuro com natureza exuberante, com integração interespécies, com a valorização dos conhecimentos Outros e outras características que aproximam a visão das *utupias* selvagens sugeridas. Engraçado é constatar como, vez que outra, alguns participantes escolhem excluir propositadamente o *Homo sapiens-demens* de suas visões de futuro e, quando perguntados o motivo disso, geralmente dizem que sem humanos o futuro seria melhor. A tabela a seguir resume o método, suas etapas e os materiais sugeridos para uma sessão presencial (offline).

ETAPA	EXERCÍCIO	MATERIAL (OFFLINE)
Preparação do terreno	Meditação, visualização, relaxamento, brincadeira de pensar futuro, o que vier de ideia para preparar a imaginação e o corpo. Leitura dos Personagens Ecossistêmicos.	• Caixa de som, playlist, sino, aromatizador, incenso, velas, tapetes... o que for necessário para que os participantes entrem no exercício. • Cartas dos Personagens Ecossistêmicos criados
Visualização	Visualização do futuro conduzida por instruções; Escrita das cartas.	• Narrativa que dá o comando para o exercício; • Papéis lisos ou pautados • Lápis e borrachas
Cocriação	Leitura das cartas em voz alta, e anotação das palavras-chave.	• Post-its coloridos ou papéis pequenos • Canetas hidrográficas coloridas
Consolidação	Materialização do cenário com imagens.	• Cartolinas ou semelhante • Revistas, jornais e materiais de recorte • Tesouras, colas e fitas adesivas

Tabela 1: Exercícios e materiais para construção de cenário ecossistêmico
Fonte: Elaborado pela autora, 2024.

Como você pode fazer seus Personagens Ecossistêmicos: você precisa ter dados sobre o ecossistema local e suas espécies nativas, sobre a topografia e a hidrografia da região, e sobre o censo populacional do território municipal, estadual ou federal do seu *locus* projetual. Meus usos dos cenários ou dos Personagens Ecossistêmicos se deram sobretudo na Mata Atlântica, no estado e cidade de São Paulo, então usarei isso como referência aqui nos exemplos. A lógica do Personagem Ecossistêmico Ambiental é bem diferente do Personagem Ecossistêmico Social, então vamos começar pelo primeiro. Você precisa ter uma variedade de personagens, suficientes para ter diversidade de perspectivas entre os participantes do exercício. Por isso, sugiro um mínimo de 10 personagens do ecossistema, topografia e hidrografia locais, considerando que: um é topográfico (uma montanha, uma planície, um morro, etc.); um é hidrográfico (um rio, uma bacia, uma lagoa, etc.); de cinco a seis são da fauna e de dois a três são da flora. Da fauna, escolha um animal que voa, um que esteja dentro da terra, um que nade e um que ande por sobre a terra. Da flora, escolha uma árvore, um arbusto e uma espécie alimentar (batata, abóbora, etc.). Quanto maior o número de participantes do método, mais diverso pode ser o leque de opções – o que deixa mais divertido, também. Você precisa dar informações suficientes sobre cada uma dessas espécies (habitat, comportamento, reprodução, etc.), a ponto dos integrantes do exercício serem capazes de se imaginar, ainda que com dificuldade, na "pele" do seu personagem. Nos experimentos conduzidos em São Paulo, estes foram os Personagens Ecossistêmicos Ambientais criados:

1. Araponga – pássaro;

2. Muriqui-do-Sul – primata ameaçado de extinção;

3. Corvina – peixe de rio que poderia ser encontrado em um Tietê limpo;

4. Mandaçaia – espécie de abelha polinizadora sem ferrão;

5. Minhoca – para uma perspectiva de dentro da terra;

6. Rã-cachorro – anfíbio também encontrado em ambientes urbanos;

7. Figueira – árvore comum em ecossistemas tropicais;

8. Ora-pro-nobis – espécie arbustiva e alimentar;

9. Rio Guarapiranga – rio transformado em bacia por uma represa;

10. Pico do Jaraguá – montanha mais alta da cidade de São Paulo.

Já o Personagem Ecossistêmico Social é criado de maneira distinta. Você precisa entender os dados censitários de sua região, a ponto de poder subvertê-los. Eu explico: o personagem social é dividido em cinco categorias: faixa etária, identidade de gênero, orientação sexual, etnia/cor e poder aquisitivo. Veja que não falamos em "raça" e escolhemos categorias que podem explicitar as populações marginalizadas e minorizadas de um lugar. Pois, a lógica aqui é transformar a "minoria" em maioria. No Brasil, por exemplo, a população autodeclarada indígena é a segunda menor do país, atrás apenas dos que se reconhecem como descendentes asiáticos. Por nossa raíz colonial, queremos fazer aparecer na construção de cenário o maior número possível de indígenas. Por outro lado, embora os afrodescendentes sejam maioria aqui (passam dos 50% da população), eles são marginalizados e subalternizados e, por isso, devem também aparecer com expressividade no exercício. Assim, cada uma das cinco características elencadas recebe um total de 10 cartas, que devem ser distribuídas entre as opções disponíveis, de modo a fazer acontecer a subversão dos dados. Veja a tabela abaixo, que mostra a construção dos Personagens Ecossistêmicos Sociais para São Paulo. Observe a quantidade de cartas de cada característica e como isso resulta em combinações com mais pessoas negras e indígenas do que brancas; em mais pobres do que ricos e assim em diante. Essa é a subversão dos dados censitários. Use sua criatividade e divirta-se aplicando o método em diferentes contextos, sempre que for preciso (quando não é?) imaginar futuros mais diversos, plurais, ecológicos e inclusivos em qualquer território projetual.

O método de construção de cenário pode ser usado de diferentes maneiras, em contextos diversos. Pode ser empregado dentro do planejamento estratégico de uma companhia, como forma de fazê-la imaginar alternativas preferíveis e mais ecológicas de futuro ou pode compor a primeira fase de um percurso metodológico para criação de artefatos de um futuro ancestral, por exemplo. Os Personagens Ecossistêmicos podem ser desmembrados e usados em outros contextos projetuais ou até como dinâmicas lúdicas para reflexão acerca do nosso Eu antropocêntrico. Reforço que, o que deixo aqui são apenas sugestões e você tem toda virtualidade à sua disposição para atualizar nas versões e nos exercícios que tiver vontade.

CATEGORIA	OPÇÕES	QUANTIDADES (SOMA 10)
Cor/Etnia	1. Européia 2. Asiática 3. Africana 4. Indígena	1. Uma carta 2. Duas cartas 3. Três cartas 4. Quatro cartas
Gênero	1. Mulher cisgênero 2. Mulher transgênero 3. Homem cisgênero 4. Homem transgênero 5. Intersexo 6. Não binário	1. Duas cartas 2. Duas cartas 3. Duas cartas 4. Uma carta 5. Uma carta 6. Duas cartas
Poder aquisitivo	1. E (representado por meio cifrão) 2. D (representado por um cifrão) 3. C ($$) 4. B ($$$) 5. A ($$$$)	1. Três cartas 2. Três cartas 3. Duas cartas 4. Uma carta 5. Uma carta
Faixa etária	1. 20+ 2. 30+ 3. 40+ 4. 50+ 5. 60+ 6. 70+	1. Duas cartas 2. Duas cartas 3. Duas cartas 4. Duas cartas 5. Uma carta 6. Uma carta
Orientação sexual	1. Heterossexual 2. Homossexual 3. Pansexual 4. Assexual 5. Bissexual	1. Duas cartas 2. Duas cartas 3. Duas cartas 4. Duas cartas 5. Duas cartas

Tabela 2: Categorias de construção dos Personagens Ecossistêmicos Sociais.
Fonte: elaborada pela autora

Planejamento anual de vida

Após a pandemia do coronavírus, que só foi dar sinais de um término mais duradouro em 2022, senti, como muitos, a necessidade de repensar a vida e seus caminhos. Resolvi colocar em prática meus conhecimentos de Design Estratégico para pensar em uma ferramenta que me possibilitasse pensar meu próprio futuro, e que me ajudasse a criar os caminhos até lá. Chamei-a de *Planejamento Anual de Vida* e, após sua criação, disponibilizei dentro do meu site para baixar gratuitamente e avisei minha rede de amigos e conhecidos. Tive retornos positivos, de quem descarregou o documento e colocou-o em uso, mas o que trago aqui é resultado da minha própria experiência com o planejador. A ferramenta se apresenta na forma de um PDF (*portable document format*) com 38 páginas: duas capas, sete páginas de instruções e 29 páginas de modelos para preenchimento do sujeito-usuário. O objetivo da ferramenta, explicado na introdução do PDF, é ajudar a pessoa a: 1) visualizar melhor seu futuro no longo prazo, com base no legado que você quer deixar com a sua vida; 2) desenhar os macro objetivos necessários e as realizações para chegar até lá; e 3) estruturar as prioridades do seu próximo ano. Nessa mesma introdução, falo sobre o momento de transição atual, a retomada da nossa capacidade de sonhar e como a mente cria a matéria, todas questões abordadas em profundidade neste livro.

As instruções contidas no documento ensinam a pessoa a projetar-se no futuro, usando cinco horizontes temporais (longínquo, 20 anos, 10 anos, 5 anos e 1 ano) e iniciando com a criação de uma "linha-mestra" para a vida do sujeito, em outras palavras, com a definição do *propósito* a guiar suas ações e decisões futuras. Depois de escrever seu propósito (e para isso o documento fornece dicas), a pessoa estabelece o seu horizonte temporal longínquo, o mais longe que ela se sentir confortável visualizando e o mais longe que seu estágio de vida permitir – vamos pensar aqui que o horizonte longínquo de uma pessoa com 20 anos é bastante diferente daquele de uma pessoa com 70 anos, por mais que a vida de ambos seja absolutamente imprevisível e a jovem possa vir a falecer muito antes da senhora. E aqui entra a parte mais difícil do método: a visualização do futuro é feita por meio de uma *autobiografia*, quer dizer, ela precisa imaginar quem será, onde estará e o que estará fazendo naquele momento da sua vida. A mesma dificuldade de imaginar futuros distantes mencionada no método anterior, parece se intensificar quando exige a projeção de Si nessa distância e o impasse às vezes vem acompanhado de "mas eu nem sei o que vou fazer amanhã". É normal, e por isso mesmo há na ferramenta, também aqui, algumas sugestões de como conduzir essa parte importante do exercício.

Em seguida, o método convida o sujeito-usuário a fazer um exercício de *backcasting*, que é algo muito usado no contexto dos Estudos de Futuros e consiste em regredir pouco a pouco no tempo, a partir de um futuro qualquer. Ou seja, supondo que o horizonte temporal longínquo da pessoa seja superior a 20 anos, ela vai fazer a regressão para 20, 10 e 5 anos, até chegar no ano seguinte àquele em que se encontra. Isso significa que a pessoa tem como base o seu ano corrente. Por exemplo, um planejamento que seja feito no ano novo de 2022, com intenção de planejar 2023, tem 2023 como ano base. E, digamos, que o horizonte longínquo da pessoa seja 2050. Usando o ano base, 2023, são contados os horizontes de 1, 5, 10 e 20 anos, ou seja: 1 ano = 2024; 5 anos = 2028; 10 anos = 2033; 20 anos = 2043; longínquo = 2050. E assim, a pessoa vai projetando suas autobiografias ao longo de cada um desses escopos temporais, preenchendo modelos, que perguntam: a idade e o momento de vida da pessoa naquele ano; seus ciclos, isto é, o que ela quer concluir, o que quer iniciar e o que quer continuar; e seus objetivos. Uma folha A4 é uma ficha, um modelo frente e verso que contém o resumo do ano em questão e também contém espaço para a atualização da autobiografia, caso a pessoa queira reescrevê-la conforme o tempo for passando.

Em cada ficha a pessoa tem espaço para pensar os objetivos do ano, o que precisa fazer para concretizar a biografia escrita, ao longo dos anos: se, por exemplo, a pessoa quiser ser mestre em algum campo do conhecimento em dez anos, isso significa que, em algum momento entre um e oito anos, ela precisará entrar em uma pós-graduação, levando em conta que um mestrado tem a duração de dois anos. Os objetivos são divididos em quatro categorias: profissionais, pessoais, intelectuais e de autocuidado; e não podem passar de três, em cada categoria, a cada ano, pois se doze objetivos já são difíceis de conquistar, mais que isso pode acabar gerando frustração. Digo isso porque a ideia é que, ao final de cada ano, a pessoa possa avaliar o ano que acaba de passar, analisando o que conquistou, no que evoluiu, etc. Em especial na ficha que corresponde ao "ano seguinte", há também um espaço para a pessoa preencher com seus rituais, significando o que quer evoluir em si, o que modificar e tornar positivo em si e pelo que gostaria de agradecer. E é aqui que entra a parte, para mim, mais interessante: o planejador traz um modelo para que a pessoa adote um ritual diário de autoafirmações. É uma espécie de ritornelo, um dispositivo de produção da própria subjetividade pautado no amor.

Agradeço pela vida, pelo dia e conquistas de _____ (ontem/hoje) e por mais um dia de vida para ser uma boa pessoa e um bom exemplo. Agradeço e honro meus ancestrais e deles não carrego nenhuma mancha ou passado que possa me ferir. Agradeço por tudo que tenho nesta vida e por ser _____ (merecedor/a): eu mereço.
Agradeço por _____ (listar o que se quer agradecer)
Tenho saúde no meu corpo físico, na minha mente e no meu espírito. Tenho foco em tudo que preciso fazer para manter meu corpo, mente e espírito saudáveis. Tenho energia, saúde, força, luz e vitalidade. Gratidão!
Sou _____ (espaço para a pessoa ressaltar as qualidades a evoluir em Si)
Meu propósito de vida é _____ (citar o próprio propósito, se precisar, resumidamente)
Peço ajuda para que meus caminhos sejam iluminados e guiados, para que tanto eu quanto meu propósito possamos florescer e prosperar, contribuindo com um mundo melhor.
Que todos meus objetivos para 2022 sejam alcançados:
_____ (citar os objetivos do ano)
Somos uma rede de luz e amor envolvendo a Terra.
Que todos os seres possam se beneficiar.
Que assim seja, assim é; que assim seja, assim é ; que assim seja, assim é.

É importante ressaltar que todo o planejamento parte do propósito de vida da pessoa. Seus objetivos e seu desenvolvimento pessoal devem estar alinhados com o propósito. Igualmente também é relevante dizer que nada, nunca, deve ser escrito em pedra. O método foi criado para servir como uma ferramenta de autoconhecimento e evolução e, assim, está aberto para as mudanças que surgem no meio do caminho. Eu já mudei de objetivo no meio do ano, já atualizei algumas biografias e reescrevi meus ciclos: tudo é aprendizado! Tenho usado o planejador ao longo dos anos, e tenho observado resultados positivos no meu desenvolvimento e na manifestação dos meus objetivos. Este livro, por exemplo, esteve listado como um dos objetivos de 2024.

Godofreda

Esse experimento diz respeito a uma tarefa de sala de aula que começou bastante despretensiosa, com meus alunos do primeiro semestre dos bacharelados em design (Design de moda, Design gráfico e digital e Design de produto e serviço) do Istituto Europeo di Design (IED) de São Paulo, na época que fui docente na graduação da instituição. Grande parte das pessoas que entram no primeiro semestre, no IED, são egressos do ensino médio, jovens de classes média e alta que moram na casa dos pais ou familiares e que têm poucas responsabilidades na vida para além dos estudos. E eu precisava ensiná-los as bases da sustentabilidade para que pudessem crescer sendo designers responsáveis e ecológicos, nesta disciplina chamada *Sistemas Sustentáveis*. O nome da disciplina foi dado pensando nas três ecologias de Guattari, como sendo três sistemas da sustentabilidade. Deste modo, pude trazer conteúdos ligados ao pensamento sistêmico, aos sistemas sociais, à gestão ambiental, à ecologia e também à decolonialidade. Pois bem, foi nesta disciplina de primeiro semestre que surgiu tal experimento, batizado de "Godofreda".

Godofreda consistiu em uma tarefa, passada logo no primeiro ou segundo dia de aula, na qual cada aluno deveria adquirir uma planta, nomeá-la (por isso "Godofreda") e dela cuidar durante todo o semestre letivo, preenchendo um diário semanal. A planta poderia ser qualquer uma menos cactos, suculentas, terrários, bonsais ou orquídeas, e não poderia estar plantada no jardim de casa, devendo ser adquirida e cuidada pelo próprio aluno. O diário era composto de fichas, onde o aluno deveria preencher: a semana (de 1 a 14, do começo ao fim do semestre); o dia e a hora da observação; o que aconteceu com a planta na semana (ex.: ela ficou murcha); o que foi feito em resposta ao acontecido (ex.: foi regada); com o que a planta foi alimentada na semana; e o que, porventura, teria sido aprendido com a planta naquela semana. No fim, cada aluno deveria fazer um resumo da experiência, uma conclusão sobre o semestre com a sua planta. E foi esta parte final que sempre me tocou mais, ao longo dos anos em que realizamos esse experimento em sala de aula. Recebi relatos que atestam a eficácia do experimento em provocar algumas pontes, ainda que temporárias ou frágeis, entre humanos e não-humanos. Deixo aqui três exemplos, conclusões escritas por duas alunas e um aluno (em geral, os relatos mais sensíveis e abertos às pontes foram de mulheres, não por acaso).

> Durante essas 13 semanas que registrei minha convivência com a Odete, apesar dela não ter mudado muito, eu com certeza mudei. Nunca tinha cuidado de uma planta por conta própria dessa maneira, e no processo descobri que as plantas precisam de muito mais cuidado e atenção do que imaginava. Me arrependo de não ter aprendido isso mais cedo. Passei muito tempo satisfeito apenas com a sua sobrevivência ao invés de seu desenvolvimento. Gostaria que a Odete tivesse crescido um pouco durante esse tempo, mas acredito ter aprendido a dar a atenção e a importância que ela merece, mesmo que no final da jornada do diário.

*

> Adorei este trabalho, nunca havia cuidado de uma planta antes. Criei uma conexão grande com Rosinette, não imaginava ter isso com um plantinha. Fiquei animada para criar outras, mas agora

com mais cuidado, já que aprendi que com os erros desse trabalho. Criar uma planta virou hobbie para mim, que agora me tranquiliza e me tira um pouco do caos de São Paulo.

*

No começo dessa atividade me questionei muito sobre a minha capacidade (ou falta dela) de criar uma planta, por mais simples que pareça, mas já que era pra fazer, resolvi fazer direito. Fui no sítio da minha vó e peguei uma muda da planta Íris que futuramente seria nomeada Gaya. Determinei que faria o relatório todo final de semana para não deixar nada atrasado e acabei criando uma satisfação e costume de fazer isso. Dessa forma, posso dizer que minha plantinha Gaya me trouxe um novo gosto e interesse nos cuidados com o ecossistema, em geral, ao meu redor. Acabei me sentindo mais tocada a dar atenção às plantas, aos meus animais e meus próprios hábitos no dia a dia. Encontrei um novo modo de desconectar e também a criação de uma nova relação com o ambiente ao meu redor, sem contar a responsabilidade e compromisso que precisei desenvolver para cuidar da minha filha, vulgo, planta. Sendo assim, obrigada Gaya. Obs: Não vou largar os cuidados agora que não preciso mais registrar, ela vai continuar viva! (se tudo der certo)

Um exercício simples como esse pode ter um efeito interessante na produção de subjetividades Outras. Ele incorpora a lógica da recursividade, ao solicitar a observação periódica da planta; e ele provoca uma ligação mais profunda com o ser mais-que-humano, ao pedir sua nomeação e trazê-lo como sujeito da ação coletiva. Alguns dos meus alunos desse primeiro semestre seguiram seus estudos incorporando e aplicando diversos preceitos da sustentabilidade em seus projetos; alguns, inclusive, me procuravam, orgulhosos, para mostrar projetos feitos em semestres mais avançados que tinham princípios ecológicos incorporados. Mais orgulhosa eu, deles.

Houve um "experimento", também conduzido em sala de aula, que não posso deixar de citar aqui, ainda que brevemente. Uso as aspas pois, efetivamente, realizamos um percurso metodológico completo de viés especulativo e experimental e não um experimento isolado. Esse percurso foi executado por duas turmas de Design de produto e serviço do IED, em uma disciplina de projeto de embalagens. O objetivo do percurso metodológico esteve em estimular o design de artefatos regenerativos de ecossistemas dos locais projetuais. Em se tratando de projetos de embalagens, vi que o quesito regenerativo poderia ser alcançado por meio dos materiais a comporem esses invólucros que, então, deveriam atuar como regeneradores do ecossistema local. O percurso foi pensado de forma a articular as Três Dimensões Ecossistêmicas, com momentos individuais e coletivos de trabalho, incluindo uma etapa inicial de sensibilização do olhar para o ecossistema. Tudo começou com a observação do ecossistema e com a coleta dos resíduos secos (embalagens) dos domicílios dos participantes. Os resíduos serviram para direcionar a escolha de projeto a ser trabalhada no percurso e a observação acabou por gerar o PE Ambiental incluído como objetivo projetual. Dito de outra maneira, a espécie de fauna ou flora em observação na primeira fase se tornaria posteriormente o Ser cuja vida deveria ser beneficiada por meio do projeto. Em seguida, após terem escolhido a embalagem a ser reprojetada a partir da análise dos próprios resíduos, os designers executaram exercícios investigativos individuais, a fim de aprofundar o conhecimento sobre a embalagem em questão, suas alternativas presentes e seu histórico, isto é, como ela existia no passado. Na sequência do trabalho individual, os sujeitos-projetistas foram unidos em grupos para que pudessem, juntos, desenvolver a solução desejada, por meio de estímulos à transdisciplinaridade e à experimentação. Parte da experimentação vinha das disciplinas casadas com o projeto, sobretudo a de *Materiais Contemporâneos*, em que os alunos eram estimulados a trabalhar com biomateriais e a criarem seus próprios materiais a partir de elementos orgânicos como cascas, farinhas e algas, entre outros.

A segunda turma desta disciplina, em ano pós-pandêmico, teve acesso ao laboratório de biomateriais, que é um espaço simples equipado com o básico para experimentações igualmente básicas. Por esse motivo, nosso foco metodológico esteve em incorporar a lógica ecossistêmica aos biomateriais, ou seja, em criar biomateriais com potencial de regeneração do ecossistema, com prioridade para o beneficiamento das espécies-chaves observadas (que entendíamos como nossos Personagens Ecossistêmicos). Os aprendizados foram substanciais e são mais facilmente explicados por meio dos biomateriais e embalagens criadas. Antes de apresentar um dos projetos desenvolvidos, explico um pouco sobre as experiências com os biomateriais e os aprendizados sobre as possibilidades de regeneração que estes trazem. Primeiramente, o intuito da criação com materiais estava no uso de ingredientes 100% naturais e biodegradáveis, que pertencessem aos ecossistemas ou biomas locais, que pudessem ser encontrados facilmente, que fossem resíduos orgânicos ou resíduos biodegradáveis comumente descartados. Assim, as experimentações usaram ingredientes de cozinha, como gelatina incolor e fécula de mandioca; resíduos orgânicos como casca de ovo e fibra de coco; e resíduos secos recicláveis como papel de rascunho. Quais ingredientes seriam usados estava condicionado à qual estrutura de embalagem era desejada, como caixa, saco ou pote, por exemplo. Diferentes ingredientes geram materialidades que se conformam a uma ou outra estrutura. Foi bastante divertido poder estar no ambiente do laboratório e ver o engajamento da turma com as possibilidades experimentais. Disso, veio uma conclusão: dependendo do que é a materialidade necessária, o quesito regenerativo fica em segundo plano. Por exemplo: é possível criar um bioplástico com fécula de mandioca e agar-agar ou gelatina, porém esse material, por si só, não é exatamente regenerativo, ele apenas é biodegradável e não poluente. Para adicionar um componente de regeneração, seria preciso beneficiar propositadamente uma espécie-chave do ecossistema local, o que foi feito por uma das alunas com a adição de sementes ao material. Um dos alunos criou um suporte para sabonete com resíduos florestais (folhas caídas), látex e sementes de espécies nativas: conquanto o produto desempenhasse sua função, o látex impossibilitava a soltura das sementes e a degradação completa das folhas, impedindo que se tornassem componentes para a regeneração. Ou seja, o quesito regenerativo significa um grau a mais de dificuldade na criação dos biomateriais.

Como objetivo disciplinar, a segunda turma deveria criar embalagens para um "kit banho" de uma pousada no Pantanal. Conversando com o biólogo responsável pela reserva ambiental da pousada, passamos a entender melhor a dinâmica de vida do bioma, que funciona por meio de dois ciclos sucessivos, o da seca e o da cheia. Em cada um desses períodos, diferentes espécies vegetais florescem e amadurecem e as espécies animais demonstram diferentes comportamentos. Assim, um material que estivesse voltado à regeneração desse bioma poderia levar em consideração essa dinâmica. Uma aluna da turma gostou de tal sugestão, e chegou a uma proposta de embalagem que mudaria conforme o período climático. Ela criou duas caixas de papel semente, que comportavam dentro um sabonete, um xampu e um condicionador, todos em barra, juntos. Sendo acondicionados na mesma caixa, há a redução de material usado. A mesma estrutura seria usada na cheia e na seca, porém a identidade gráfica indicaria qual caixa corresponderia a qual período. A distinção era importante pois o papel serviria como veículo de diferentes sementes na cheia e na seca, aproveitando o potencial de brotamento específico de cada momento. Na massa do papel estaria colocada uma "muvuca", isto é, uma combinação de sementes que pertencem aos diferentes estágios sucessórios da regeneração, pois assim o papel poderia ser picotado e disposto em terrenos quaisquer, que a muvuca se adaptaria ao solo em questão. Por exemplo, se o papel fosse jogado em um terreno muito degradado, todas as sementes até poderiam brotar, porém "vingariam" aquelas mais aptas a sobreviver no estágio primário. Creio que esse exemplo consegue ilustrar bem a lógica ecossistêmica a embasar o projeto e, por esse motivo, quis trazê-lo aqui[98].

Gostaria de finalizar esse longo capítulo deixando um último convite: que você possa criar seus próprios experimentos regenerativos, em casa, no trabalho, em família, na sala de aula e onde mais quiser, exercite o potencial criativo e a capacidade projetual que você inerentemente carrega, como um lindo indivíduo dessa espécie louca e diversa que é o *Homo sapiens*. Dance, ritualize-se, entoe mantras, crie suas visões de futuros regenerados, coloque-se no lugar da Alteridade ecossistêmica, planeje a melhor versão da sua vida, adote uma planta. Os exercícios podem ser mais complexos, como no caso do cenário futuro ecossistêmico, ou tão simples quanto o que propõe Krenak (2020c, p.61):

> Experimente buscar um lugar onde você possa se deitar no chão, na terra, não no assoalho da sua casa. Se possível, faça isso com a pele do seu corpo e não com uma roupa te separando. Experimente misturar aquilo que você pensa que é você com a terra [...] Pelo tempo que não te incomodar, experimente ficar misturado com a terra. Se essa experiência de misturar isso que é você – ou o que você pensa que é você – com a terra for boa, continue um pouco mais. Até a terra falar com você. Ela fala. E o seu corpo vai escutar.

---

[98] Na tese existem outros exemplos de projetos desenvolvidos com o percurso metodológico, e a explicação completa do mesmo.

7
últimos pensamentos e princípios

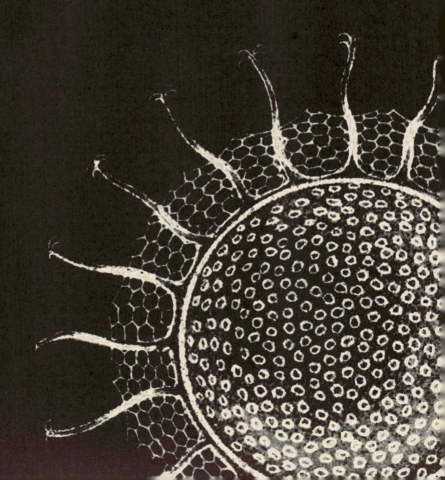

Nosso futuro, mirado a partir da segunda década do século XXI, é uma incógnita angustiante, mas que se materializa sobretudo como uma distopia teimosa, haja vista a ascensão da extrema direita ao redor do mundo, as decisões políticas que parecem andar de mãos dadas com o terraplanismo, a ação criminosa dos grileiros e usurpadores de terras incendiando nossos biomas e as inúmeras consequências climáticas atingindo os mais diversos países do Norte e Sul Globais, por exemplo. Nesse contexto, este livro é quase um grito desesperado e esperançoso: desesperado pelo sofrimento incessante causado pelo *Homo demens-demens* (duplamente louco e demente, sim) e esperançoso de que ainda tenhamos chance de reverter parte do cenário posto para o futuro. "Parte", pois já sabemos que reverter completamente é impossível, o projeto euroantropocêntrico colonial foi demasiadamente feliz em sua missão. O que temos é a possibilidade de criar *novos futuros* e essa é a dimensão mais importante de agarrarmos nesse momento.

 O caminho da regeneração não é e não será fácil, uma vez que exige um mergulho nas profundezas de nossa subjetividade, para remexer em tudo aquilo que nos constitui enquanto seres humanos e que reflete no modo como construímos o mundo ao nosso redor. Contudo, é um caminho que precisa ser percorrido, *agora*. Pois, se não agora, então quando? O lado bom de toda situação atual é que podemos observar, de verdade, um despertar coletivo. Existe, sim, um movimento regenerativo em curso, que pode parecer como o deslizar de centenas de finíssimos riachos, que brotam sozinhos de suas nascentes e vão se unindo pouco a pouco, morros e montanhas abaixo, formando rios cada vez mais caudalosos, até desembocarem no oceano da inegável e irrefreável transformação. Pois não há nada mais certo na vida que a impermanência de todos os fenômenos, os bons e os ruins: não há mal que dure para sempre, nem bem que seja eterno. Nessas horas, é bom lembrarmos da transição e do poder de pensarmos nos legados que deixamos com nossa passagem pelo mundo.

Tentei, neste livro, indicar uma série de pistas e caminhos que podem servir de inspiração, exemplo ou fonte para a invenção dos futuros que queremos tornar realidade. Existem muitas outras, claro, dezenas de livros, autores e pensadores que poderiam ter sido contemplados nestas páginas – há tanto ainda a ler e a conhecer! –, mas sigo reiterando que estamos todos juntos, nessa jornada, somos uns complementos dos outros, tradutores uns dos outros, catalisadores das ideias de uns e outros. E eu sei, como dito anteriormente, que o trabalho do Design Ecossistêmico não está aqui completo; e que tampouco ele se encerra nestas páginas. E é também por esse motivo que deixei tantos convites ao longo do texto: o Design Ecossistêmico se prolonga em você, em primeiro lugar, no modo como escolher usá-lo, ou não. Ainda assim, eu imagino um futuro para a prática projetual ecossistêmica e posso materializá-lo por meio de um exemplo especulativo. Há algum tempo, tenho a parada de ônibus como um exemplo ideal de design que pode tangibilizar os princípios desejados para o Design Ecossistêmico, por ter uma dimensão reduzida – se comparada com a dimensão da cidade e suas estruturas prediais – e por ser um ponto nevrálgico de interação entre o humano e o ecossistema urbano que rodeia a estrutura aberta. Para dar corpo ao projeto, fiz uso da inteligência artificial conhecida como *Midjourney*, posteriormente refinando a imagem obtida no *Photoshop* (figura 20). A ideia esteve em conceber o que poderia ser uma parada de ônibus ecossistêmica.

Agora, por favor, feche os olhos por um momento e respire fundo, pausadamente, sentindo o ar entrar e sair pelas narinas, preenchendo os pulmões e se espalhando por todo seu organismo. Quando você se sentir reconectado com seu corpo, imagine: uma parada de ônibus que nasce de uma árvore-criança. A árvore-criança é plantada em um espaço permeável de solo, momento a partir do qual a vizinhança é introduzida ao novo membro da rua, da praça ou do bairro. A árvore é cuidada por essa vizinhança, pois ela conta com sensores que captam as condições do solo e de Si, traduzindo suas necessidades por meio de uma tela de comunicação – que envia avisos aos telefones dos moradores. Tais mensagens são emitidas em primeira pessoa, a pessoa-árvore: *Estou com muita sede, não tem chovido e está difícil chegar à fonte subterrânea de água. Você poderia me ajudar?* O vizinho que acode, deixa avisado aos demais, falando com a pessoa-árvore: *Olá, sou eu, Maria, e vim aqui lhe trazer um balde de água fresca*. A fala é registrada no sistema pela Inteligência Artificial que cuida dos controles e das comunicações. A árvore vai crescendo com o auxílio de uma estrutura feita de material biodegradável que serve de nutriente para o organismo em desenvolvimento: seus galhos e seu tronco são direcionados pela estrutura-nutriente, como se fosse um molde, mas um que não restringe ou comprime o corpo do vegetal, apenas o guia na direção dos nutrientes. No momento propício, o sistema-árvore inteligente dispara uma mensagem para a Prefeitura, para que venha instalar as estruturas necessárias para que o abrigo propício seja dado aos passageiros: um abrigo das intempéries, que serve também de ponto de encontro e convivência daquela comunidade local. Um lugar com iluminação provida por fontes renováveis, as mesmas que alimentam os sensores e todo sistema inteligente que faz com que o sujeito-árvore se comunique com seus vizinhos humanos. Dentro desse espaço de convívio e espera, os moradores e transeuntes são informados sobre os novos biomateriais que estão circulando nas embalagens e produtos da cidade, e o que deverão fazer para descartá-los corretamente nos solos urbanos. Um dos biomateriais em uso é aquele das embalagens de pizza, que serve como alimento para a ipê-amarelo que dá origem e sustento à parada de ônibus. Essa árvore está colocada ali não à toa: sendo frondosa e florífera, ela também serve de abrigo e alimento para espécies polinizadoras do ecossistema local, insetos e aves que voam pela cidade e ajudam outras irmãs nascerem e florescerem.

    Eu consigo imaginar uma cidade simbiótica com seu próprio ecossistema: prédios cobertos de materiais vivos que reduzem a poluição sonora e atmosférica e servem de moradia para espécies

Figura 20: Parada de ônibus ecossistêmica
Fonte: Criada pela autora, usando a IA Midjourney, 2022.

trepadeiras e aladas; sistemas de transporte que geram energia pelo movimento cinético de seus veículos autômatos movidos a hidrogênio; artefatos com a mais alta tecnologia feitos de fungos e bambu; todas as coisas compostáveis da vida completando seus ciclos... há tanto que podemos imaginar e realizar. Para terminar, deixo aqui alguns princípios da abordagem ecossistêmica, que poderão ajudar nos futuros projetos regenerativos.

Princípios da abordagem ecossistêmica

• O projeto deve fomentar visões de mundo pluriversais, quer seja em imagens de futuro, em premissas de projeto ou por meio dos métodos usados para o desenvolvimento projetual. Pode sempre Desenhar *utupias* como visões de cenários alternativos, ancestrais e pluriversais;

• Uma ecologia para a regeneração considera as Três Dimensões Ecossistêmicas e também pode incluir uma dimensão espiritual;

• O objetivo projetual deve, obrigatoriamente, considerar o nhandereko/bem viver, levando em consideração os direitos da Mãe Terra e a integração do projeto com Nhandecy-Pachamama;

• Os sujeitos-projetistas devem, necessariamente, ser provocados a assumir posturas ou perspectivas além-humanas no ato ou percurso projetual;

• A reconexão com o princípio feminino precisa ser fomentada no coletivo atrelado ao projeto, quer seja pelo questionamento das estruturas patriarcais ou pelo fomento ao contato com a Mãe Terra, ativando princípios de cuidado;

• A restauração-regeneração do ecossistema/bioma é requisito projetual preferencial. Assim, sempre que possível, deve incluir o equilíbrio dos ecossistemas naturais, estudando as conexões biota–biocenose e humano–não-humano do local, atentando para o corpo social atrelado ao território;

• O desenvolvimento do projeto – ou qualquer uma de suas partes, mesmo quando dentro de um contexto especulativo – precisa ser feito por meio da colaboração com o corpo social local, quer seja este o coletivo projetual ou o coletivo social ampliado onde o projeto se desenrola;

• Os métodos, os temas de projeto, os contextos projetuais ou o percurso metodológico conduzem, primordialmente, os participantes a visões de futuros regenerados e positivos, podendo usar as *utopias* selvagens como inspiração;

• Sempre que possível, a abordagem leva em conta métodos que tragam a repetição como artifício para estimular processos de ressubjetivação (como nos ritos e ritornelos);

• Repertórios ecodecoloniais podem ser considerados como insumos para fomentar *linguajeares* voltados para a regeneração e os pluriversos;

• A atenção dos sujeitos-projetistas deve estar tanto nos seus próprios processos subjetivos e no processo projetual coletivo, quanto no objetivo regenerativo desejado;

• Projeta-se sempre ecopositivamente, ou seja, contribuindo para a homeostase e o aumento da diversidade dos ecossistemas locais, quer seja pelo estímulo da regeneração dos ecossistemas naturais ou da visão de mundo dos sujeitos-projetistas, ou da articulação colaborativa com o corpo social local;

• O processo projetual pode estimular a participação dos sujeitos além-humanos do território, ainda que artificialmente, isto é, com artifícios que emulam tal participação;

• Preferencialmente, o projeto estabelece uma ligação radicalmente contextual, considerando a troca equilibrada com os parentes do ecossistema natural local ("recursos"), fechando o ciclo produtivo e criativo dentro do próprio território;

• Projetos ecossistêmicos carregam discursos ecossistêmicos: a narrativa atrelada ao projeto não é secundária ao produto resultante do processo ecossistêmico.

Bibliografia

A

A ÚLTIMA FLORESTA. Direção: Luiz Bolognesi. Produção: Caio Gullane, Fabiano Gullane, Lais Bodanzky e Luiz Bolognesi. Brasil: Gullane e Buriti Filmes, 2021.

ABBAGNANO, Nicola. Dicionário de Filosofia. 6ª Ed. São Paulo: Ed. WMF Martins Fontes, 2012.

ACOSTA, Alberto. O bem viver: uma oportunidade para imaginar outros mundos. Tradução Tadeu Breda. São Paulo: Autonomia Literária : Elefante, 2016.

ADLER, Frederick R; TANNER, Colby J. Ecossistemas urbanos: princípios ecológicos para o ambiente urbano. São Paulo: Oficina de Textos, 2015.

AMAZÔNIA LATITUDE. Pisar suavemente na Terra. YouTube, 02. set. 2021. Disponível em <https://bit. ly/419uYZt > Acesso em abr. 2022.

ARMSTRONG, Jeannette C. En'owkin: a tomada de decisões que leva em conta a sustentabilidade. IN: STONE, M.; BARLOW, Z. (orgs). Alfabetização ecológica: a educação das crianças para um mundo sustentável. São Paulo : Cultrix, 2006.

ARONSON, J. et al. Conceitos e definições correlatos à ciência e à prática da restauração ecológica. IF Série Registros, n. 44 p. 1-38 ago 2011. Disponível em <https:// bit.ly/40Qsu2u>. Acesso em mai. 2022.

B

BALLESTRIN, Luciana. América Latina e o giro decolonial. IN: Revista brasileira de ciência política. nº 11, pp. 89-117, maio-agosto 2013.

BALLESTRIN, Luciana. Modernidade/Colonialidade sem "Imperialidade"? O Elo Perdido do Giro Decolonial. DADOS – Revista de Ciências Sociais, Rio de Janeiro, vol. 60, nº2, 2017, pp. 505 a 540

BATESON, Gregory. Steps to an Ecology of Mind. Chicago/ London: The University of Chicago Press: 2000.

BEGON, M; TOWNSEND, C.; HARPER, J. et al. Ecologia: de indivíduos a ecossistemas. 4ª Ed. Porto Alegre: Artmed, 2007.

BELTRÁN, Elizabeth P. Ecofeminismo. In: SOLÓN, Pablo (org). Alternativas sistêmicas: Bem Viver, decrescimento, comuns, ecofeminismo, direitos da Mãe Terra e desglobalização. São Paulo: Elefante, 2019.

BENYUS, Janine M. Biomimética. Inovação inspirada pela natureza. São Paulo: Ed. Pensamento-Cultrix, 1997.

BIRKELAND, Janis. Design Ecopositivo. In: KOTHARI, A. et al (orgs) Pluriverso: dicionário do pós-desenvolvimento. São Paulo: Elefante, 2021.

BLACKBURN, Simon. Dicionário Oxford de filosofia. Rio de Janeiro: Jorge Zahar Ed,1997.

BLANCO,E.; PEDERSEN ZARI, M.; RASKIN, K.; CLERGEAU, P. Urban Ecosystem-Level Biomimicry and Regenerative Design: Linking Ecosystem Functioning and Urban Built Environments. IN: Sustainability 2021, 13, 404. https://doi.org/10.3390/su13010404.

BOEHNERT, Joanna. Transition Design and Ecological Thought. In Cuadernos del Centro de Estudios en Diseño y Comunicación [Ensayos] Nº 73. ano 19 nº 73, 2019. pp.133-148.

BOFF, Leonardo. Ecologia: grito da Terra, grito dos pobres: dignidade e direitos da Mãe Terra. Ed rev. e ampl. Petrópolis, RJ: Vozes, 2015.

BONSIEPE, Gui. Design, cultura e sociedade. São Paulo: Blucher, 2011.

BORGES, Fabiane. Ancestrofuturismo: Cosmogonia Livre – Rituais "Faça Você Mesmo" (DIY). Em: NÓBREGA, Carlos A. M. da; BORGES, F.; FRAGOSO, M.L. (orgs). Hiperorgânicos: conexões ancestofuturistas. Rio de Janeiro: Rio Books, 2019.

BORGES, Fabiane (org). Tecnoxamanismo. PDF. sem data (aprox 2015) Link: https://bit.ly/3UjtUjy ISBN 978-85-66129-23-6. Acesso em nov.2022

BORRERO, Alfredo G. Compluridades y multisures: diseño con otros nombres e intenciones en Diseñar hoy: Hacia una dimensión más humana del diseño. Cuenca. Universidad del Azuay, 2016. p.61-86, Disponível em <https://bit.ly/3ZV6cLA> . Acesso em jun. 2021.

BORRERO, A. G.; NAME, L.; e CUNHA, G.R. Alfredo Gutiérrez Borrero – Desenhos-outros: da hegemonia ao giro decolonial e dos desenhos do sul aos dessocons (entrevista). IN: Redobra, nº15, ano 6, p. 59-86, 2020.

BORRERO, Alfredo. DISSOCONS: diseños del sur, de los sures, otros, con otros nombres. 2022. Tese (doctorado) – Doctorado en Diseño y Creación, Universidad de Caldas, Manizales/Colombia, 2022.

BRASIL. [Constituição (1988)]. Constituição da República Federativa do Brasil de 1988. Brasília, DF: Presidente da República, [2016]. Disponível em: <https://bit.ly/3UA30nT> . Acesso em jul. 2022.

BRUM, Eliane: Banzeiro òkòtó: uma viagem à Amazônia Centro do Mundo. São Paulo: Companhia das Letras, 2021.

C

CAPRA, Fritjof. A teia da vida: uma nova compreensão científica dos sistemas vivos. São Paulo: Ed. Cultrix, 1996.

CAPRA, Fritjof. Falando a linguagem da natureza: princípios da sustentabilidade. In: STONE, M.; BARLOW, Z. (orgs). Alfabetização ecológica: a educação das crianças para um mundo sustentável. São Paulo: Cultrix, 2006.

CAPRA, Fritjof. O TAO da Física: uma análise dos paralelos entre a Física Moderna e o Misticismo Oriental. 2ª Ed. São Paulo: Cultrix, 2013.

CAPRA, Fritjof; LUISI, Pier Luigi. A visão sistêmica da vida: uma concepção unificada e suas implicações filosóficas, políticas, sociais e econômicas. São Paulo: Editora Cultrix, 2014.

CARDOSO, Rafael (Org.) O design brasileiro antes do design: aspectos da história gráfica, 1870-1960. São Paulo: Cosac Naify, 2005.

CARDOSO, Rafael. Design para um mundo complexo. São Paulo: Cosac Naify, 2012.

CARIBÉ, Tereza. Somos todos Tupinambá. In: OLIVEIRA, Humbertho (org). Morte e renascimento da ancestralidade indígena na alma brasileira: Psicologia junguiana e inconsciente cultural. Petrópolis, RJ: Vozes, 2020.

CATIB, Norma O. Os ritos das danças xonaro e do terreiro da aldeia guarani-mbya – aguapeú e das danças circulares. Dissertação de mestrado. Unesp, 2010. Disponível em <https://bit.ly/40OxFjj>. Acesso em out. 2022.

CÉSAIRE, Aimé. Discurso sobre o colonialismo. Tradução de Claudio Willer. São Paulo: Veneta, 2020.

CESCHIN, Fabrizio; GAZIULUZOY, Idil. Design for Sustainability: A Multi-level Framework from Product to Socio-technical Systems. New York: Routledge, 2020.

CHUJI, M.; RENGIFO, G.; GUDYNAS, E. Bem Viver. In: KOTHARI, A. et al (orgs) Pluriverso: dicionário do pós-desenvolvimento. São Paulo: Elefante, 2021.

COCCIA, Emanuele. Metamorfoses. Rio de Janeiro: Dantes Editora, 2020.

COHN, Sergio (org). Ailton Krenak. Rio de Janeiro: Azougue, 2015.

CUNHA, Antônio G. da. Dicionário etimológico da língua portuguesa. 4ª Ed. Rio de Janeiro: Lexikon, 2010.

CUSICANQUI, Silvia. Ch'ixinakax utxiwa: On Practices and Discourses of Decolonization.UK: Polity Press, 2020.

D

DANOWSKI, Déborah; CASTRO, Eduardo V. Há mundo por vir? Ensaio sobre os medos e os fins. 2ª Ed. Florianópolis: Cultura e Barbárie : Instituto Socioambiental, 2017.

DAVID, Guillermo. Puranga: a indianidade sitiada. In: HERRERO, Marina; FERNANDES, Ulysses (orgs). 2ª Ed. São Paulo: Edições Sesc São Paulo, 2016.

DE FUSCO, Renato. História do Design. São Paulo: Perspectiva, 2019.

DE LA CADENA, Marisol; BLASER, Mario (ed.). A world of many worlds. UK: Duke University Press, 2018.

DELEUZE, Gilles. Empirismo e subjetividade: ensaio sobre a natureza humana segundo Hume. 2ª Ed. São Paulo: Editora 34, 2012.

DILGER, Gerhard; MIRIAM, Lang; PEREIRA FILHO, Jorge (orgs). Descolonizar o imaginário: debates sobre pós-extrativismo e alternativas ao desenvolvimento. São Paulo: Fundação Rosa Luxemburgo, 2016.

DUNNE, Anthony. Hertzian Tales: electronic products, aesthetic experience, and critical design. Cambridge, MA: The MIT Press, 2005.

DUNNE, Anthony; RABY, Fiona. Speculative Everything: Design, Fiction, and Social Dreaming. Cambridge, MA: The MIT Press, 2013.

E

ESCOBAR, Arturo. Sentipensar con la tierra: nuevas lecturas sobre desarrollo, territorio y diferencia. Medellín: Universidad Autónoma Latinoamericana UNAULA, 2014. Disponível em <https://bit.ly/3nVsGPq> Acesso em ago. 2021

ESCOBAR, Arturo. Autonomía y diseño: La realización de lo comunal / Arturo Escobar. Popayán/ Universidad del Cauca: Sello Editorial, 2016

ESCOBAR, Arturo. Designs for the Pluriverse: Radical Interdependence, Autonomy, and the Making of Worlds. Durham and London: Duke University Press, 2018.

ESCOBAR, Arturo. Palestra principal da Participatory Design Conference 2020 – Manizales (Colômbia). 19.06.2020. Disponível em http://n-1edicoes.org/textos/190. Acesso em set. 2021

F

FERDINAND, Malcom. Uma ecologia decolonial: pensar a partir do mundo caribenho. São Paulo: Ubu Editora, 2022.

FLORENZANO, Maria B.B. Pólis e oîkos, o público e o privado na Grécia Antiga. São Paulo: Labeca–MAE-USP, 2001. Disponível em <https://bit.ly/3KHuBQl> Acesso em abr. 2021.

FLUSSER, Vilém. O mundo codificado: por uma filosofia do design e da comunicação. São Paulo: Cosac Naify, 2013

FOUCAULT, Michel. As Palavras e as Coisas: uma arqueologia das ciências humanas. 10ª Ed. São Paulo: Martins Fontes – selo martins, 2016a.

FOUCAULT, Michel. A arqueologia do saber. 8º Ed. Rio de Janeiro: Forense Universitária, 2016b.

FRANZATO, Carlo; et al. Inovação cultural e social: design estratégico e ecossistemas criativos. In: FREIRE, Karine (org.). Design Estratégico para a Inovação Cultural e Social. São Paulo: Editora Kazuá, 2015. 157-182.

FRY, Tony; DILNOT, Clive; STEWART, Susan. Design and the Question of History. USA: Bloomsbury Publishing, 2015.

FRY, Tony. Defuturing: A New Design Philosophy. USA: Bloomsbury Publishing, 2020.

FULLER, R. Buckminster. Operating Manual for Spaceship Earth. Zurich: Lars Müller Publishers, 2019.

G

GAMA, Vitor C. De onde vem e para onde vai o amazofuturismo? IN: Revista Brasileira de Estudos sobre Gêneros Cinematográficos e Audiovisuais, V.8, nº1, 2021. Disponível em <https://bit.ly/3GrIXlk>. Acesso em ago. 2022

GAMBINI, Roberto. À guisa de prefácio. In: OLIVEIRA, Humbertho (org). Morte e renascimento da ancestralidade indígena na alma brasileira: Psicologia junguiana e inconsciente cultural. Petrópolis, RJ: Vozes, 2020.

GAMBINI, Roberto. Prefácio: Um grito no escuro. In: SANCHEZ, Valéria; do RÊGO, Volmer S. Emergências Sistêmicas: civilizações transitórias em diálogos transculturais. São Paulo: Anita Garibaldi, 2020b.

GARCIA, Natali. Regeneração e as três ecologias de Guattari: exploração e experimentação para o desenvolvimento do Design Estratégico. Dissertação (mestrado) – Universidade do Vale do Rio dos Sinos, Programa de Pós-Graduação em Design, Porto Alegre, RS, 2022. 164f.

GARCIA, Natali; FRANZATO, Carlo. Regeneração: um caminho de evolução do design frente ao problema da sustentabilidade. Anais VIII Simpósio de Design Sustentável – SDS021. 2021. pp.50-60. DOI: 10.5380/8sds2021.art32

GERHARDT, Renata da Silva. Interação Ambiental Como Resistência E Emancipação, Com Base No Nhandereko (Bien Vivir) Mbya Guarani. 2019. Dissertação. Disponível em <https://bit.ly/417yinY>. Acesso em ago. 2022.

GODFREY-SMITH, Peter. Metazoa: a vida animal e o despertar da mente. São Paulo: Todavia, 2022.

GONÇALVES, Bruno S. Nos caminhos da dupla consciência: América Latina, Psicologia e Descolonização. São Paulo/SP: Ed. do Autor, 2019.

GOODY, Jack. O roubo da história: como os europeus se apropriaram das ideias e invenções do Oriente. 2ª Ed. São Paulo: Contexto, 2015.

GOUGH, P. et al. Applying bioaffordances through an inquiry-based model: a literature review of interactive biodesign. In: International Journal of Human–Computer Interaction, 37(17), 1583–1597, 2021. Acesso em 20 nov. 2021.

GRAEBER, David; WENGROW, David. O despertar de tudo: uma nova história da humanidade. São Paulo: Companhia das Letras, 2022.

GROSFOGUEL, Ramón. A estrutura do conhecimento nas universidades ocidentalizadas: racismo/sexismo epistêmico e os quatro genocídios/epistemicídios do longo século XVI. In: Revista Sociedade e Estado – Volume 31. Nº 1. Janeiro/Abril, 2016.

GUATTARI, Felix. Caosmose: um novo paradigma estético. Tradução de Ana Lúcia de Oliveira e Lúcia Cláudia Leão. 2ª Ed. São Paulo: Editora 34, 2012a.

GUATTARI, Felix. As três ecologias. Tradução Maria Cristina Bittencourt. 21ª Ed. Campinas, SP: Papirus, 2012b.

GUDYNAS, Eduardo. Direitos da Natureza: ética biocêntrica e políticas ambientais. Tradução Igor Ojedas. São Paulo: Elefante, 2019.

GUDYNAS, Eduardo. Transições ao pós-extrativismo: sentidos, opções e âmbitos. In DILGER, Gerhard; MIRIAM, Lang; PEREIRA FILHO, Jorge (orgs). Descolonizar o imaginário: debates sobre pós-extrativismo e alternativas ao desenvolvimento. São Paulo: Fundação Rosa Luxemburgo, 2016.

H

HARAWAY, Donna J. Staying with the Trouble: making Kin in the Chthulucene. USA: Duke University Press, 2016.

HARAWAY, Donna J. Ficar com o problema: fazer parentes no Chthuluceno. São Paulo: n-1 edições, 2023

HERRERO, Marina; FERNANDES, Ulysses (Orgs). Baré: povo do rio. 2ª Ed. São Paulo: Edições Sesc São Paulo, 2016.

HINDRICHSON, Patricia H. Cenários: uma tecnologia para suportar a complexidade das redes de projeto. Dissertação (mestrado) – Universidade do

Vale do Rio dos Sinos, Programa de Pós-Graduação em Design, Porto Alegre, RS, 2013. 181f.

HOLLANDA, Heloisa B (org). Pensamento feminista hoje: perspectivas decoloniais. Rio de Janeiro, Bazar do Tempo, 2020.

HUMAIRE, Livia. Negócios ecológicos na era do greenwashing. Rio de Janeiro: Bambual, 2022.

I

IIVARI, Juhani; IIVARI, Netta. Varieties of user-centredness: an analysis of four systems development methods. In: Information Systems Journal. Nº 21, 2010. p.125-153.

IRWIN, Terry. Transition Design: A proposal for a New Area of Design Practice, Study, and Research. Design and Culture. V.7, Nº2. UK: Taylor & Francis, 2015. p.229-246.

IRWIN, Terry, et al. Transition Design 2015: A new area of design research, practice and study that proposes design-led societal transition toward more sustainable futures. 2015a. Disponível em <https://bit.ly/3YY3etb>. Acesso em 19 set. 2019.

IRWIN, Terry; KOSSOFF, Gideon; TONKINWISE, Cameron. Transition Design Provocation. Design Philosophy Papers. V.13, Nº 1. UK: Taylor & Francis, 2015b. p.3-11.

IRWIN, Terry; TONKINWISE, Cameron; KOSSOF, Gideon. Transition Design: An Educational Framework for Advancing the Study and Design of Sustainable Transitions. 6th International Sustainability Transitions Conference. 2015c. p.1-33.

IRWIN, Terry. Transition Design Preface. In Cuadernos del Centro de Estudios en Diseño y Comunicación [Ensayos] Nº 73. ano 19 nº 73, 2019. Pp.19-26.

J

JECUPÉ, Kaká Werá. O trovão e o vento: um caminho de evolução pelo xamanismo tupi-guarani. São Paulo: Polar Editorial, Instituto Arapoty, 2016.

JECUPÉ, Kaká Werá. A terra dos mil povos: história indígena do Brasil contada por um índio. 2ª Ed. São Paulo: Peirópolis, 2020.

K

KAMBEBA, Márcia W. Saberes da Floresta. São Paulo: Jandaíra, 2020.

KARLSSON, Reine; LUTTROPP, Conrad. EcoDesign: What's Happening? An overview of the subject area of EcoDesign and of the papers in this special issue. In: Journal of Cleaner Production, Volume 14, Issues 15–16, 2006, Pages 1291-1298. <https://doi.org/10.1016/j.jclepro.2005.11.010>. Acesso em mai. 2021.

KHEEL, Marti. A contribuição do ecofeminismo para a ética animal. In: ROSENDO, Daniela et al (Orgs). Ecofeminismos: fundamentos teóricos e práxis interseccionais. Rio de Janeiro: Ape'Ku, 2019.

KOTHARI, A. et al (orgs) Pluriverso: dicionário do pós-desenvolvimento. São Paulo: Elefante, 2021.

KRENAK, Ailton. Ideias para adiar o fim do mundo. São Paulo: Companhia das Letras, 2019.

KRENAK, Ailton. A vida não é útil. São Paulo: Companhia das Letras, 2020a.

KRENAK, Ailton. Caminhos para a cultura do Bem Viver. Organização Bruno Maia. 2020b. 37p. Disponível em <http://bit.ly/3ZRcfkt>. Acesso em ago. 2021

KRENAK, Ailton. Radicalmente vivos. Olugar.org, 2020c

KRENAK, Ailton. O futuro é ancestral. São Paulo: Companhia das Letras, 2022.

KRENAK, Ailton. Um rio um pássaro. Rio de Janeiro: Dantes editora, 2023.

KRIPPENDORFF, Klaus. The Semantic Turn: a new foundation for design. USA: Taylor & Francis Group, 2006.

L

LATOUR, Bruno. Diante de Gaia: oito conferências sobre a natureza no Antropoceno. São Paulo/Rio de Janeiro: Ubu Editora / Ateliê de Humanidades Editorial, 2020a.

LATOUR, Bruno. Onde aterrar? Rio de Janeiro: Bazar do Tempo, 2020b.

LASZLO, Ervin. O ponto do caos: contagem regressiva para evitar o colapso global e promover a renovação do mundo. São Paulo: Cultrix, 2011.

LEOPOLD, Aldo. Almanaque de um condado arenoso e alguns ensaios sobre outros lugares. Belo Horizonte: Editora UFMG, 2019.

LÉVI-STRAUSS, Claude. O pensamento selvagem. 12ª Ed. Campinas: Papirus, 2012.

LIMULJA, Hanna. O desejo dos outros: Uma etnografia dos sonhos yanomami. Prefácio de Renato Stzutman. São Paulo: Ubu Editora, 2022.

LOCKTON, Dan; CANDY, Stuart. A Vocabulary for Visions in Designing for Transitions. In Cuadernos del Centro de Estudios en Diseño y Comunicación [Ensayos] Nº 73. ano 19 nº 73, 2019. pp.27-49

LORENZI, Gisele M. A. C. Pesquisa-ação: pesquisar, refletir, agir e transformar. Curitiba: InterSaberes, 2021.

LOPES, Reinaldo J. 1499: o Brasil antes de Cabral. Rio de Janeiro: Harper Collins, 2017.

LOVELOCK, James. Gaia: um novo olhar sobre a vida na Terra. Tradução Pedro Bernardo. Lisboa: Edições 70, 1995.

LOVELOCK, James. Gaia: alerta final. Rio de Janeiro: Intrínseca, 2010.

LOVELOCK, James. Gaia – Um modelo para a dinâmica planetária e circular. In: THOMPSON, William I. (org). Gaia: uma teoria do conhecimento. 4ª Ed. São Paulo: Gaia, 2014.

LÖWY, Michael. O que é o ecossocialismo? 2ª Ed. São Paulo: Cortez, 2014.

LYLE, J. T. Regenerative Design for Sustainable Development. [s.l.] Wiley, 1994.

M

MAFFESOLI, Michel. Ecosofia: uma ecologia para nosso tempo. São Paulo: Edições Sesc São Paulo, 2021.

MAGNO, M. E. da S. P.; BEZERRA, J. S. Vigilância negra: O dispositivo de reconhecimento facial e a disciplinaridade dos corpos. Novos Olhares, São Paulo, v. 9, n. 2, p. 45-52, 2020. Disponível em <https://bit.ly/3UgQjOz>. Acesso em 01 out. 2021.

MANG, P; HAGGARD, B. Regenerative Development and Design: A Framework for Evolving Sustainability. Wiley, 2016.

MANZINI, Ezio. Design Research for Sustainable Social Innovation. In: Design Research Now: essays and selected projects. Germany: Birkhauser, 2007. p.233-245.

MANZINI, Ezio. Design para inovação social e sustentabilidade: Comunidades criativas, organizações colaborativas e novas redes projetuais. Rio de Janeiro: E-papers, 2008.

MANZINI, Ezio. Small, Local, Open, and Connected: Design for Social Innovation and Sustainability. The Journal of Strategic Design: Change Design. Vol 4, Nº 1, 2010.

MANZINI, Ezio. Design quando todos fazem design: uma introdução ao design para inovação social. São Leopoldo/ RS: Editora Unisinos, 2017.

MANZINI, Ezio. Livable Proximity: Ideas for The City That Cares. Milão: Bocconi University Press, 2022.

MARGOLIN, Victor. Políticas do artificial: ensaios e estudos sobre design. Rio de Janeiro: Record, 2014.

MARGULIS, Lynn. Planeta simbiótico: um novo olhar para a evolução. Rio de Janeiro: Dantes Editora, 2022.

MATURANA, Humberto. Cognição, ciência e vida cotidiana. Belo Horizonte: Ed. UFMG, 2001.

MATURANA, Humberto. A ontologia da realidade. Orgs Cristina Magro e outros. 2ª Ed. Belo Horizonte: Editora UFMG, 2014.

MATURANA, Humberto; VARELA, Francisco. A árvore do conhecimento: as bases biológicas da compreensão humana. Tradução de Humberto Mariotti e Lia Diskin. São Paulo: Palas Athena, 2001.

MATURANA, Humberto; VERDEN-ZÖLLER, Gerda. Amar e Brincar: Fundamentos esquecidos do humano, do patriarcado à democracia. Tradução de Humberto Mariotti e Lia Diskin. São Paulo: Palas Athena, 2004.

MATURANA, Humberto; DÁVILA, Ximena. Habitar humano em seis ensaios de biologia-cultural. Tradução de Edson A. Cabral. São Paulo: Palas Athena, 2009.

McBRIEN, Justin. Acumulando extinção: catastrofismo planetário no Necroceno. In: MOORE, Jason W. Antropoceno ou Capitaloceno? Natureza, história e a crise do capitalismo. São Paulo: Elefante, 2022.

MEADOWS, Donella. Dançando com os sistemas. In: STONE, M.; BARLOW, Z. (orgs). Alfabetização ecológica: a educação das crianças para um mundo sustentável. São Paulo: Cultrix, 2006.

MERONI, Anna; SANGIORGI, Daniela. Design for Services. England: Gower Publishing, 2011.

MICHELIN, Coral. Seeding de casa colaborativa na perspectiva do design estratégico. Dissertação de mestrado. Universidade do Vale do Rio dos Sinos. Porto Alegre, 2017.

MICHELIN, Coral. Por um design eco-decolonial. Vimeo. 12 dez. 2021. Disponível em <https://vimeo.com/655779415> Acesso em jul. 2022.

MICHELIN, Coral. ARANTES, Priscila A.C. Personagens ecossistêmicos: A descentralização do anthropos como método para um design regenerativo. p.7242-7259 . In: Anais do 14º Congresso Brasileiro de Pesquisa e Desenvolvimento em Design. São Paulo: Blucher, 2022.

MOORE, Jason W. Antropoceno ou Capitaloceno? Natureza, história e a crise do capitalismo. São Paulo: Elefante, 2022.

MORIN, Edgar. Introdução ao Pensamento Complexo. Porto Alegre: Editora Sulina, 2005.

MORIN, Edgar. O Método 1: a natureza da natureza. Tradução Ilana Heineberg. Porto Alegre: Sulina, 2016.

MORIN, Edgar. O Método 2: a vida da vida. Porto Alegre: Sulina, 2015.

MORIN, Edgar. Entender o mundo que nos espera. In MORIN, E. e VIVERET, P. Como viver em tempos de crise? Rio de Janeiro: Bertrand Brasil, 2013. Págs. 7-27.

MOTA, Juliana G.B. Movimento étnico-socioterritorial Guarani e Kaiowá no estado de Mato Grosso do Sul: disputas territoriais nas retomadas pelo Tekoha-Tekoharã. Revista NERA, vol. 15, no. 21, July-Dec. 2012, pp. 114+. Disponível em <http://bit.ly/3zHckfO>. Acesso em 26 out. 2021.

MYERS, William. Biodesign. UK: Thames & Hudson Ltd, 2012.

N

ÑÃNAMOLI, B.; BODHI, B. The middle length discourses of the Buddha: a translation of the Majjhima Nikaya. USA: Wisdom Publications, 2009

NARBY, Jeremy. A serpente cósmica: o DNA e a origem do saber. Rio de Janeiro, Dantes, 2018.

NICOLELIS, Miguel. O verdadeiro criador de tudo: Como o cérebro esculpiu o universo como nós o conhecemos. São Paulo: Planeta, 2020.

NÓBREGA, Carlos A. M. da; BORGES, F.; FRAGOSO, M.L. (orgs). Hiperorgânicos: conexões ancestofuturistas. Rio de Janeiro: Rio Books, 2019.

O

OLIVEIRA, Pedro. Como fazer um projeto de Design Especulativo Não-Colonialista: um guia rápido. Texto do Medium, 2016. Disponível em <http://bit.ly/43iIOKU> Acesso em jun.2022

OLIVEIRA, Pedro; PRADO, Luisa. Questioning the "critical" in Speculative & Critical Design. Texto do Medium, 2014. Disponível em <http://bit.ly/3UhMatA>. Acesso em jun.2022

OKABAYASHI, Júlio. Uma perspectiva decolonial para o design no Brasil: design, eurocentrismo e desenvolvimento. São Paulo: Editora Sabiá, 2021.

OZENC, K; HAGAN, M. Rituals for work: 50 ways to create engagement, shared purpose, and a culture that can adapt to change. Estados Unidos: Wiley, 2019

P

PAPANEK, Victor. Arquitectura e Design: Ecologia e ética.
Lisboa: Edições 70, 2014.

PAPANEK, Victor. Design for the Real World. 3ª Ed. London:
Thames & Hudson, 2019

PATER, Ruben. Políticas do design. São Paulo: Ubu Editora, 2020.

PATROCÍNIO, Gabriel; NUNES, José M. Design & Desenvolvimento: 40 anos depois. São Paulo: Blucher, 2015.

PAVÓN-CUÉLLAR, David. Rumo a uma descolonização da psicologia latino-americana: condição pós-colonial, virada decolonial e luta anticolonial. Brazilian Journal of Latin American Studies, [S. l.], v. 20, n. 39, p. 95-127, 2021. Disponível em <https://bit.ly/3Kkyfyj>. Acesso em 27 nov. 2022.

PAVÓN-CUÉLLAR, David. Além da psicologia indígena: concepções mesoamericanas da subjetividade. Tradução Anna Turriani. São Paulo: Perspectiva, 2022.

PIÇARRA, Maria C.; PEREIRA, Ana C.; BARREIROS, Inês A. Introdução: do processo aos objetos. In: Mulheres nas Descolonizações. RCL – Revista de Comunicação e Linguagens, nº54, 2021. Disponível em <https://rcl.fcsh.unl.pt/index.php/rcl/article/view/115>. Acesso em 2021.

POWERS, John. Introduction to Tibetan Buddhism. Revised Edition. Boston/USA: Snow Lion/Shambala Publications, 1995.

PRIGOGINE, Ilya. O fim das certezas: Tempo, caos e as leis da natureza. São Paulo: UNESP, 1996.

PRIGOGINE, Ilya. As leis do caos. São Paulo: Editora UNESP, 2002.

PRIGOGINE, Ilya. O reencantamento do mundo. In: MORIN, E.; PRIGOGINE, I. A sociedade em busca de valores: para fugir à alternativa entre o cepticismo e o dogmatismo. Lisboa: Instituto Piaget, 2005. 229-237.

Q

QUIJANO, Aníbal. Colonialidade do poder, Eurocentrismo e América Latina . Buenos Aires: CLACSO, Consejo Latinoamericano de Ciencias Sociales, 2005. p.117-142. Disponível em <https://bit.ly/43jNv7d>. Acesso em 05 set. 2021

QUIJANO, Aníbal. Colonialidade do Poder e classificação social. In: SANTOS, Boaventura S. e MENEZES, Maria Paula (Orgs). Epistemologias do Sul. São Paulo: Cortez, 2010.

QUIJANO, Aníbal. Ensayos en torno a la colonialidad del poder. Ciudad Autónoma de Buenos Aires: Del Signo, 2019.

R

REMORINI, Carolina; SY, Anahí. Las sendas de la imperfección (tape rupa reko achy). una aproximación etnográfica a las nociones de salud y enfermedad en comunidades mbyá. Scripta Ethnologica, nº. 24, 2002, pp. 133-147. Disponível em <http://bit.ly/43iIZWA>. Acesso em 26 out. 2021.

REVEL, Jean F; RICARD, Matthieu. The monk and the philosopher: a father and son discuss the meaning of life. New York: Schocken Books, 1999.

ROLNIK, Suely. Esferas da Insurreição: notas para uma vida não cafetinada. São Paulo: n-1 Edições, 2018.

ROSENDO, Daniela; ZIRBEL, Ilze. Dominação e sofrimento: Um olhar ecofeminista animalista a partir da vulnerabilidade. In: ROSENDO, Daniela et al (Orgs). Ecofeminismos: fundamentos teóricos e práxis interseccionais. Rio de Janeiro: Ape'Ku, 2019.

ROSZAK, Theodore. Where Psyche Meets Gaia. In: Roszak, Theodore; GOMES, Mary E.; KANNER, Allen D. Ecopsychology: restoring the earth, healing the mind. Berkeley, USA: Counterpoint, 1995.

S

SAMPAIO, Alexandre B. et al. Guia de restauração ecológica para gestores de unidades de conservação [livro eletrônico]. Brasília/DF: Instituto Chico Mendes, 2021. Disponível em <https://bit.ly/3zK6ri5>. Acesso em jan. 2021

SANCHEZ, Valéria; do RÊGO, Volmer S. Emergências Sistêmicas: civilizações transitórias em diálogos transculturais. São Paulo: Anita Garibaldi, 2020

SANTOS, Boaventura S. e MENEZES, Maria Paula (Orgs). Epistemologias do Sul. São Paulo: Cortez, 2010.

SANTOS, Boaventura S. O fim do império cognitivo: a afirmação das epistemologias do Sul. Belo Horizonte: Autêntica Editora, 2019.

SCARANO, Fabio R. Regenerantes de Gaia. Rio de Janeiro: Dantes, 2019.

SCHIAVONI, Alexandre Giovani da Costa; O design e o conceito de ars medieval, pp. 592-604 . In: Anais do 11º Congresso Brasileiro de Pesquisa e Desenvolvimento em Design [= Blucher Design Proceedings, v. 1, n. 4]. São Paulo: Blucher, 2014.

SCHULTZ, Tristan et al. What is at Stake with Decolonizing Design? A Roundtable. Design and Culture, v.10, nº1. pp.81-101. 2018.

SEGATO, Rita. Crítica da colonialidade em oito ensaios: e uma antropologia por demanda. Rio de Janeiro: Bazar do Tempo, 2021.

SHIVA, Vandana. Staying Alive: women, ecology and development. USA: North Atlantic Books, 2016.

SIMAS, Luiz A.; RUFINO, Luiz. Fogo no mato: a ciência encantada das macumbas. Rio de Janeiro: Mórula, 2018.

SIMAS, Luiz A; RUFINO, Luiz. Flecha no tempo. Rio de Janeiro: Mórula, 2019.

SIMON, Herbert. The Sciences of the Artificial. 2ª Edição. Cambrigde, Londres: The MIT Press, 1982.

SOLÓN, Pablo (org.). Alternativas sistêmicas: Bem Viver, decrescimento, comuns, ecofeminismo, direitos da Mãe Terra e desglobalização. São Paulo: Elefante, 2019.

STENGERS, Isabelle. No tempo das catástrofes: resistir à barbárie que se aproxima. São Paulo: Cosac Naify, 2015.

T

TARNAS, Richard. A epopéia do pensamento ocidental: para compreender as ideias que moldaram nossa visão de mundo. Rio de Janeiro: Bertrand Brasil, 1999.

TARNAS, Richard. Cosmos and Psyche: Intimations of a New World View. United States of America: Plume, 2007.

TAVARES, Sinivaldo S. Ecologia integral: um novo paradigma. In: FOLLMANN, José Ivo (Org). Ecologia integral: abordagens (im)pertinentes. São Leopoldo: Casa Leiria, 2020. Disponível em <https://bit.ly/3YUqMPC>. Acesso em set. 2021.

THARP, Bruce M.; THARP, Stephanie M. Discursive Design: Critical, Speculative, and Alternative Things. Cambridge, MA: The MIT Press, 2018.

THE middle length discourses of the buddha: a translation of the Majjhima Nikaya. Boston: Wisdom Publications, 1995. Translation by Bhikkhu Bodhi.

THIOLLENT, Michel. Metodologia da pesquisa-ação. 18ª Ed. São Paulo: Cortez, 2011.

TONKINWISE, Cameron. Designing in an Era of Xenophobia. In: The Radical Designist. Issue 4, 2016. p.1-19.

TOURAINE, Alain. Após a Crise: a decomposição da vida social e o surgimento de atores não sociais. Petrópolis: Editora Vozes, 2010.

TSING, Anna L. Margens Indomáveis: cogumelos como espécies companheiras. Ilha – Revista de Antropologia, v.17, nº1, 2015. p.178-201

TSING, Anna L. O cogumelo no fim do mundo: Sobre a possibilidade de vida nas ruínas do capitalismo. São Paulo: n-1 edições, 2022.

V

VAN SELM, Maaike; MULDER, Ingrid. On transforming transition design: from promise to practice. Design Innovation Management Conference 2019: Conference paper. 2019. pp. 329-339. DOI:10.33114/adim.2019.03_323

VASSÃO, Caio A. Arquitetura Livre: Complexidade, metadesign e Ciência Nômade. tese de doutorado. Faculdade de Arquitetura e Urbanismo da Universidade de São Paulo. São Paulo, 2008.

VASSÃO, Caio A. Metadesign: ferramentas, estratégias e ética para a complexidade. São Paulo: Blucher, 2010.

VERGÈS, Françoise. Um feminismo decolonial. Tradução de Jamile P. Dias e Raquel Camargo. São Paulo: Ubu Editora, 2020.

VIVEIROS DE CASTRO, Eduardo. Prefácio: O índio em Devir. HERRERO, Marina; FERNANDES, Ulysses (Orgs). Baré: povo do rio. 2ª Ed. São Paulo: Edições Sesc São Paulo, 2016.

VIVEIROS DE CASTRO, Eduardo. Metafísicas canibais: elementos para uma antropologia pós-estrutural. São Paulo: Cosac Naify, 2015.

W

WAHL, Daniel C. Design de culturas regenerativas. Rio de Janeiro: Bambual Editora, 2019.

WARD, Matt. Critical about Critical Design. 2019. artigo online: https://speculativeedu.eu/critical-about-critical-and-speculative-design. Acesso em jun.2022

WATSON, Julia. Lo-TEK: Design by Radical Indigenism. Itália: Taschen GmbH, 2020

Z

ZHOU, J.; BARATI, B.; GIACCARDI, E.; KARANA, E. Habitabilities of living artefacts: A taxonomy of digital tools for biodesign. In: International Journal of Design, 16(2), 57-73. 2022. Doi: https://doi.org/10.57698/v16i2.05. Acesso em abr.2023

ZURLO, Francesco. Un modello di lettura per il Design Strategico. La relazione tra design e strategia nell'impresa contemporanea. 1999. Dissertaçao (Doutorado em Disegno industriale e Comunicazione Multimediale), Politecnico di Milano, Milano, 1999.

Agradecimentos

Primeiramente, peço licença para agradecer meus ancestrais, a quem devo a vida, e meus guias, protetores e mestres dos campos sutis, que me direcionam e acompanham em cada passo do caminho. Agradeço com grande reverência minhas professoras e professores de todas as idades e escolas, que escolheram o nobre caminho da educação e, assim, me trouxeram até onde estou.

Com todo meu amor, agradeço à minha mãe, Simone Michelin, e ao meu pai, Sidney Antônio Basso, por tudo que me deram, do bom e do difícil, forjando quem sou hoje. Sei que meu pai está orgulhoso, olhando do mundo dos espíritos para cada pequena e grande conquista. Com minha querida mãe, tenho a imensa alegria de brindar cada uma delas. Por extenão, agradeço à minha família, minha querida tia Daniela Michelin, meus tios e primos que escolheram compartilhar o o sangue e os laços que nos unem. Por mais distantes que estejamos, carrego cada um comigo por onde vou.

Um agradecimento afetuoso aos meus orientadores acadêmicos, Priscila Arantes, Carlo Franzato e Caio Vassão, que me auxiliaram no percurso das pesquisas que desembocam neste livro. E um especial àqueles que fizeram essa publicação possível: Fabio Scarano, Isabel Valle, Elsie Ralston e Luiza Chamma.

Sou grata às amigas e amigos que me deram palavras de suporte ao longo dessa sacrificante jornada que é o caminho da pesquisa e da escrita. Em especial, à Maria Rita Horn, minha querida irmã escolhida, à Gabriele Alves, Melissa Mariz, Rosângela Araújo, Carmen Martins, Nicolás Monastério, Karine Freire, Carlo Taffarel e Paula Visoná, que estiveram mais perto em diferentes momentos, mas

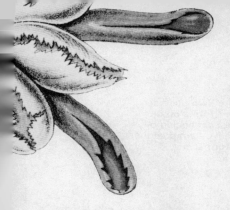

também a todas amigas e amigos que vibraram comigo, ao vivo ou nas redes sociais, reverberando e mandando mensagens de apoio e carinho e que são muitos para citar aqui.

À Tati Matz, por ter me empurrado neste caminho acadêmico: nunca vou esquecer. A todos aqueles que fizeram parte do meu percurso como designer trazendo ensinamentos, parceria, críticas e trocas, e me fizeram evoluir nessa grande profissão. À Natalí Garcia, por compartilhar seu percurso regenerativo comigo.

Com carinho e reconhecimento, agradeço a todos alunos e alunas que dão sentido à minha vida, fazendo da sala de aula um espaço de troca, enriquecimento e aprendizado mútuo, e que me ajudaram a criar o que é o Design Ecossistêmico aqui apresentado. Igualmente, agradeço àqueles que deram espaço e palco para que sementes da regeneração pudessem alcançar outros interlocutores, países e culturas, no Brasil, no México, na Finlândia e nos demais lugares por onde estive (e ainda estarei) falando sobre o necessário processo de nossa regeneração ecossistêmica.

Devo muito a todas e todos vocês, aqui citados ou não.
Agradeço à vida em sua infinita sabedoria.

Copyright © 2024 por Coral Michelin

Todos os direitos reservados. Nenhuma parte deste livro pode ser reimpressa ou reproduzida ou utilizada de qualquer forma ou por qualquer meio eletrônico, mecânico ou outro, agora conhecido ou inventado no futuro, incluindo fotocópia e gravação, ou em qualquer sistema de armazenamento ou recuperação de informações, sem permissão por escrito da autora ou da editora.

Coordenação editorial
Isabel Valle

Projeto gráfico
Luiza Chamma

Ilustração da Capa
Luiza Chamma e Coral Michelin

Fotografia da orelha
Jardiel Carvalho

Dados Internacionais de Catalogação na Publicação (CIP)
(Câmara Brasileira do Livro, SP, Brasil)

Michelin, Coral
    Design ecossitêmico : um caminho eco-decolonial para a regeneração / Coral Michelin. -- 1. ed. -- Rio de Janeiro : Bambual Editora, 2024.

    Bibliografia.
    ISBN 978-65-89138-64-8

    1. Decolonialidade 2. Design 3. Ecologia 4. Ecossistemas - Aspectos sociais I. Título.

24-224460   CDD-745.4

Índices para catálogo sistemático:
1. Design : Artes 745.4
Aline Graziele Benitez - Bibliotecária - CRB-1/3129

www.bambualeditora.com.br   contato@bambualeditora.com

Este livro foi impresso com miolo em papel Pólen Bold 90g, usando as fontes Recoleta e Fraunces para títulos, Libre Baskerville para textos e Work sans para os rodapés e quadros.